한+의사
엄마의 완밥
이유식 보감

이 책의 초판 저자 인세는
결식아동을 위한 후원금으로 전액 기부됩니다.

초판 인쇄일 2024년 9월 23일
초판 발행일 2024년 9월 30일

지은이 권민진, 김은서
감수 민복기, 김동진
발행인 박정모
등록번호 제 9-295호
발행처 도서출판 혜지원
주소 (10881) 경기도 파주시 회동길 445-4(문발동 638) 302호
전화 031) 955-9221~5 **팩스** 031) 955-9220
홈페이지 www.hyejiwon.co.kr
인스타그램 @hyjiwonbooks

기획·진행 김태호
디자인 김보리, 유니나
영업마케팅 김준범, 서지영
ISBN 979-11-6764-068-0
정가 26,000원

쉽게 만들어 뚝딱 먹이는
건강한 이유식 202

한의사
엄마의 완밥
이유식 보감

권민진 지음 | 민복기, 김동진 감수

혜지원

PROLOGUE

건강한 몸은 '먹는 것'에 대한 중요성을 아는 것에서부터 출발합니다.

딸이 좀 아팠어요. 저희 딸아이는 태어나자마자 호흡이 힘들어서 NICU(신생아 집중 치료실)에 입원을 했습니다. 전해질 밸런스가 무너져 특수 분유를 먹여야 했고, 6개월까지는 심장의 잡음 소리도 약하게 들렸습니다. 정말 다행히도 지금은 그 아기가 아팠던 흔적도 없이 무럭무럭 잘 자라고 있습니다.

아파본 사람은 먹는 것이 생존과 직결된다는 것을 아실 거예요. 저도 마찬가지였어요. 그전에는 '한 끼를 먹어도 맛있는 것을 먹어야 한다'며 맛집 투어를 다녔는데, 이제는 건강을 위해 마시는 물조차 신경 쓰고 있어요. 이런 간절한 마음을 담아 첫 이유식, '쌀 묽은죽'을 만들었어요. 아기가 오물거리며 뽀얀 죽을 한 입 꿀꺽 삼켰을 때는, 가슴이 먹먹해지더군요. 작은 일상의 행복이 얼마나 중요한지 깨달았습니다.

이유식에는 특별하게 지켜야 할 원칙들이 있습니다.

누구나 그렇지만 초보 주부에다가 워킹맘인 저 역시 이유식을 만드는 것이 결코 쉬운 일은 아니었어요. 처음에는 이유식에 관해 알고 있는 것이 거의 없었어요. 백미와 현미의 차이는 무엇인지, 소금 간을 안 하고 어떻게 맛을 내야 하는지 등 아주 기초적인 것도 몰랐습니다. 이런 것을 모른 채 부엌에 들어서니 즐거워야 하는 아기 밥상 차리기가 고통 그 자체였어요. 그러다가 '결국 나 같은 초보는 시판용 이유식에 의존해야 하나?'라는 회의감도 들었어요.

그러나 저와 같은 초보 엄마에게 이유식이 어려운 이유는 아기에 대한 사랑이 부족하기 때문이 아니라, 단순히 이유식 조리법 자체가 성인 요리법과 조금 다르기 때문이에요. 이유식에 중요한 건 요리 실력도, 온전히 아기에게 집중할 수 있는 시간도, 고급스러운 식재료도 아니라, 바로 '아기의 식생활에 대한 기초지식'이에요. 이것을 알고 이유식을 만든다면 누구나 손쉽게 아기 입맛에 맞는 이유식을 만들 수 있답니다.

그렇다면 도대체 이유식이란 정확히 무엇일까요? 이유식은 한자로 離(떠날 리), 乳(젖 유), 食(먹을 식)입니다. 아기가 모유나 분유와 헤어지는 시기에 먹는 음식이란 뜻이에요. 초기·중기·후기·완료기라는 이유식 4단계는 모유나 분유 같은 액체 음식에서 밥이라는 고체 음식으로 넘어가는 연습 과정이랍니다.

'어린이는 작은 어른이 아니다'라는 말처럼 아기는 지켜야 할 식생활 기본 원칙이 있어요. 처음 주는 식재료는 알레르기 테스트를 꼭 하자, 철분과 단백질 공급을 위해 고기를 매일 주자, 6개월 전에는 질산염이 든 새료는 주지 말사 등입니다. 이런 원칙을 지키면서 이유식을 해 보니, 이유식 각 단계를 넘어갈 때마다 제 요리 실력도 덩달아 쑥쑥 자라고 있었어요.

이유식으로 아기의 백년 건강을 지킬 수 있습니다.

아기에게는 '먹는 것이 곧 몸'이라는 평범한 말이 딱 들어맞아요. 이유식 덕분에 젓가락처럼 비쩍 말랐던 저희 아기의 허벅지가 지금은 꿀벅지로 변했어요. 물론 제 이유식을 따라 하면 모두 그렇게 된다는 뜻은 아니에요. 어떤 아기에게나 일률적으로 적용되는 이유식은 없으니까요. 이유식부터 초기 유아식까지의 1년 6개월이란 시간이 그렇게 녹록지는 않을 거예요. 하지만 이 책과 함께 이유식의 기초를 차근차근 다진다면 누구나 아기의 건강 주춧돌이 되는 이유식 정답을 찾으실 수 있을 거예요.

아기가 성장하면 엄마가 어떤 이유식을 만들어줬는지 기억해 낼 수는 없을 거예요. 하지만 아기의 몸은 반드시 엄마의 정성을 기억합니다. 그러므로 이 책의 목표 중 하나는 건강한 아기의 밥상이 건강한 성인의 밥상으로 연결되게 하는 것이에요. 저는 책의 레시피 하나하나가 아기가 건강한 성인으로 자랄 수 있는 단단한 연결 고리가 되었으면 합니다.

마지막으로 이 책이 나오기까지 제게 든든한 힘을 준 딸 은서와 남편 김상현에게 감사합니다.

저자 권인진

* 이 책의 식기 및 조리도구 일부는 다음과 같은 업체의 제품 지원을 받았습니다.

· 냄비, 팬 등 : (주)네오플램
· 유기 식기 : 놋향
· 옻칠 쟁반 : 사옹방
· 도마 : 샐마(SalleMa)
· 그릇 : 아리아워크룸, 요소갤러리
· 숟가락 : 키즈마일(Kidsmile)
· 유아 장난감 : 정토이즈

잘 만든 이유식이 아기의 미래 건강을 책임집니다.

아기는 희망입니다. 희망찬 미래의 주인공인 아기가 건강해지기 위해서는 충분한 영양공급이 무엇보다 중요합니다. 세계보건기구(WHO)에서는 생후 6개월이 되면 모유만으로는 필요한 영양소를 충족할수 없어서 식품으로부터 철분 등의 다양한 영양소를 섭취하라고 권하고 있습니다. 그러므로 생후 6개월부터 시작하는 이유식은 100세 시대의 건강을 만든다고까지 할 만큼 아기 건강의 기초가 될 수 있습니다. 이런 의미에서 『한의사 엄마의 완밥 이유식 보감』은 아기 미래의 건강까지 책임지고 싶은 따뜻한 엄마의 마음을 담은 귀한 책입니다.

이 책에서는 식약동원(食藥同源), 즉 '먹는 것이 곧 약'이라는 한의학 기본 이론을 바탕으로 이유식시기에 지켜야 하는 무염 식단, 장내 미생물과 식품 알레르기 테스트 같은 최신 의학 이론 등이 포함된건강하고 다양한 이유식을 소개하고 있습니다. 저자는 한 아이의 엄마로서 직접 경험한 실패와 성공담을토대로 이유식의 좋은 정보를 친절하게 설명해주고 있습니다.

식품 알레르기란 몸의 면역 시스템이 특정 음식에 대해 과잉 반응할 때 생기는 신체 증상입니다. 이유식 시기에 엄마들이 꼭 챙겨야 할 정보는 아기가 난생 처음 경험하는 식품에 대해 알레르기가 있는지없는지를 아는 것입니다. 특정 식품에 알레르기가 있다는 것과 없다는 것은 앞으로 펼쳐질 아기 삶의 질에 많은 영향을 줍니다. 예전에는 알레르기를 일으키는 식품은 무조건 피하라고만 했지만, 최신 소아청소년과 이유식 지침에는 밀가루, 달걀, 땅콩 등은 오히려 만 7개월 이전에 일찍 진행하는 것이 알레르기발생을 예방하는 데 도움이 된다고 합니다. 식품 알레르기가 의심되는 아기들은 꼭 소아청소년과 전문의의 지도하에 의학적으로 의미 있는 시기를 놓치지 말고 이유식을 진행해주십시오.

책에서 소개하는 이유식 재료인 오트밀, 두부, 브로콜리, 블루베리, 들깨 등은 시중에서 흔히 구할 수있는 것입니다. 저자는 이런 특별하지 않은 재료로 아주 특별한 이유식을 만들었습니다. 사실 지친 육아

속에서 매일 맛있고 건강한 이유식을 만든다는 것은 힘든 일입니다. 그러나 아기를 건강하게 해주는 작은 밥상은 밝고 희망찬 미래를 꿈꾸는 아기가 건강한 세상으로 성큼 다가갈 수 있게 해주기 위한 큰 노력이기도 합니다. 그러니 긍지를 가지면서 이유식 세계에 흠뻑 푹 빠져보십시오. 『한의사 엄마의 완밥 이유식 보감』이 여러분의 이유식 기초를 세우는 데 반드시 도움이 될 것입니다.

의학박사 **민복기** (現 대구광역시의사회 회장)

다양한 질감의 이유식으로 아기의 두뇌를 발달시켜주세요.

이유식을 시작하는 생후 6개월부터는 아기의 치아가 나기 시작합니다. 물론 유치가 나지 않아도 이유식을 시작할 수 있습니다. 그러나 점점 알갱이가 커지는 각 단계를 지나면서 아기 입 속에는 여러 개의 유치가 단단하게 자리를 잡게 됩니다. 이때부터 아기의 치아는 어른과 마찬가지로 씹고 삼키는 저작기능을 하게 되며 이유식을 소화하고 흡수하는 데 중요한 역할을 합니다.

이 시기에는 충분히 씹는 연습이 되어야 커서도 음식을 한 번에 삼켜버리지 않고 소화 능력도 떨어지지 않습니다. 음식을 씹는 것은 단순히 먹기 위한 활동이 아닙니다. 이유식을 먹고 삼키는 저작 활동은 턱관절을 건강하게 할 뿐만 아니라 뇌로 들어가는 혈류량을 증가시켜 아기의 두뇌 발달에도 적극적으로 도움을 줍니다. 그러므로 다양한 질감의 이유식을 통해 고형식에 적응할 수 있게 해주는 것이 중요합니다.

아이들이 잘 크기 위해서는 잘 먹어야 합니다. 그러나 정작 아기를 키우는 시기의 엄마는 신경 써야 하고 챙겨야 할 일이 산더미처럼 많습니다. 그런 의미에서 『한의사 엄마의 완밥 이유식 보감』은 바쁘고 힘들어서 '우리 아기 뭐 먹일까?'로 고민할 때, 옆에 두고 수시로 찾아볼 수 있는 좋은 책이 될 것입니다.

치의학박사 **김동진** (現 동래로덴치과병원 병원장)

이 책의 구성

추천 메뉴

어떤 아기라도 잘 먹을 수 있는 추천 이유식이에요.

소개글

재료의 의학적 효능, 궁합과 주의사항 등 건강한 이유식을 위한 알찬 정보로 가득해요.

추천 메뉴

17

밤단호박찹쌀 묽은죽

아기가 건강할 때 밤 알레르기 테스트를 미리 해두세요. 아기를 키우면서 설사를 하는 시기가 있는데, 그럴 때 아주 유용하게 만들 수 있는 이유식이 바로 밤죽이기 때문이에요. 밤에 들어있는 탄닌이 설사에 도움을 준답니다. 『동의보감』에도 '생밤 가루가 설사가 심할 때 효과가 있고, 밤의 속껍질을 찧어 꿀에 타서 바르면 화끈거리는 데 좋다'고 기록되어 있어요.

🍳 미리 준비하기
- 단호박 냉동 큐브가 있으면 1시간 전에 냉장고에서 해동해주세요.
- 단호박은 씻어서 전자레인지용 찜기에 물 1큰술과 같이 넣고 전자레인지에서 10~12분 돌려주세요. 반 잘라서 속을 파내고 8~10조각 내서 껍질을 제거해주세요.

106 한의사 엄마의 완밥 이유식 보감

미리 준비하기

요리를 시작하기 전 미리 준비·손질해두면 더 편한 사항이에요.

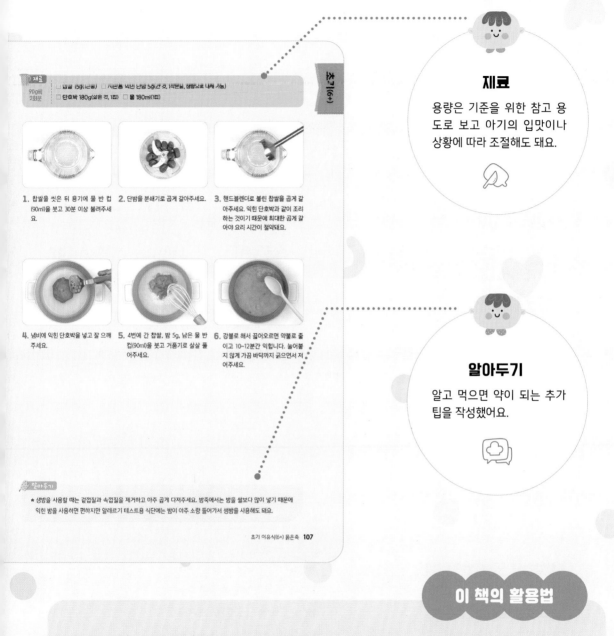

재료

용량은 기준을 위한 참고 용도로 보고 아기의 입맛이나 상황에 따라 조절해도 돼요.

알아두기

알고 먹으면 약이 되는 추가 팁을 작성했어요.

☑ 재료

90g씩
2회분

□ 찹쌀 15g(1수저) □ 시판용 박힌 난밤 5g(간 것, 1석한밥, 생밤날로 대처 가능)

□ 단호박 180g(삶은 것, 1컵) □ 물 180ml(1컵)

1. 찹쌀을 씻은 뒤 용기에 물 반 컵(90ml)을 붓고 30분 이상 불려주세요.

2. 단밤을 분쇄기로 곱게 갈아주세요.

3. 핸드블렌더로 불린 찹쌀을 곱게 갈아주세요. 익힌 단호박과 같이 조리하는 것이기 때문에 최대한 곱게 갈아야 요리 시간이 절약돼요.

4. 냄비에 익힌 단호박을 넣고 잘 으깨주세요.

5. 4번에 간 찹쌀, 밤 5g, 남은 물 반 컵(90ml)을 붓고 거품기로 살살 풀어주세요.

6. 강불로 해서 끓어오르면 약불로 줄이고 10~12분간 익힙니다. 눌어붙지 않게 가끔 바닥까지 긁으면서 저어주세요.

알아두기

★ 생밤을 사용할 때는 겉껍질과 속껍질을 제거하고 아주 곱게 다져주세요. 밤죽에서는 밤을 쌀보다 많이 넣기 때문에 익힌 밤을 사용하면 편하지만 알레르기 테스트용 식단에는 밤이 아주 소량 들어가서 생밤을 사용해도 돼요.

초기 이유식(6+) 묽은죽 **107**

이 책의 활용법

1. 책에는 성장 단계별 이유식과 초기 유아식 메뉴를 한 권에 담아 두 가지 고민을 모두 해결했어요.

2. 책의 메뉴들은 2살까지는 무염식 하기, 고기는 매일 조금씩 주기, 50~70% 통곡물을 넣기, 다양한 식재료 경험하기와 같은 이유식 기본 원칙을 지켰어요. 간을 추가하면 어른들의 회복식이나 보양식으로 활용할 수 있어요.

3. 초기 이유식인 단호박땅콩버터 퓨레까지는 식품 알레르기 테스트를 위한 한 달 치 식단이며, 그 이후에는 자유롭게 선택해서 먹으면 됩니다(단, 새로운 식재료에 대한 알레르기에 주의하며 먹이세요).

4. 단계별 이유식 시작 시기, 먹는 양, 알갱이의 크기와 굵기, 모유(분유)양, 고기, 달걀, 채소 등의 횟수와 분량 등을 정리한 이유식 표를 활용해서 과학적인 식단을 제공해주세요.

목차

STAGE 1

초기 이유식 6+

* 새 재료   ☆ 추천 메뉴

STAGE 2
중기 이유식 7~8

STAGE 3

후기 이유식 🍽 9+

STAGE 4

완료기 이유식과 초기 유아식 12+

완료기 이유식 간식

SPECIAL

치료에 도움을 주는 이유식

오늘은
어떤 이유식을
먹게 될까~?

이유식 기본 정보

✦ 이유식이란 무엇일까요?

아기는 뭐든 연습이 필요해요. 서툴기만 하던 걸음마도 수많은 연습을 통해서 잘 걷게 되듯이, '밥 먹는 일'도 연습을 해야 합니다. 이유식이란 이런 과정에서 먹는 아기 식사예요. 아기는 바로 밥을 먹을 수 없기 때문에 여러 단계로 나눠 이유식을 진행합니다. 각 단계를 거치면서 차츰 밥이라는 고형식에 적응하는 법을 배우게 된답니다.

이유식은 초기에서 완료기까지 보통 4단계로 나뉘어요. 단계가 높아질수록 알갱이의 크기는 점점 커지고 농도는 더 걸쭉해져요. 1단계인 초기 이유식은 묽은죽, 2단계인 중기 이유식은 된죽, 3단계인 후기 이유식은 무른밥, 마지막 4단계인 완료기 이유식은 진밥 정도의 농도로 이루어집니다. 이렇게 6개월에 걸쳐 조금씩 농도를 올리면 아기는 어느 순간부터 자연스럽게 밥을 먹을 수 있답니다. 물론 단계별 진행 속도는 먹는 양, 변의 상태, 아기의 몸 상태를 고려해 조절합니다.

✦ 이유식은 언제부터 시작해야 할까요?

생후 6개월에 시작해주세요. 생후 6개월 즈음에 아기가 혼자 똑바로 앉아 고개를 가누고 음식을 보고 손으로 집어 입으로 가져가서 삼킬 수 있으면 이유식을 시작할 수 있다는 신호예요. 이유식은 너무 늦어도, 너무 빨리 시작해도 안 된답니다. 너무 빠르면 소화 능력이 부족해서 위장장애를 일으킬 수 있고, 너무 늦으면 단백질, 철분 등의 영양결핍으로 발육이 저하될 수 있기 때문이에요.

✦ 이유식은 왜 중요할까요?

① 이유식은 부족한 영양을 공급해요.

WHO에서는 '생후 6개월부터 아이는 모유나 분유만으로 필요한 영양을 모두 충족할 수 없어 이유식을 섭취할 필요성이 있다'라고 합니다. 소고기를 이유식 초기부터 자주 먹이는 것도 이런 이유 때문이에요. 고기를 먹이면 모유나 분유 섭취만으로는 부족한 단백질과 철분을 공급할 수 있기 때문이죠. 그렇다고 처음부터 이유식에 모든 영양을 채워야 한다는 부담을 가질 필요는 없답니다. 완료기가 되기 전인 이유식 3단계까지는 아기의 주식은 여전히 모유나 분유이며, 이유식은 보조 역할이거든요. 아기가 6개월에 걸쳐 서서히 일반식에 적응할 수 있는 것처럼 엄마도 천천히 이유식을 만들다 보면 누구나 영양 만점인 '아기 밥상 차리기'를 할 수 있어요.

② 이유식은 두뇌와 오감 발달에 좋아요.

아기는 이유식을 먹으며 오물오물 씹는 연습을 합니다. 턱관절을 움직이는 저작 활동은 침샘을 자극해서 소화를 돕고, 뇌 혈류량을 증가시켜 두뇌 발달을 촉진시키며, 음식을 먹는 행위는 미각, 시각, 후각, 촉각, 청각의 오감 발달에도 영향을 준답니다. 아기는 형형색색의 이유식을 먹으면서 알록달록한 색깔과 냄새를 행복한 기억으로 남깁니다. 눈으로 보고, 향기를 맡고, 입으로 맛을 느끼고, 혀와 이로 씹으며 질감을 경험하고, 맛있는 소리까지 듣는다면 아기는 세상에서 가장 긍정적인 마음으로 성장할 수 있어요.

③ 이유식은 평생 건강의 기초를 만들어줍니다.

이유식을 잘하면 의학적으로는 크게 세 가지 측면에서 좋아요. 저는 이 세 가지 장점을 약자로 SAM이라고 부르고 있어요. 첫째, 두 돌까지 무염 식단을 한 아기는 나중에 커서 성인병이나 암에 걸릴 확률이 낮다고 해요(no Salt). 어릴 때 엄마가 해준 이유식이 30~40년 후의 건강도 지켜준다고 하니 조금 놀랍죠? 둘째, 이유식을 잘하면 음식 알레르기도 일부 예방할 수 있어요(prevention of food Allergy). 예를 들어 밀가루 알레르기를 예방하기 위해서는 생후 7개월 전에 밀가루 한 꼬집씩을 넣어주라고 권고하고 있어요. 셋째, 통곡물이

나 채소는 장내 미생물 중 유익균이 잘 자랄 수 있는 프리바이오틱스 역할을 해서 아기가 튼튼하게 자랄 수 있도록 도와줍니다(healthy Microbiome). 성인 중에는 통곡물이 몸에 좋은 것을 알지만 통곡물이 입안에 들어가면 마치 모래알을 씹는 것 같은 느낌이 있어서 먹지 못한다는 사람도 많죠. 하지만 이유식으로 통곡물을 먹어본 아기는 커서도 거친 음식을 잘 먹을 수 있답니다.

✦ 한의학적으로는 이유식이 왜 중요할까요?

『동의보감(東醫寶鑑)』에서는 '한 명의 소아 한가를 보느니 열 명의 부인 한가, 혹은 배 명의 남자 환자를 보는 것이 더 쉽다'라고 했어요. 아이의 몸은 아직 다 자라지 않은 데다가 매우 연약하기 때문이에요. 따라서 아이가 먹는 음식 또한 성인과는 달라야 합니다.

한방에서는 음식과 약의 근원을 하나로 봅니다. 좋은 음식은 약과 같은 효능을 나타낼 수 있다는 뜻이에요. 그러니 아기의 건강과 직결되는 이유식을 만들 때는 까다로워질 수밖에 없습니다.

사실 놀랍게도 아기는 매일 한약을 먹고 있어요. 아기가 이유식 첫날부터 먹는 '멥쌀'은 '갱미(粳米)'라는 한약재이고, 무나물들깨무침에 들어가는 '무'는 '나복(蘿蔔)', 돼지고기콩나물밥에 들어가는 '콩나물'은 '대두황권(大豆黃卷)', 배보리빵을 만들 때 넣는 '보리'는 '맥아(麥芽)'라는 한약재예요. 동지팥죽에 들어가는 붉은 팥도 '적소두(赤小豆)'라는 한약재이고, 소고기소보로를 만들 때 양념으로 쓰는 후추도 '호초(胡椒)'라는 한약재입니다.

이렇게 몸에 좋은 한방 재료들은 아기의 오장육부를 튼튼하게 만들어 균형 있게 성장하도록 도와줍니다. 먹는 것이 올바르지 못하면 병이 생기고, 병이 있어도 먹는 것을 올바르게 하면 좋아질 수 있습니다. 잘 만든 이유식이 곧 보약이에요.

✦ 한눈에 보는 단계별 이유식의 특징

	초기 이유식	중기 이유식	후기 이유식	완료기 및 초기 유아식
시기	6개월	7~8개월	9~11개월	12~24개월
먹는 양(한 끼)	50~100g	70~120g	120~150g	120~180g
먹는 횟수	이유식 1~3회	이유식 2~3회 간식 1~2회	이유식 3회 간식 2~3회	이유식 3회 간식 2~3회
이유식의 형태	묽은죽	된죽	무른밥	진밥 → 밥
알갱이의 크기와 굵기	곱게 다짐	곱게 다짐	3mm 정도	5mm 정도
쌀:물(컵)	1:8~10	1:5~7		
밥:물(컵)			1:2	1:0.5
모유(분유)량	700~900ml	500~800ml	500~700ml	400~500ml
붉은 고기량 (하루 기준)	10~20g	10~20g	20~30g	30~50g
달걀, 두부		주 1회	주 2~3회	주 2~3회
채소, 과일		매일	매일	매일

초기 이유식(6개월부터 시작)

초기 이유식은 맛을 보는 시기예요. 쌀 묽은죽을 시작으로 3일에 한 가지씩 새로운 식재료를 추가해 맛보게 해주세요. 초기는 식품 알레르기 테스트 기간이라고 생각하면 됩니다. 영양도 중요하지만 첨가한 새 재료를 먹고 설사나 구토 발진 같은 다른 이상 반응이 없는지를 꼭 체크해주세요. 알레르기 테스트를 안전하고 정확하게 하기 위해서는 다음과 같은 규칙을 지켜주세요.

1. 새로운 식재료를 첨가할 때는 한 번에 한 개씩, 3일 간격으로 첨가하기
2. 새로운 식재료가 들어간 이유식을 먹일 때는 평일 오전에 먹이고 주말은 피하기(이상 반응이 생기면 소아청소년과로 쉽게 가기 위해서입니다)
3. 새로운 식재료를 먹은 후 한두 시간, 길게는 수일까지 아기를 잘 관찰하기

이유식량은 한 끼에 한 숟가락부터 시작해서 그 다음 날은 한 끼에 두 숟가락, 이렇게 한 끼 분량을 점차 늘려서 50~100g까지 늘릴 수도 있고, 먹이는 횟수를 늘려서 총 이유식량을 늘릴 수도 있어요. 궁극적으로는 총 1~3회 정도 먹을 수 있게 하고, 개인차가 크므로 아기에게 맞추어서 천천히 진행해주세요. 쌀은 갈거나 푹 끓인 8~10배의 묽은죽, 고기는 아주 곱게 다진 상태, 채소는 잎 부분만 삶아 물에 헹군 뒤 곱게 다진 정도의 질감이 좋아요. 잘 먹게 되면 물을 줄여서 걸쭉한 농도의 죽으로 질감을 높여가세요. 모유나 분유 횟수는 4~5회, 하루 수유량은 700~900ml입니다. 하루에 필요한 고기는 10~20g예요.

중기 이유식(7~8개월부터 시작)

중기 이유식은 본격적으로 맛과 영양을 느끼는 시기예요. 이 시기에는 핑거푸드를 시작하면 좋아요. 손으로 집어 먹는 핑거푸드는 스스로 음식을 먹는 습관과 덩어리 음식을 먹기 위한 연습을 기르기 위해서 중요하답니다. 하지만 아기는 아직 덩어리를 쪼개서 먹는 능력은 부족해서, 목에 걸리지 않도록 작게 잘라주는 것이 필요해요. 식사 전후에 아기 손을 깨끗이 씻어주는 것도 신경 써야겠지요.

이유식량은 한 끼에 70~120g 정도를 기준으로 하여 2~3회 먹이고, 간식은 1~2회 먹이면 적당해요. 쌀은 알갱이가 반쯤 보이는 5~7배 된죽, 고기는 곱게 다진 상태, 채소는 잎만 삶아 물에 헹군 뒤 곱게 다진 정도의 질감이면 됩니다. 연두부처럼 혀와 턱으로 으깰 수 있는 물렁한 상태가 좋아요. 총 수유량은 500~800ml, 하루에 필요한 고기는 10~20g입니다. 고기, 채소, 과일은 매일, 달걀과 두부는 주 1회가 적당해요.

후기 이유식(9~10개월부터 시작)

후기 이유식은 다양한 식재료를 먹는 시기예요. 이제는 이유식에 5대 영양소가 골고루 포함된 균형 잡힌 식단을 만들어주세요. 항상 정해진 시간과 장소에서 식사를 하면 좋은 식습관 형성에 도움을 줄 수 있습니다. 후기 간식에서 소개한 색깔별 핑거푸드를 만들어서 아기가 선택해 스스로 먹게 해도 좋아요. 음식을 보고 판단하고 먹는 과정이 아기에게 독립심을 길러주는 소중한 기회가 된답니다. 그리고 이제부터 액체 음식, 음료는 컵으로 마시게 해주세요.

　　이유식량은 한 끼에 120~150g씩 3회, 간식은 2~3회 주세요. 쌀은 밥알이 조금 살아 있는 정도의 3배 무른밥, 고기는 3mm, 채소는 5mm 크기로 다진 정도의 질감이면 됩니다. 손가락으로 쉽게 으깰 수 있는 무르기가 좋아요. 총 수유량은 500~700ml, 하루에 필요한 고기는 20~30g입니다. 고기, 채소, 과일은 매일, 달걀과 두부는 주 2~3회가 적당해요.

완료기 및 초기 유아식(12개월부터 시작)

　　완료기는 드디어 밥을 먹을 수 있는 시기예요. 성인과 비슷한 식단으로 구성하되 질감이나 입자 크기는 조금 더 부드럽고 작게 해주세요. 2세까지는 여전히 소금은 사용하지 않습니다. 이 시기부터는 이유식이 주식이고 수유가 간식이랍니다.

　　이유식량은 한 끼에 120~180g씩 3회, 간식은 2~3회 주세요. 쌀은 어른 밥보다 부드러운 진밥, 고기는 5mm, 채소는 1cm 크기로 썬 정도의 질감이면 됩니다. 음식물의 크기는 조금 커졌지만 아직은 씹어서 먹는 것이 서투르니 푹 익혀 무르게 해주세요. 총 수유량은 400~500ml, 하루에 필요한 고기는 30~50g입니다. 고기, 채소, 과일은 매일, 달걀과 두부는 주 2~3회가 적당해요.

이유식 기본 상식

✦ 이유식의 기본은 죽과 밥

이유식의 기본은 죽 끓이기와 밥 짓기입니다. 이유식을 하다 보면 채소나 버섯 같은 부재료를 손질하는 것보다 죽이나 밥 베이스를 만드는 게 어려울 때가 많아요. 죽과 밥의 농도를 자유자재로 조절할 수 있다면 이유식 만들기는 거의 마스터했다고 해도 과언이 아니죠. 지금부터 맛있는 죽 끓이기와 밥 짓기에 대한 기초 정보를 알려드릴게요.

기본 재료, 쌀 준비하기

쌀은 도정 일자가 최근인 것을 구매하세요. 아무리 좋은 쌀이라도 도정한 지 오래되면 수분이 손실돼 맛이 떨어지고 군내가 나기 때문이죠. 쌀의 보관도 중요해요. 밀폐해서 10℃ 이하 저온에서 보관해주세요.

쌀 씻기

소량의 쌀을 씻을 때는 손끝을 돌리며 비벼서 씻어주세요. 첫 물을 붓고 난 다음에는 재빨리 씻고 버려야 밥이나 죽에서 잡내가 나지 않아요. 찬물에서 가볍게 문지르며 세 번 정도 빠르게 헹군 다음 물에 쌀을 불려주세요. 불릴 때 사용한 물에는 쌀의 영양분이 녹아 있으므로 밥물이나 죽물로 쓰세요.

냄비 준비하기

죽이나 밥을 지을 냄비는 바닥이 두툼하고 뚜껑이 무거운 것이 좋아요. 밥을 지을 때는 뚜껑을 덮고 뜸을 들이는 과정이 있어서 뚜껑이 무거운 것이 좋아요. 죽을 끓일 때는 바닥에 눌어붙지 않도록 계속 저어야 하는데, 바닥이 두툼하면 자주 젓지 않아도 눌어붙지 않아서 편리합니다.

쌀과 물의 양 정하기

10배 묽은죽이라는 말은 쌀과 물의 비율을 말하는 겁니다. 쌀이 반 컵이라면 물의 양은 쌀의 10배인 5컵이라는 뜻이죠. 하지만 집집마다 쌀의 수분 함량, 불의 세기와 냄비 두께 등이 각각 다르기 때문에 물의 양은 약간씩 차이가 날 수가 있습니다. 그러니 여러 번 해보면서 아기에게 적당한 농도를 찾아내야 합니다. 물의 양은 상황에 맞춰 조금씩 가감하세요.

밥보다 쌀로 죽을 끓여요

요즘 워낙 좋은 밥솥이 나오죠. 그래서 밥 만들기보다도 죽 끓이기가 오히려 어렵답니다. 만들어둔 밥으로 죽을 만들면 쉽고 간단하지만, 쌀로 죽을 끓이면 고소한 맛이 더 난답니다. 그래서 이 책에서는 초기의 묽은죽, 중기의 된죽은 쌀을 불려서 하고, 후기부터는 밥으로 무른밥, 진밥을 하는 요리법을 소개했습니다.

✦ 레시피보다 더 중요한 것은 먹이는 방법

이유식은 만드는 것보다 먹이는 일이 더 어려울 때가 있어요. 잘 안 먹기도 하고 먹어도 조금밖에 먹지 않아 남은 음식을 버리기도 일쑤죠. 이유식 과정은 아기마다 개인차가 크므로 아기가 잘 먹지 않는다고 조바심을 내거나 안절부절할 필요가 없습니다. 인내심을 가지고 기다렸다가 다시 먹이는 식으로 꾸준히 시도해주세요. 이유식을 먹기 전에 아기 기분을 좋게 해주는 것도 중요해요. 기저귀가 젖어 있지는 않은지, 낮잠은 충분히 잤는지 등을 확인하고 손과 얼굴을 깨끗이 닦아 산뜻한 기분을 만들어주세요. 엄마가 웃는 얼굴로 즐거운 분위기를 만들어주면 아기도 기분 좋게 잘 먹을 수 있답니다.

✦ 식품 알레르기에 대해서

아기한테 새로운 식재료를 줄 때는 식품 알레르기 테스트를 하는 것이 필수입니다. 새로운 시재료를 첨가할 때는 한 개씩, 2~3일 간격으로 머이고, 이상 반응이 생기면 소아청소년과로 갈 수 있도록 되도록 평일 오전에 먹여주세요. 그리고 식사 후 1~2시간, 길게는 수일까지 아기를 잘 관찰해야 한다는 것도 잊지 마세요.

✦ 이유식과 소금

이유식이 무염식이라는 원칙은 이 책에서 매우 흔하게 등장합니다. 이유식 초반에는 잘 지키다가도 완료기 즈음에 밥태기가 오면 소금에 대한 유혹이 올 수 있답니다. 아기들은 신장이 미숙하기 때문에 어른들이 일상적으로 먹는 소금만으로도 병에 걸릴 수 있어요. 금방은 괜찮아 보여도 두 돌 전에 소금을 먹으면 성인이 되어 고혈압, 암, 비만, 당뇨 등 만성질환에 걸릴 확률이 높다는 연구 결과가 있으므로 꼭 기억하셨으면 합니다.

하루 종일 아기가 얼마의 나트륨을 섭취하고 있는지 한번 계산해보는 것도 좋아요. 아기의 하루 소금 섭취 권장량은 12개월까지는 370mg 이하, 24개월까지는 810mg 이하예요.* 이는 모유나 분유, 식재료를 통해 섭취하는 나트륨만으로도 충분합니다. 시중에 파는 아기용 과자나 빵을 살 때도 나트륨 함량을 꼭 체크하세요. 빵을 만들 때 들어가는 베이킹파우더나 베이킹소다는 짠맛이 나지 않는 나트륨의 일종이기 때문에 소금을 섭취한 것과 마찬가지랍니다. 그러니 인위적으로 넣는 소금은 피하고, 해산물 및 해조류는 소금기를 많이 뺀 후 사용하세요. 식재료와 조리법에 변화를 주면 굳이 소금을 넣지 않아도 괜찮은 이유식을 만들 수 있어요.

---

* 2020 한국인 영양소 섭취 기준 - 다량 무기질

성별	연령	칼슘(mg/일)				인(mg/일)				나트륨(mg/일)			
		평균 필요량	권장 섭취량	충분 섭취량	상한 섭취량	평균 필요량	권장 섭취량	충분 섭취량	상한 섭취량	필요 추정량	권장 섭취량	충분 섭취량	만성질환위험 감소 섭취량
영아	0-5(개월)			250	1,000			100				110	
	6-11			300	1,500			300				370	
유아	1-2(세)	400	500		2,500	380	450		3,000			810	1,200
	3-5	500	600		2,500	480	550		3,000			1,000	1,600

출처 : 보건복지부

✦ 자기 주도 이유식을 꼭 해야 할까요?

자기 주도 이유식은 스스로 음식물을 집어 먹기 때문에 소근육 발달과 독립심이 길러지는 장점은 있어요. 하지만 죽이나 진밥과 국물 있는 반찬인 경우에는 먹기가 매우 힘들고 나중에 숟가락을 사용하는 방법을 따로 알려줘야 하기 때문에 일관성 있는 식생활 교육이 힘들 수도 있어요. 그래서 저는 모든 음식을 자기 주도로 하기보다는 핑거푸드 중심으로 했어요. 이 책에는 핑거푸드로 활용할 수 있는 부침개나 홈메이드 빵 종류를 많이 소개했어요. 자기 주도 이유식은 해야 한다, 하면 안 된다의 문제라기보다는 부모님들이 선택하기 나름인 사항이에요. 아기의 성향 등을 고려하여 결정하시면 된답니다.

✦ 이유식은 왜 직접 만들어 먹이는 게 좋을까요?

집에서 이유식을 만들면 어떤 재료가 얼마만큼 들어갔는지 섬세하게 알 수 있어요. 매끼마다 다양한 재료를 가지고 여러 가지 조리법으로 만들어주면 아기가 편식도 안 하고 골고루 먹게 된답니다. 같은 재료라도 조리법에 따라 맛과 질감이 달라지기 때문에 아기에게는 새로운 경험이 됩니다. 같은 달걀이라도 달걀찜과 달걀말이는 다른 음식이라고 느끼므로 매번 다른 방법으로 만들어주도록 신경 써 주세요. 이렇게 아기에게 맞춰 이유식을 만들다보면 그다음으로 이어지는 유아식, 어린이식도 잘 하실 수 있어요. 음식이란 자꾸 해봐야 느는 법이니까요. 또 집에서 만든 이유식은 아기 상태에 따라 바로바로 식단을 조절할 수도 있고 시판용보다 경제적이기도 합니다.

✦ 먹는 행위가 아기를 위험에 빠뜨리기도 한다는
사실을 알아야 해요.

아기들의 기도는 정말 가늘어요. 잘못해서 음식물이 기도로 들어가면 숨을 막을 수도 있습니다. 이유식에서 입자감의 중요성을 다루는 이유랍니다. 단순히 아기가 씹을 수 있냐 없냐의 문제가 아니죠.

이유식 시기의 아기는 치아가 있더라고 음식물을 잘게 씹을 수 있는 것은 아니에요. 그러니 덩어리를 줄 때는 아주 부드럽게 해서 주던지 잘 삼킬 수 있도록 조그맣게 잘라서 줘야 합니다. 이와는 별도로, 하임리히법을 꼭 알아두세요. 하임리히법은 이물질로 인해 기도가 막혔을 경우 이물질을 빼내는 응급 처치법이에요. 응급 상황을 대비해 동영상으로 미리 봐 두는 것이 좋아요.

✦ 시기별 주의해야 할 식재료

이유식을 할 때는 시기별로 주의해야 할 식재료가 있어요.

1. **시금치나 당근, 배추, 무, 비트** 등에 들어있는 질산염은 빈혈을 일으킬 수 있으므로 **생후 6개월 이후부터 먹이세요.**

2. **생우유**는 돌 미만의 아기들에게는 알레르기, 소화 장애, 장출혈을 일으킬 수 있어요. 생우유는 철분 함량이 적기 때문에 빈혈을 유발할 수도 있으니 **돌이 지난 이후부터 먹여주세요.**

3. **꿀**에는 보툴리누스균이 들어있어 면역력과 장이 약한 **돌 미만의 아기에게 '영아 보툴리누스증'이라는 심각한 질병을 일으킵니다.** 끓여 먹는 것도 위험하니 주의하세요.

4. **두 돌 이전**에는 신장 기능이 아직 미숙하기 때문에 **소금 간을 하지 않는 것이 좋아요.** 분유나 모유, 식재료에 필요한 나트륨이 충분히 들어있어요.

✦ 밥태기를 슬기롭게 극복하는 방법

어떤 아기든 이유식 정체기, 즉 밥태기가 오기 마련이죠. 바쁜 시간 쪼개어 열심히 만들었는데 한 숟가락도 먹지 않는다면 속상하기도 하거니와 혹시 영양결핍이 오지 않을까 걱정되기도 합니다. 이럴 때 사용한 저만의 비법을 알려드릴게요.

스페셜 푸드를 적극 활용하세요.

핑거푸드나 각 단계별로 소개한 간식을 만들어주세요. 특히 고구마나 단호박 같은 단맛을 내는 식재료로 만들면 평소보다 잘 먹을 수 있어요.

식감을 다르게 해주세요.

완료기라고 해서 밥같이 알갱이가 큰 것만 주지 말고 중기 때 잘 먹었던 소고기애호박들깨 된죽 같은 영양죽도 한 번씩 해주세요. 당근도 다져서 볶아줄 수도 있고 채썰어서 당근전으로 구울 수도 있고 갈아서 당근 주스로 만들어줄 수도 있어요. 같은 재료라도 식감을 다르게 해주면 잘 먹을 수 있답니다.

아기는 분위기로 먹어요.

우리도 그렇지만 아기들은 꼭 맛으로만 음식을 먹지 않아요. 후각, 청각, 시각 등이 어우러져야 음식을 잘 먹을 수 있답니다. 이유식에 알록달록 색을 입혀주는 것도 다 그런 이유에서랍니다. 아기가 음식에 흥미를 가질 수 있도록 때로는 알록달록한 색깔, 재미있는 모양으로 이유식을 만들어주세요.

이유식은 숟가락 맛이에요.

이유식 그릇보다는 숟가락이 여러 개 있으면 밥태기 극복에 효과적입니다. 아기들은 숟가락 크기, 색깔, 모양, 소재에 따라 먹는 재미를 다르게 느끼기도 한답니다. 가끔 숟가락의 모양과 색깔을 바꿔주면 분위기 전환에도 좋아요.

✦ 이유식 식단표, 아직도 검색하시나요?

인터넷으로 검색한 식단표는 이유식을 하는 데 참고로 사용할 수도 있지만, 아기가 그 식단표대로 먹지 않을 수도 있어요. 이럴 때는 아기의 몸 상태를 알 수 있는 식사일지를 직접 작성한 다음, 그것을 바탕으로 내 아기에게 맞게 식단을 선택해보세요.

복잡하게 쓸 필요는 없어요. 시간과 수유량, 이유식량, 배변 상태 정도의 항목 등을 간단하게 쓰면 됩니다. 일주일에 한 번씩은 체중을 체크하고 배변 상태를 적을 때는 횟수, 대변 형태(정상, 변비, 무른변, 설사 등)를 기입해주세요. 다음날 식단을 짤 때 도움을 받을 수 있어요. 예를 들어 "9월 5일 오후 4시 30분에 토끼똥을 본 아기에게 오트밀, 자색고구마, 사과, 채소 등으로 이유식을 만들어줬더니 다음날 오후 8시에 정상 변을 봤어요" 이런 식으로 식사일지를 작성하면 쉽게 파악할 수 있어요.

9월 5일 D+295 몸무게 10.8kg		
08:20	분유 200ml(200ml 먹음)	기상
09:50	소고기애호박표고버섯무른밥(이유식 #1)	
12:40	분유 200ml(180ml 먹음)	
13:00~14:30		낮잠
15:40	바나나아보카도퓨레(간식 #1)	
16:30		응가#1 (동글동글한 토끼똥)
17:20	소고기양파오트밀포타지(이유식 #2)	
18:20	분유 200ml(200ml 먹음)	
19:50	자색고구마콩볼(간식 #2)	
20:30		취침

9월 6일 D+296		
08:30	분유 200ml(200ml 먹음)	기상
10:20	자색고구마땅콩버터퓨레(간식 #1)	
12:20	분유 200ml(170ml 먹음)	
12:40~13:50		낮잠
15:00	소고기양파오트밀포타지(이유식 #1)	
16:10	사과 1/2조각	
17:00	두부달걀채소찜(이유식 #2)	
18:30	분유 200ml(200ml 먹음)	
19:40	바나나팬케이크(간식 #2)	
20:10		응가#1(엄청 많이)
21:00		취침

한의사 엄마가 알려주는
이유식 체크 사항

이유식은 아기가 먹는 음식인 만큼 재료 선택에서부터 만들어서 보관하는 과정까지 세심한 주의가 필요해요. 이유식을 만들 때 꼭 지켜야 할 것과 조리 요령을 소개할게요.

✓ 위생 관리를 철저히 해주세요.

이유식을 할 때는 맛도 맛이지만 위생에 민감해져야 해요. 아기는 면역력이 약해서 균이 조금만 들어가도 쉽게 병에 걸린답니다. 이유식을 만들기 전에는 반드시 손을 깨끗이 씻고 조리도구도 항상 청결히 관리해주세요.

✓ 계란, 생선, 고기는 완전히 익혀주세요.

이유식에 들어가는 계란, 생선, 고기는 충분히 익혀야 합니다. 계란은 반드시 완숙해서 먹이고 고기나 생선도 속까지 완전히 익혀 먹여주세요. 살모넬라균 감염 때문에 달걀도 꼭 완숙으로 익혀야 안전합니다.

✓ 칼과 도마는 두 개 이상 준비하세요.

고기/생선용, 채소/과일용 도마와 칼은 따로 사용해야 세균 번식을 막을 수 있어요. 익히지 않은 날고기와 생선은 세균에 오염되어 있는 경우가 많습니다. 사용한 도마와 칼은 세제로 깨끗이 씻은 뒤 바짝 말려 보관하세요. 이 책에서는 고기/생선용 도마는 분홍색, 채소용 도마는 노란색, 과일용 도마는 초록색으로 구분했습니다.

제철 재료를 사용하세요.

요즘은 과일이나 채소가 사시사철 나올 때가 많지만 그래도 제철인 때가 있죠. 제철 재료는 가장 잘 익었을 때 수확하기에 맛과 영양이 풍부하고 가격도 저렴합니다. 이유식량이 적다고 해서 냉장고에 남아 있는 자투리 재료로만 이유식을 만들지는 마세요. 신선한 재료를 구입해서 그날 조리해서 바로 먹이고 남은 재료는 냉동 보관해주세요.

✔️ **소금 대신 다양한 식재료와 재료의 질감, 조리법으로 맛의 변화를 주세요.**

두 돌 이전에는 간을 하지 않는 것이 좋아요. 한번 짠맛을 경험한 아기는 소금이 들어가지 않으면 아예 이유식을 안 먹게 됩니다. 소금 대신에 다양한 식재료와 재료의 질감, 조리법으로 맛의 변화를 주세요.
아기가 먹는 모유나 분유에도 나트륨이 충분히 들어있고 이유식 만드는 재료에도 아기들에게 필요한 충분한 양이 들어있습니다. 시판 이유식이나 간식 등을 살 때도 나트륨 함량을 꼭 체크하세요.

✔️ **고기는 매일 주세요.**

고기는 이유식 초기부터 매일 먹여야 합니다. 생후 6개월부터는 엄마로부터 받은 철분이 고갈되기 시작하여 철분이 풍부한 고기를 먹이는 것이 중요해요. 붉은 고기에는 성장과 두뇌 발달에 필수적인 철분과 아연, 동물성 단백질이 많습니다. 소고기, 닭고기, 돼지고기 등 다양하게 먹이되 기름이 적은 부위를 주는 것이 좋아요.

 달걀을 만진 후에는 손을 씻은 뒤에 다음 요리 과정을 진행해주세요.

이는 닭의 분변이 묻어있는 달걀 껍데기에 식중독을 일으키는 살모넬라균이 있을 수 있기 때문이에요. 달걀 껍데기를 만진 손으로 요리를 하거나 조리 기구를 만진다면 균이 옮겨가면서 교차 감염이 될 수 있어요. 달걀을 만진 후에는 손을 비누로 씻는 습관을 가지세요.

✔️ 맛본 숟가락은 다시 사용하지 마세요.

이유식을 만들다가 숟가락으로 맛을 보고 그 숟가락을 다시 이유식에 넣게 된다면 어른 입에 있던 세균이 이유식으로 들어가게 되어 아기에게 충치나 감기와 같은 병을 옮길 수 있어요. 한 번 사용한 숟가락은 씻거나 다른 숟가락을 사용해주세요. 이유식이 뜨겁다고 후후 부는 것도 좋지 않아요. 어른 침방울이 이유식으로 들어가 충치균을 전염시킬 수 있답니다.

✔️ 해동한 재료는 그날 안으로 사용하세요.

해동한 식품을 다시 냉동하지 마세요. 냉동 상태에서 증식이 억제됐던 세균이 해동과 냉동을 반복하는 동안 급속도로 늘어나게 되면서 식중독을 유발할 수 있기 때문이에요. 따라서 식재료를 냉동할 때는 처음부터 소량씩 덜어서 보관하고, 해동 후 남은 재료는 조리해서 냉장고에 보관하세요.

✔️ 그날 먹을 이유식은 뚜껑을 닫아서 냉장 보관해주세요.

바쁜 엄마들은 그때그때 이유식을 하기보다는 미리 만들어놓는 경우가 많죠. 한 번 먹을 양만 덜어두고 나머지는 뚜껑을 닫아 냉장고에 보관해주세요. 이유식은 간을 하지 않았기 때문에 실온에 둘 경우 빨리 상할 수 있어요.

✔️ 엄마는 아기의 기미 상궁이에요.

아기에게 주기 전에 손등에 올려서 꼭 미리 맛과 온도를 체크해주세요. 엄마가 먹어도 맛있어야 아기도 잘 먹는답니다. 혹시 뜨거울 수도 있고 아무리 잘 보관했어도 상했을 수도 있기 때문에 꼭 먹어보시고 주세요.

✔️ 이유식은 아기 교육의 첫걸음이에요.

이유식은 음식 문화입니다. 이유식을 통해서 식사 예절을 알려주는 것도 매우 중요한 일이에요. 안 먹는다고 따라다니면서 먹이기보다는 가족들이 먹는 시간에 맞춰서 먹도록 하는 게 좋아요. 그렇게 하면 자연스럽게 식사 예절을 가르칠 수 있습니다.

★ 엄마들이 진짜로 궁금해하는 ★
이유식 Q&A

Q. 수유 시간이 불규칙한데, 이유식 시간은 어떻게 잡는 것이 좋은가요?

A. 수유 시간을 규칙적으로 잡고 이유식을 시작하는 것이 좋아요. 아기가 운다고 해서 바로 먹이지 말고 시간을 정해 먹이는 습관을 들이세요. 1~2주 정도 훈련하면 규칙적인 리듬을 찾을 수 있습니다.

Q. 우리 아기 체질에는 어떤 재료의 이유식이 가장 좋을까요?

A. 아기마다 타고난 체질이 다르기도 하고, 성장 과정에서 몸에 좀 더 잘 맞거나 챙겨서 먹이면 더욱 좋은 재료가 생길 수는 있어요. 하지만 이유식에는 각 시기에 맞는 다양한 재료와 조리법을 사용해 아기가 다양한 맛을 경험하게 하고 영양소를 골고루 섭취할 수 있게 도와주면서 아기의 신체 변화와 반응을 살펴보는 것이 가장 중요해요. 그런 과정을 통해 자연스럽게 아기에게 좀 더 도움이 되거나 부족한 부분을 채워줄 수 있는 재료와 음식을 알게 될 거예요.

Q. 먹는 양이 날마다 달라 걱정이에요. 강제로라도 바로잡아야 할까요?

A. 이유식 중기나 후기쯤 되면 좋아하는 음식과 싫어하는 음식이 분명해지고, 기분에 따라 식욕도 변합니다. 때가 되었다고 무리하게 먹이려 하는 것은 바람직하지 않아요. 이유식의 양과 영양 균형을 2~3일 단위로 살펴보세요. 그동안 먹는 양이 비슷하다면 걱정할 필요 없어요.

Q. 직장에 다녀서 이유식을 일일이 만들어 먹이기가 힘들어요. 배달 이유식을 병행해도 괜찮을까요?

A. 배달 이유식은 직장에 다니거나 바쁜 일이 생겼을 때 가끔 도움을 받을 수 있어요. 하지만 이유식의 원칙은 집에서 만들어주는 것이라는 큰 틀에서 벗어나지는 마세요. 여러 가지 재료가 한꺼번에 섞인 시판 이유식인 경우 알레르기가 생겼을 때 원인을 모를 경우가 많답니다. 아기의 알레르기를 체크한 후 안전한 재료로 만들어진 시판 이유식을 구입하는 것이 좋아요. 배달 업체를 고를 때는 신선한 재료를 사용하고 인공적인 맛을 더하지 않는지, 포장 상태가 훼손되지 않는지 등을 따져보고 고르세요.

Q. 이유식을 시작하고 변이 이상해졌어요. 뭘 잘못 먹이고 있는지는 아닌지 걱정이에요.

A. 새로운 음식을 먹게 되면서 변이 달라지는 것은 너무도 당연한 일입니다. 먹은 음식이 그대로 보이는 경우도 있고 조금 달라 보이는 때도 있죠. 비트를 먹고 변이 빨개지기도 하고 시금치를 먹고 녹색 변을 보기도 합니다. 아기가 특별히 아프거나 몸에 이상이 보이지 않는다면 걱정하지 않아도 됩니다.

Q. 설탕을 주지 말라고 하는데 달콤한 과일은 줘도 괜찮을까요?

A. 과일은 아기에게 필요한 식이섬유와 다양한 비타민을 주기 때문에 꼭 필요한 식품입니다. 하지만 좋다고 많이 먹일 필요는 없어요. 처음에는 강판에 갈거나 익힌 다음 으깨주고, 중기나 후기가 되면 작게 썰어 먹이세요. 과일 대신 과육을 거른 과일 주스를 먹이는 엄마도 있는데 당도가 높아 다른 음식을 적게 먹는 경우가 생기므로 피하는 것이 좋아요.

Q. 시판 요거트나 치즈를 먹여도 될까요?

A. 집에서 위생적으로 만든 요거트를 주면 좋지만 무첨가 시판 요거트도 괜찮아요. 시큼한 요거트에 단맛을 첨가한 제품이 많으니 꼭 무첨가 플레인 요거트를 구입하세요. 시판 치즈는 소금을 첨가한 것이 대부분이라서 직접 만드시는 걸 추천드려요. 이 책에서는 후기에 코티지치즈 만드는 방법을 소개했어요.

Q. 우유는 돌 이후에 먹어야 한다고 했는데, 우유로 만들어진 치즈나 요거트는 돌 전에 먹여도 괜찮은 건가요?

A. 아기들은 돌이 지난 후부터 생우유를 먹이는 것이 안전합니다. 하지만 치즈나 요구르트는 우유가 발효되는 과정에서 유당이 분해되어 소화가 잘 되기에, 우유 알레르기만 없다면 이유식 초기부터 시도할 수 있습니다.

Q. 꼭 유기농 재료를 사용해야 하나요?

A. 유기농 재료가 신선하고 안전하기는 하지만 유기농 재료를 쓰지 않는다고 해서 아기의 건강에 해가 되지는 않습니다. 건강을 위해서는 유기농 여부보다 신선하고 다양한 식품을 골고루 먹이는 것이 더 중요하니까요. 유기농 식품을 고집하느라 식품 종류나 양을 제한한다면 오히려 균형적인 영양 섭취를 저해할 수 있습니다.

Q. 이유식을 입안에 물고 있어요.

A. 이유식을 억지로 강요하거나 질긴 음식을 삼키지 못해서 그런 경우도 많습니다. 한 입 가득 주는 경우에도 그럴 수 있으니 소량씩 조금씩 주세요.

Q. 사골 국물을 줘도 될까요?

A. 사골국에는 칼슘, 인 같은 미네랄과 포화지방이 많이 들어 있습니다. 과거에는 칼슘 보충으로 사골국을 먹이는 경우가 많았지만, 아기가 먹고 있는 분유에 칼슘이 많이 들어있어요. 따라서 이유식에 사골국은 별로 권장하지 않습니다.

Q. 이유식이 너무 묽게 만들어졌어요. 버려야 할까요?

A. 농도가 묽어진 이유식에 퀵오트밀이나 귀리가루가 있으면 한두 스푼 넣고 다시 끓여보세요. 귀리에 든 베타글루칸 때문에 점성이 생겨서 이유식 본연의 맛은 해치지 않으면서도 농도가 진해집니다.

Q. 전자레인지에 음식을 데우면 영양 손실이 된다는데 이유식을 전자레인지에 데워도 괜찮을까요?

A. 그 반대입니다. 전자레인지는 영양가 손실 없이 음식물을 익힐 수 있는 조리 기구예요. 다만 작동할 때 전자파가 발생하므로 작동 중에만 조금 멀리 떨어져 있으면 됩니다. 이유식을 데울 때는 음식물 안쪽이 더 뜨거울 수 있으니 데운 이유식을 골고루 섞은 다음 음식 온도를 확인하고 먹이면 돼요.

이유식의 기초,
식재료 보감

이유식은 식재료 준비를 잘하면 절반은 성공입니다. 소금이나 양념으로 맛을 내는 음식이 아니기 때문에 기본 재료 자체가 맛있어야 하기 때문이죠. 예를 들어 알배추를 활용한 이유식을 만든다면 그냥 먹어도 고소한 배추의 노란 속을 적극 활용해야 해요. 이런 식재료에 대한 지식과 손질법은 이유식뿐만 아니라 모든 요리의 기초이기도 하니까, 이유식 만드는 것을 계기로 정확히 알아두세요!

곡식류 - "아기는 밥심으로 움직여요."

'한국인은 밥심으로 산다'라는 말은 이제 옛말인 것 같아요. "저탄고지(저탄수화물, 고지방) 식단을 해야 살이 잘 빠져요", "삼시 세끼 쌀밥 먹으면 뱃살 나와요"라는 말, 많이 들어보셨죠? 최근 탄수화물이 비만의 주범이라는 인식이 퍼지며 쌀 소비량은 꾸준히 줄고 있어요. 그러나 이것을 이유식에까지 적용하면 안 됩니다.

탄수화물은 아기의 두뇌와 몸을 움직이는 에너지원입니다. 아이의 몸을 자동차에 비유하면 탄수화물은 자동차의 연료 역할을 해요. 원하는 거리를 주행하기 위해서는 연료를 가득히 채워야 하는 것처럼, 아이에게도 충분한 양의 탄수화물을 공급해야 몸속의 근육과 세포가 움직이고 뇌가 활발하게 사고할 수 있게 됩니다. 아무리 멋있는 스포츠카라도 연료가 없이는 1cm도 움직일 수 없듯이, 아이도 탄수화물이 충분하지 않으면 활동하고 생각하는데 어려움이 있다는 거죠. 한국인은 더 이상 밥심으로 사는 게 아닐지라도, 아기들은 밥심으로 움직인다는 것을 명심해야 합니다.

탄수화물에도 종류가 있어요. 혈당지수가 낮은 탄수화물이 좋답니다. 혈당지수는 껍질이 포함된 통곡물일수록 낮아요. 같은 쌀이라도 백미보다는 현미가 좋다는 뜻입니다. 혈당지수가 낮은 탄수화물은 혈당이 요동치지 않아서 차분한 성격 형성에도 도움을 주죠. 제가 이유식 재료로 단호박을 제일 선호하는 이유도 혈당지수가 단호박이 낮기 때문이랍니다.

| 쌀 |

쌀은 우리에게 가장 친밀한 식재료이자 안전한 탄수화물 공급원입니다. 쌀에는 멥쌀과 찹쌀이 있어요. 멥쌀에 비해 찰진 찹쌀은 소화가 잘되어 설사를 멎게 하고 속도 든든하게 해주죠. 또 쌀은 도정 상태에 따라 백미와 현미로 나눌 수 있어요. 현미는 쌀의 겉껍질만 벗기고 속껍질을 벗기지 않은 것을 말해요. 현미의 속껍질을 깎아 버린 것이 백미예요. 현미의 거친 맛을 보완하기 위해 현미 찹쌀을 선택하기도 합니다.

이유식에서는 극초기 이유식을 제외하고는 현미 같은 통곡물을 섞는 것이 좋아요. 통곡물을 사용하면 변비 예방에도 효과적이고 장내 미생물의 유익균 증식에도 많은 도움을 준답니다. 백미가 소화하기는 쉽지만 쌀눈이나 식이섬유 같은 것이 부족해요. 그래서 이유식 극초기나 설사할 때 등을 제외하고는 완전 백미로만은 하지 않는 것이 좋아요.

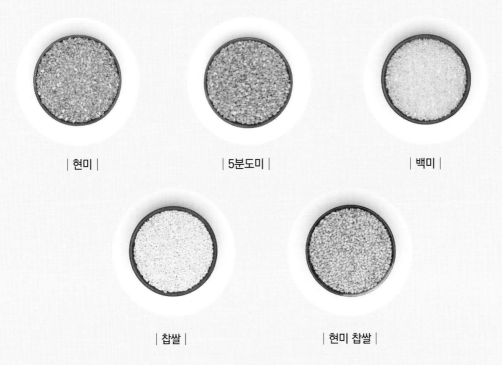

| 현미 | | 5분도미 | | 백미 |

| 찹쌀 | | 현미 찹쌀 |

쌀은 도정 정도에 따라 백미와 현미 사이에 3분도미, 5분도미, 7분도미 등이 있습니다. 3분도미는 좁피 30%, 5분도미는 50%, 7뷰미는 70%, 백미는 모든 껍질층을 다 제거한 상태입니다. 아기에게는 백미로 시작하다가 초기 중반이나 중기부터 현미의 비율을 조금씩 늘리면서 통곡물 비율을 50~70%까지 바꿔주는 것이 좋아요. 변에서 소화 안 된 현미 조각이 나오더라도 놀라지 마세요. 잔병치레가 없고 체중 증가가 잘 되고 있다면 현미는 계속 줘도 됩니다. 반대로 아기가 현미를 소화시키지 못해서 체중 증가가 잘 되지 않는다면 현미보다는 백미로 밀고 나가는 것도 좋아요. 이 책에서는 요리 과정의 편리함 때문에 초기와 중기는 백미와 오트밀, 후기와 완료기는 5분도미로 이유식을 만들었어요.

오트밀(귀리)

서양에서는 오트밀로 이유식을 시작해요. 그만큼 오트밀은 알레르기가 적고 영양이 풍부한 착한 탄수화물입니다. 오트밀은 크게 가공하지 않은 귀리, 분쇄를 한 스틸컷 오트밀, 스팀과 압착을 한 롤드 오트밀, 퀵오트밀 네 가지로 나눌 수 있어요. 이유식에서는 통으로 압착한 롤드 오트밀이나 롤드보다 입자가 더 고운 퀵오트밀을 사용하는 것이 좋아요. 이 책에서는 시중에서 흔히 구할 수 있는 퀵오트밀을 사용하고 있어요. 성인들은 오버나이트 오트밀이라고 하여 하룻밤을 불린 다음 그대로 먹어도 되지만, 이유식에서는 불린 것이라도 꼭 다시 한번 끓여서 먹여주세요.

| 귀리 |　　| 스틸컷 오트밀 |　　| 롤드 오트밀 |　　| 퀵오트밀 |

밀가루

밀가루는 농약을 치지 않는 우리나라 토종 밀가루가 좋아요. 통밀이라고 해도 100%가 아닌 경우가 많으므로 통밀 함량을 확인해야해요. 우리밀은 농약을 치지 않아 상할 수 있으니 실온보다 냉장고나냉동실에 보관해주세요. 밀가루에서 꼭 알아야 하는 이유식 원칙은글루텐 알레르기를 예방하기 위해 생후 7개월 전에는 소량을 줘야 한다는 사실이에요. 아기 일생에 딱 한 번 있는 밀가루 알레르기를 예방하는 기회이니, 잊지 말고 7개월 전에 밀가루 한 꼬집을 넣어주세요.

고기, 달걀, 콩과 두부 - "우리 아기 키는 단백질이 키워요."

단백질은 근육, 피부, 머리카락, 손톱, 발톱을 만듭니다. 성장호르몬의 주요 성분이기도 하기 때문에 단백질이 부족하면 성장에 문제가 생길 수 있어요. 단백질은 고기를 비롯한 동물성 식품과 견과류, 콩류, 곡물 등 식물성 식품에 모두 풍부하지만, 성장기의 아기에게는 동물성 단백질이 꼭 필요하므로 매일매일 고기를 먹이는 것이 중요합니다.

단백질은 건물에 있어서 뼈대 같은 역할을 하는 기초 영양 성분이라 이유식을 먹일 때는 단백질 공급에 최선을 다해야 해요. 다만 사람의 몸에는 단백질을 저장할 수 있는 기능이 없어서 한꺼번에 많이 먹으면 신장에 잔뜩 무리를 줍니다. 그러니 일주일에 몇 번 몰아서 고기를 주는 것보다는 매 끼니마다 소량씩 챙겨주는 것이 좋습니다.

고기류

좋은 단백질 섭취를 위해 고기를 먹는 것은 좋은 탄수화물을 위해 통곡물을 먹는 것만큼 중요해요. 아기가 비만이 될까 봐 가끔 고기를 꺼리는 분들이 있는데, 아기는 살코기로 된 고기를 먹어야건강해진답니다. 아기 성장에 필요한 단백질 중 필수 아미노산은 몸 안에서 만들지 못하기 때문에꼭 음식으로 보충해야 하기 때문이에요. 하나라도 부족하면 성장에 문제가 생기므로 필수 아미노산이 풍부한 동물성 식품으로 이유식을 만들어야 합니다. 그래서 이유식을 만들 때는 고기를 구입하는 요령, 손질, 보관에 대해 잘 알 필요가 있어요.

· 소고기

만 6개월부터는 모체로부터 받은 철분이 소진되기 시작하므로 소고기로 철분을 보충해주는 것이 중요해요. 이유식에는 기름기가 없는 안심이나 우둔살, 홍두깨살 등 장조림용 부위가 적당해요. 핏물을 제거하기 위해 물에 담그거나 씻지 마세요. 세균도 번식하고 철분도 제거되어서 이유식에는 좋은 손질법이 아니랍니다. 이 책에서의 모든 소고기는 물에 담갔다 사용하지 않고, 키친타월로 한 번 닦기만 하고 사용했어요.

· 돼지고기

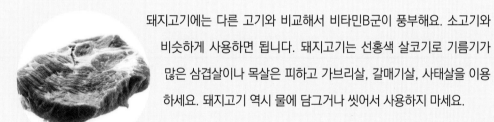

돼지고기에는 다른 고기와 비교해서 비타민B군이 풍부해요. 소고기와 비슷하게 사용하면 됩니다. 돼지고기는 선홍색 살코기로 기름기가 많은 삼겹살이나 목살은 피하고 가브리살, 갈매기살, 사태살을 이용하세요. 돼지고기 역시 물에 담그거나 씻어서 사용하지 마세요.

· 닭고기

닭고기는 그램당 단백질양이 가장 많은 고기죠. 안심, 가슴살, 다리살을 추천합니다. 닭고기를 키우는 환경이 열악한 곳이 많아서 닭고기만은 무항생제로 구입해야 안심이 돼요. 닭안심살은 하얀색 힘줄을 제거하고, 닭다리살은 껍질과 지방을 제거해서 사용하세요. 닭요리를 할 때 잡내를 제거하고 풍미를 주기 위해 우유에 담그는 경우가 많은데 이유식에서는 피해주세요.

| 달걀 |

달걀에는 단백질이 5g 정도 들어있어요. 소고기 20g에 단백질이 5g 정도 있으니, 달걀에도 꽤 많은 단백질이 들어있는 셈이죠. 달걀은 철분과 눈 건강에 좋은 루테인도 풍부하기 때문에 없어서는 안 되는 중요한 이유식 재료입니다. 이유식에서 달걀은 보관하기와 손 씻기 두 가지를 기억해주세요. 냉장고 문에 있는 달걀 칸에 보관하면 문을 여닫을 때마다 흔들려 미세한 금이 갈 수도 있고, 여닫을 때마다 온도가 올라가므로 냉장고 안쪽 깊이 보관해주세요.

그리고 달걀은 만진 뒤에 손을 반드시 비누로 씻어야 해요. 살모넬라균 교차 감염을 예방할 수 있기 때문입니다. 교차 감염이란 살모넬라균이 있는 달걀 껍데기를 만진 손으로 그대로 젖병을 만지면 달걀을 먹지 않았는데도 아기가 살모넬라에 걸리는 현상을 말해요. 그래서 이 책에서는 '달걀 만진 후 손을 씻어주세요'라는 말을 반복적으로 하고 있답니다.

| 콩과 두부 |

• 콩

콩은 '밭에서 나는 소고기'라는 별명답게 100g당 36.2g(국산 노란 콩 기준)의 단백질이 들어있어요. 콩에 부족한 메티오닌은 쌀에, 쌀에 부족한 라이신은 콩에 많아서 콩밥은 건강에 아주 좋아요. 콩에는 단백질뿐만 아니라 뇌 발달을 돕는 콜린과 레시틴, 혈관 건강에 유익한 리놀레산 지방도 풍부합니다.

• 두부

'아시아의 치즈'라고 불리는 두부는 단백질(100g당 9.3g)과 칼슘이 치즈보다는 적지만 포화지방이 거의 없는 건강 식품이에요. 소화율이 95%로 영양학적으로 완전식품에 가깝답니다. 이런 두부에도 단점이 있어요. 잘 상하기 때문에 보관에 신경을 써야 한다는 거예요. 특히 이유식을 할 때는 팩에서 금방 꺼낸 것만 사용하는 것이 안전합니다.

| 흰살생선 |

흰살생선 100g에는 19~23g의 단백질이 들어있어요. 근육을 키우는 보디빌더들은 닭가슴살만큼이나 흰살생선을 즐긴답니다. 흰살생선은 지방이 적어 맛이 담백해서 아기들이 좋아해요. 알레르기만 없다면 자주 먹이세요.

| 우유, 유제품 |

• 우유

우유는 완전식품이며 최고의 칼슘 공급원이지만 혈관에 해로운 포화지방이 많아요. 그래서 2세 이후의 아이들에게는 전유 대신 저지방 우유를 권하기도 한답니다.

• 치즈

우유로 만든 치즈에는 소고기보다 단백질이 1.5배나 많이 들어있고 치아의 산 형성을 방해해 충치를 예방해 성장기 아기들에게는 매우 좋은 식품입니다. 치즈는 종류가 다양해 종류를 약간이라도 알아두는 것이 선택에 도움이 된답니다. 치즈는 크게 자연 치즈와 가공 치즈로 나눠요. 자연 치즈에는 코티지, 카망베르, 파마산, 크림, 브리, 블루치즈 등이 있고, 가공 치즈는 슬라이스 형태의 치즈가 대부분입니다. 자연 치즈는 숙성 과정을 거치고 유산균이 살아있는 상태에서 유통하므로 보존 기간이 1~2주이며, 가공 치즈는 숙성 후 한 번 끓이는 과정이 있어 발효가 멈춘 상태이므로 보존 기간이 길어요. 어떤 치즈를 사용하든 이유식용 치즈는 소금을 따로 첨가하지 않은 것으로 골라야 한다는 사실을 꼭 기억하세요!

견과·씨앗류 – "아기 두뇌에 똑똑한 지방을 넣어주세요."

단백질이 동물성이라면 지방은 식물성 위주로 먹는 것이 건강에 좋아요. 지방은 산화되면 과산화지질이라는 나쁜 물질로 변해요. 그래서 식물성 지방이 풍부한 견과·씨앗류는 꼭 냉동 보관해주세요. 견과·씨앗류도 처음 먹일 때는 조심해야 합니다. 알레르기가 많고 그 증상도 비교적 심하게 나타나므로 반드시 체크하고 먹이세요.

| 참깨 |

계란죽이나 흰죽에 참깨를 조금만 갈아 넣어도 한층 더 고소해집니다. 깨는 통깨로 냉동 보관했다가 사용 직전에 갈아주세요. 아기들은 소화력이 약하고 목에 걸릴 수 있으니, 아주 곱게 빻아주세요.

| 들깨 |

두뇌 발달에 좋은 DHA, EPA 같은 오메가3가 가장 풍부한 식재료이지만 공기 중의 산패가 참깨보다 더 잘 됩니다. 반드시 통들깨를 사서 냉동 보관했다가 사용하기 직전에 곱게 빻아서 사용하세요.

| 검은깨 |

흑임자라고도 하죠. 아기에게 블랙푸드를 만들 때 사용하는 대표적인 식재료예요.

| 호두, 땅콩, 캐슈너트 등 견과류 |

견과류에는 혈관 건강에 이로운 오메가3, 항산화 물질인 멜라토닌, 칼슘과 레시틴 등이 풍부해 아기의 건강에 도움을 준답니다. 견과류 알레르기만 없다면 두려워하지 말고 사용해주세요.

| 참깨 | | 들깨 | | 검은깨 | | 각종 견과류 |

버섯, 채소, 과일 – "비타민, 무기질, 미네랄로 면역을 지켜주세요."

| 버섯 |

표고버섯은 말린 것을 불려서 사용하는 식재료입니다. 생표고보다 말린 것이 향도 있고 비타민D도 풍부하지요. 하지만 아기는 짙은 표고버섯향 때문에 거부하는 경우도 많으니 생표고를 다져서 냉동 큐브로 만들어 사용해도 좋아요. 양송이버섯, 흰목이버섯 등 부드러운 질감의 버섯은 될 수 있는한 얼리지 말고 버섯 들깨죽이나 버섯리소토 같은 메뉴로 그때그때 만들어주세요.

버섯을 손질할 때는 물로 씻지 마세요. '고기, 달걀, 버섯, 삶은 파스타면', 이 네 가지 식재료는 물에 씻으면 손해 보는 식재료랍니다. 버섯은 씻으면 물을 흡수해서 물컹물컹해지기 때문에 물을 묻힌 키친타월로 가볍게 닦아주세요.

| 채소 |

구강기에 접어든 아기들은 맛보다 식감을 느끼고 싶어 합니다. 삶아서 냉동한 잎채소가 물컹거리면 식감 때문에 채소 자체에 대한 거부감을 가질 수 있어요. 그래서 시금치나 비타민 같은 잎채소는 그때그때 신선한 것을 사용하거나 수경 재배하는 것을 추천해요. 단단한 채소는 냉동해도 식감 변화가 없으니 다져서 냉동시켜주세요. 10~30g씩 소분해두면 조리시간을 단축시킬 수 있어요.

좋은 재료 고르는 법 • • • • • • • • • • • • • • • • • • •

• 소고기

누린내를 예방하기 위해서는 신선도가 좋은 고기를 구입하는 것이 제일 중요해요.

• 닭고기

이유식용 닭고기와 달걀은 항생제나 호르몬 주사를 맞지 않은 유기농, 무항생제로 구입하는 것을 추천해요. 포장지에 붙어 있는 라벨을 확인하고 구입하세요.

• 돼지고기

선홍빛 색깔이 나는 신선한 것을 구입하세요.

• 애호박

표면에 흠집이 없고 윤기가 흐르며 꼭지가 단단하고 크기에 비해 묵직한 게 신선한 것입니다. 잘 모르겠으면 비닐을 꽉 씌운 상태로 파는 것을 사세요. 그런 애호박은 농약을 쓰지 않고 인큐베이터 방식으로 키운 것이랍니다.

• 당근

위에서 아래까지 주황색이 선명하고 단단하면 좋습니다. 중간에 든 심이 작은 것일수록 달아요.

• 단호박

표면에 상처가 없고 매끈해야 좋은 거예요. 껍질의 색과 줄이 선명하고 묵직한 것이 좋아요. 잘랐을 때 단면의 색깔이 주황빛을 띠는 것일수록 더 달답니다. 꼭지가 말라 있을수록 후숙이 잘 된 것이니 요리조리 들어도 보고 만져도 보면서 꼼꼼하게 고르세요.

• 무

좋은 무는 표면이 하얗고 매끈하며 잔뿌리가 없어요. 들었을 때 묵직하고 살짝 눌렀을 때 단단함이 느껴져야 바람이 들지 않은 거랍니다. 무의 위쪽에 있는 초록 부분이 더 달고 아삭하므로 이유식을 만들 때는 무 위쪽을 사용해주세요.

• 양파

꼭지 부분이 잘 조여져 있고 눌렀을 때 단단한 것이 좋아요. 물렁물렁한 것은 피해야 해요. 겉껍질이 잘 말라 있고 윤기가 있으며 묵직하게 중량감이 있는 것이 맛있어요.

• 브로콜리

둥글고 통통하며 진한 초록빛이 나는 것이 좋아요. 누렇게 변색된 것은 묵은 것이므로 피하세요. 브로콜리는 칼끝으로 줄기 부분을 톡톡 잘라서 씻어주세요. 꽃봉오리는 밀도가 높아서 벌레, 먼지, 농약이 끼어 있을 수 있으니 식초 탄 물에 10분 정도 담근 후 흐르는 물에 씻어주세요. 작게 다듬고 씻어야 안쪽까지 세척할 수 있어요.

• 양배추

양배추는 계절별로 맛있는 것을 고르는 법이 달라요. 겨울에는 들어봐서 무거운 것을, 봄에는 가벼운 것을 골라야 맛있어요.

• 고구마

고구마는 겉에 검은 진액이 많을수록 맛있어요. 달콤할수록 고구마의 껍질과 양 끝에서 진액이 많이 배어 나오기 때문입니다.

• 비트

표면이 매끄럽고 모양이 둥그스름한 것을 골라요. 수확한 지 얼마 안 된 것은 흙이 많이 묻어 있고, 잘랐을 때 붉은색이 선명하게 드러납니다. 크기는 중간 정도가 가장 부드럽고 맛있어요.

• 배

껍질이 투명한 노란빛을 띠는 것이 좋아요. 껍질이 울퉁불퉁하거나 쭈글쭈글하지 않고 매끄러운 것을 고르세요.

• 배추

심이 짧고 속이 빈틈없이 꽉 차 있어야 달고 부드러워요. 반으로 잘라서 파는 배추는 심과 속을 볼 수 있지만, 통배추는 알 수 없으므로 이럴 때는 들었을 때 묵직한 것을 고르세요.

• 가지

탱탱하고 꼭지 부분의 가시가 날카로우며 중간 크기인 것이 맛이 좋아요. 묵직하면서 껍질에서 윤이 나는 선명한 보라색이면 됩니다.

• 시금치

시금치는 재래종 시금치인 '포항초'를 구입하는 것이 좋아요. 해풍을 맞고 자란 포항초는 뿌리 쪽이 붉고 잎이 뾰족한 모양을 하고 있어요. 잎이 크고 색이 검푸른 서양종보다 색도 연하고 잎의 크기도 작지만, 맛과 영양 면에서 더 뛰어나요.

• 연근

흙이 적당히 묻어있고 겉에 상처가 없는 것으로 고르세요. 단면의 색이 변하거나 구멍 안이 검게 된 것은 신선도가 떨어진 겁니다.

• 감자

껍질이 얇고 단단하며 모양이 둥글고 매끈한 것을 골라주세요. 색이 푸르스름하거나 싹이 난 것, 반점이 있는 것. 쭈글쭈글한 것은 묵은 것이니 주의해주세요. 푸른빛이 도는 껍질과 싹, 눈은 반드시 제거한 후에 사용하세요.

이유식 조리도구와 계량법

　이유식을 시작하기 전에 이유식 조리도구와 식기부터 사서 펼쳐두면 마음부터 뿌듯해집니다. 이유식을 하다 보면 특별히 손이 가는 조리도구가 있어요. 저도 그런 도구가 없었다면 어떻게 이유식을 해냈을까 할 정도로 고마운 생각이 든답니다. 조리도구는 굳이 세트로 살 필요는 없어요. 그중 잘 쓰는 것은 몇 개 없거든요. 그보다는 따로 하나씩 사는 것이 좋아요. 이유식만 하고 요리를 그만할 것은 아니니까, 숟가락 하나를 사더라도 꼼꼼하게 따져보고 준비해주세요.

✦ 준비하면 편리한 이유식 조리도구와 식기

계량과 측정

• 계량 저울

　저울 사용하는 것을 귀찮게 생각하지 마세요. 무게를 일일이 측정하면서 요리하면 시간도 걸리고 손맛도 떨어진다고 말들 하지만, 저울로 연습을 많이 해봐야 눈대중으로 하는 요리의 경지에 이를 수 있답니다. 또 저울로 완성된 이유식을 측정하면 아기가 먹은 분량도 정확히 파악할 수 있어요. 저울은 영점이 초기화되는 기능이 있는 것을 사면 편리해요. 가정용 저울은 계량 상한선이 5kg은 되어야 불편하지 않지만, 이유식용으로 쓴다면 1kg도 괜찮아요.

• 계량컵과 계량 숟가락

계량컵은 액체를 계량할 때 아주 유용해요. 플라스틱 재질보다는 강화 유리 재질이 뜨거운 재료도 넣을 수 있어 여러모로 좋아요. 용량이 다른 것으로 서너 개 있으면 편하기는 하지만 딱 한 개만 산다면 '500ml'를 추천합니다.

계량 숟가락은 모양이 예쁜 것보다는 단순하게 생긴 스테인리스 제품이 더 정확해요. 그래도 계량 숟가락으로 재는 무게는 늘 정확하지는 않은 편이라 빵이나 쿠키같이 정확한 양을 필요로 하는 레시피는 저울을 사용해주세요.

썰기

• 칼

주방용 칼은 식칼, 과도, 톱날 칼 세 개 정도 용도별로 있으면 편해요. 특히 스테이크용이라고 불리는 톱날 칼은 토마토, 복숭아처럼 무른 과일을 뭉개지 않고 깔끔하게 썰 수도 있고, 빵을 자를 때도 빵칼 대신에 쓰면 깨끗이 잘려요.

• 채칼

이유식은 다지는 요리가 많아요. 무, 감자, 당근같이 단단한 채소를 매번 칼로 다지면 손목에 무리가 갑니다. 그렇다고 다지기 기계를 사용하면 알갱이 크기를 원하는 대로 조절하기가 힘들고, 기계를 씻는 일도 제법 귀찮답니다. 이럴 때는 채칼로 한 번 채를 낸 뒤 다시 직각 방향으로 원하는 크기만큼 칼로 썰어보세요. 채칼은 단계별 이유식 입자의 크기 조절도 쉽고 손목도 지켜줍니다.

채칼은 얇은 칼날에 재료를 빠른 속도로 통과시키기 때문에 세포벽의 파괴가 더 많아져요. 그래서 같은 두께라도 채칼로 썬 무가 칼로 썬 무보다 훨씬 더 흐물거리고 재료의 향도 더 빨리 배어 나온답니다. 이유식은 재료를 부드럽고 연하게 하는 것이 제일 중요하기 때문에 이유식을 할 때는 채칼로 다지는 것이 효율적이에요. 그러나 채칼도 단점이 있어요. 조리 기구 중에서 채칼만큼 위험한 것도 없답니다. 채칼을 쓸 때는 첫째도 손 조심, 둘째도 손 조심을 해야 해요. 재료를 손 보호대에 끼워서 안전하게 사용하세요.

• 필러

필러는 감자, 당근, 무, 오이 등의 껍질을 얇게 벗겨내는 칼이에요. 수평형과 수직형이 있는데 어떤 것이든 괜찮아요. 자기 손에 익숙한 것을 사용하면 됩니다.

• 도마

과일, 채소와 고기, 생선을 다루는 도마는 각각 따로 써야 위생적이에요. 따로 사용하더라도 날고기나 생선을 사용한 직후에는 칼, 도마는 물론이고 싱크대 주변을 주방세제로 꼼꼼하게 씻는 것을 잊지 마세요. 끓는 물에 소독하는 것도 매우 좋아요.

이유식용 도마는 나무보다는 TPU 실리콘 재질이 위생적으로 관리하기 쉬워요. 아무리 관리를 잘 해도 도마는 세균번식의 온상이 될 수 있으므로 도마를 살 때는 너무 비싼 것보다는 적당한 가격의 것을 사서 자주 바꿔주는 것이 좋아요. 도마 밑에 미끄럼 방지가 안 된 것은 칼질을 하는 동안 도마가 움직여서 위험할 수 있어요. 그럴 때는 밑에 물기를 짠 행주를 깔아서 쓰세요.

• 이유식용 부엌 가위와 집게

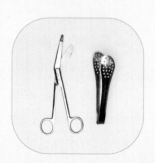

이유식용으로 스테인리스로 된 작은 집게와 부엌 가위가 하나씩 있으면 좋아요. 이유식 중 · 후기로 넘어가면 먹기 좋은 크기로 음식을 잘라줘야 할 때가 많은데 그때마다 도마와 칼을 쓰는 것보다는 아기 전용 집게와 가위가 있으면 편리하고 위생적입니다.

• 달걀 커터기(선택)

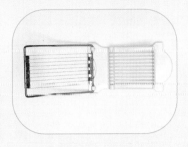

달걀 커터기로 딸기, 바나나, 키위, 아보카도 같은 부드러운 과일을 잘라보세요. 육아를 하다 보면 과일을 작게 잘라주는 것도 때로는 벅찰 때가 있는데 아주 편리하게 사용할 수 있어요.

다루기

• 요리용 숟가락

위생적인 관점에서 밥 숟가락과 요리용 숟가락은 따로 준비하는 것이 좋아요. 스테인리스로 된 오목한 어른 숟가락 2~3개를 준비해주세요.

• 매셔

삶은 감자, 삶은 단호박, 바나나 같은 재료를 한꺼번에 많이 으깰 때 간편하게 사용할 수 있어요. 이유식용으로는 매셔 헤드가 작은 걸 구비하세요.

• 스패출러

알뜰 주걱이라고도 하죠. 이유식은 뭉근히 끓이는 요리가 많은데 눌어붙는 것을 방지하기 위해 자주 저어야 해요. 그때 주걱이나 숟가락보다는 실리콘 재질의 스패출러를 사용하면 좋아요. 실리콘은 섭씨 315도까지 안전하므로 요리에 안심하고 쓸 수 있어요. 머리와 자루가 분리되는 것보다 일체형이 씻기도 편하고 부러지지도 않아요. 스패출러를 고를 때는 헤드의 두께가 제일 중요해요. 두께가 너무 얇으면 잘 찢어지고 너무 두꺼우면 둔탁해서 재료가 잘 섞이지 않아요. 몇 개를 사두고 용도에 따라 번갈아 쓰는 것도 좋은 방법입니다.

• 기름 붓

실리콘 재질이 좋아요. 팬에 기름을 아주 얇게 바르는 용도로 쓰면 좋아요.

• 뒤집개

팬케이크를 좋아하는 아기를 위해서 믿음직한 뒤집개가 하나 있으면 든든해요. 스테인리스로 된 뒤집개는 팬의 논스틱 코팅(non-stick coating)에 상처를 줄 가능성이 있어 실리콘으로 된 것이 좋아요.

• 이유식 냉동 큐브 용기

플라스틱으로 된 얼음 틀이나 실리콘 재질로 된 이유식 큐브에 고기나 채소를 다져서 냉동해두면 간편하게 활용할 수 있어요. 가격이 비싸기는 하지만 실리콘 큐브가 말랑해서 꽁꽁 언 재료를 꺼내기가 수월합니다.

• 이유식 숟가락

초기·중기 때는 찻숟가락 정도의 작은 크기에 움푹 파이지 않은 얕은 숟가락이 편해요. 아기 잇몸을 자극하지 않는 부드러운 재질이 좋아요. 처음에는 아기의 입모양이 보이기 쉬운 긴 숟가락이 좋고, 수프같이 걸쭉한 음식을 먹을 때는 깊이가 있는 숟가락이 좋아요.

• 이유식 보관 용기

100~150ml 정도의 작은 유리병이 좋아요. 소독도 할 수 있고 이유식이 끝나고 유아식 반찬통으로 활용할 수도 있어요. 시판용 이유식처럼 100~150g씩 소분해서 만든 날짜와 요리명을 적어두면 아기가 먹은 양과 재료를 한눈에 확인할 수 있어요.

• 이유식 그릇, 식판, 컵

이유식 초기에는 어차피 엄마가 먹여주므로 가볍거나 깨지지 않는 소재를 고를 필요는 없지만 스스로 먹으려고 손을 뻗기 시작하면 그때부터는 깨지지 않는 그릇으로 바꿔야 해요. 토핑 이유식을 하거나 반찬이 많아지면 이유식 식판이 있으면 편리해요. 마시는 연습을 하기 위해서는 양손잡이가 달린 깨지지 않는 재질의 컵도 필요합니다.

• 실리콘 노즐 소스통(선택)

핑거푸드 팬케이크를 만들 때 아주 유용해요. 반죽을 소스통에 담아서 팬에 올리면 크기 조절도 쉽고 요리 속도도 빨라집니다. 소스통의 노즐이 열에 강한 실리콘으로 된 것을 사세요.

• 작은 손부채(선택)

뜨거운 이유식을 식혀야 할 때가 종종 있답니다. 입으로 후후 불면 눈에 보이지 않는 침방울이 아기 음식에 들어갈 수가 있으므로 작은 손부채 하나는 식탁에 아기 전용으로 놔두면 유용합니다.

섞기/갈기/혼합하기

• 거품기

거품기는 달걀 거품을 내는 용도로만 쓰이는 도구가 아니에요. 다진 이유식 재료를 곱게 풀 때 거품기만큼 잘되는 기구도 없답니다. 특히 고기를 이용한 음식을 만들 때 냄비나 팬에서 거품기로 골고루 섞어준 다음 익히면 고기가 덩어리지는 일을 막을 수 있어요. 거품기 재질은 팬 코팅이 벗겨지지 않는 실리콘이 좋아요. 쌀을 씻을 때도 거품기를 사용하면 아주 편해요.

• 강판

'싼 게 비지떡'이라는 속담은 강판 살 때는 꼭 기억하세요. 천 원이나 이천 원짜리의 싼 플라스틱 강판보다는 스테인리스 강판이 오래 쓰고 위생적이라서 좋아요. 강판도 꼭 손을 조심하며 쓰세요.

• 절구

참깨를 절구에 빻아보세요. 고소한 참깨 향이 온 집을 가득 채웁니다. 갈아서 오래된 참깨 향과는 비교가 안 되죠. 참깨와 들깨는 미리 빻아두면 산패되어 맛과 영양이 변하기 때문에 냉동실에 보관했다가 그때그때 갈아 쓰는 것이 좋아요. 그러니 작은 절구 하나는 꼭 구비하세요. 절구는 매셔 대신에 재료를 으깰 때도 사용할 수 있어요.

• 핸드블렌더

핸드블렌더는 믹서나 블렌더보다 자리 차지도 안 하면서 설거지도 간편해요. 재질이 스테인리스로 된 것은 뜨거운 냄비에 바로 넣고 갈 수가 있어서 더 편하답니다.

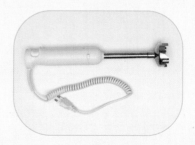

· 분쇄기

마른 재료인 북어를 갈거나 고기를 다질 때 쓰면 좋아요. 매일 다진 고기를 요리해야 하기 때문에 고기용 분쇄기가 따로 있으면 여러 모로 안심이 됩니다. 갈아둔 고기보다 우둔살을 덩어리째 사서 갈아 보세요. 색깔부터가 다를 뿐더러 가격도 더 싸답니다. 고기용 분쇄기는 모터 출력이 500W 정도는 되어야 잘 갈려요. 고기를 간 분쇄기는 칼과 도마처럼 주방세제로 깨끗이 씻고 말려야 하는 것도 꼭 기억하세요.

분리하기

· 체

그릇의 가장자리에 걸칠 수 있는 귀가 달린 제품이 편해요. 손잡이가 튼튼한 것으로 크기별로 2~3개 가지고 있으면 편리해요. 특히 이유식을 할 때는 작은 크기의 체가 의외로 요긴하게 잘 쓰인답니다.

· 면포

요리는 물과 불의 조화예요. 굴림 만두를 만들 때 두부의 물을 면포로 제거한 것과 그냥 만든 것은 차원이 다르답니다. 코티지치즈를 만들 때도 종종 쓰므로 요리용 면포 2~3장을 준비하세요.

• 냄비

이유식은 뭉근히 익히는 음식이 많아 바닥이 두꺼운 냄비가 좋아요. 이유식용으로는 라면 하나 끓일 수 있는 직경 17cm 정도 크기에 3중이나 5중 바닥 정도면 눌어붙지 않아 편해요.

• 팬

이유식용 팬은 스테인리스보다는 코팅된 것이 좋아요. 직경 20cm의 3중이나 5중 팬 하나면 오래 쓸 수 있어요. 알다시피 코팅 팬은 수명이 있답니다. 기름을 두르고 했는데도 팬에 음식이 달라붙으면 새 제품을 살 시기랍니다. 코팅 팬은 실리콘 조리 도구나 부드러운 수세미를 쓰면 수명이 길어진다는 점도 알아두세요.

• 찜기

음식을 찌면 식감은 부드러워지고 영양 손실은 줄일 수 있어요. 찜기가 부피가 커서 부담스러우면 냄비 안에 넣어서 사용하는 접이식 찜기 채반을 사용해도 좋아요.

• 전자레인지용 찜기 그릇

이유식은 전자레인지로 재료를 푹 익히는 경우가 많아요. 재료를 쉽고 빠르게 익힐 수 있기 때문이죠. 실리콘이나 도자기로 된 뚜껑이 있는 찜기 그릇이 있으면 정말 편리합니다.

• 전자레인지

전자레인지는 식재료 안에 들어있는 믈에서 열을 발생시커 익히는 원리예요. 직화 불처럼 음식의 깊은 맛을 내지는 못하지만 적절하게 사용하면 영양가 손실 없이 요리 시간을 단축시킬 수 있어요. 감자, 단호박, 고구마같이 속이 단단한 재료는 고르게 익지 않는 경우가 있어서 중간에 뒤집어주는 일을 해야 합니다.

세척하기

• 과일 전용 세제

껍질을 깎아 먹는 사과, 바나나도 과일 전용 세제나 베이킹파우더로 껍질을 씻어 눈에 보이지 않는 이물질이나 농약을 제거하는 것이 안전해요.

• 수세미

이유식 용기, 도마, 칼을 아무리 위생적으로 살균해도 부엌에서 가장 더러운 수세미를 그냥 놔두면 도루묵이에요. 가장 좋은 수세미 관리법은 자주 교체하는 겁니다. 싼 것을 여러 개 구입해 자주 바꾸는 것이 전자레인지에 수세미를 넣고 돌리거나 표백제에 담구는 것보다 훨씬 낫습니다.

✦ 이유식에 자주 사용하는 재료 계량법

계량 숟가락

주로 적은 양의 가루와 액체 재료를 재는 데 사용해요. 계량 숟가락으로 가루의 양을 잴 때는 재료를 가득 담고 막대기로 평평하게 깎아냅니다. 분유 계량법하고 같아요. 액체를 잴 때는 찰랑찰랑하여 넘칠 듯 말듯하게 담아주세요. 책에서 1작은술(1t)은 5ml, 1큰술(1T)은 15ml이에요. 3작은술은 1큰술이 됩니다.

계량컵

고체나 액체, 가루를 잴 때 사용합니다. 가루인 경우는 덩어리진 것을 풀어서 담고, 눈금을 볼 때는 평평한 곳에 놓고 눈높이를 눈금 높이에 맞춰서 봐야 정확합니다. 분유 물을 계량할 때와 같은 방법으로 하시면 됩니다. 참고로 이 책에서는 종이컵 1컵을 180ml로 했습니다.

양념 계량

24개월까지는 무염 음식이 원칙이므로 레시피에 소금과 간장은 없습니다. 후추나 말린 허브 한 꼬집은 엄지와 중지로 한 번 잡은 양을 말하며, 올리브유 약간은 팬에 기름을 두르고 키친타월로 닦아서 코팅하는 정도를 의미합니다.

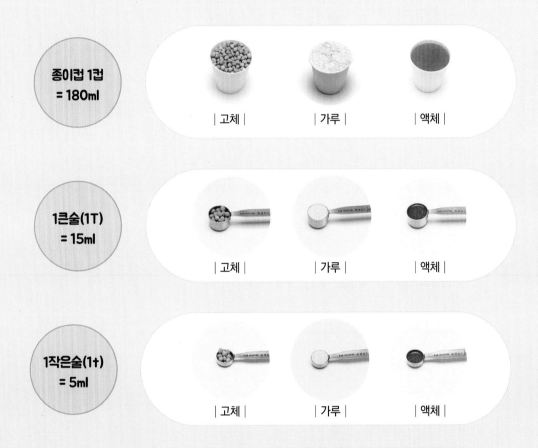

종이컵 1컵 = 180ml

| 고체 | | 가루 | | 액체 |

1큰술(1T) = 15ml

| 고체 | | 가루 | | 액체 |

1작은술(1t) = 5ml

| 고체 | | 가루 | | 액체 |

이유식 냉동 큐브
만드는 법과 보관법

　　냉동 큐브란 고기, 채소, 과일 등 이유식에 많이 쓰는 재료를 다지거나 삶아서 이유식 큐브나 얼음 틀에 담아 냉동한 것을 말해요. 싱싱한 재료로 바로 요리를 하면 가장 맛있고 영양도 훌륭하지만, 하루 이틀 안에 사용하지 않을 식품은 1회 분량씩 소분해 냉동 보관하는 것이 위생적으로 더 안전하고 시간 절약도 크답니다. 같은 냉동실이라도 위치별로 온도가 조금씩 다르기 때문에 이유식 냉동 큐브는 냉동고 안쪽에 깊숙이 넣어 보관합니다. 냉장실과 달리 냉동실은 90%가량 채워야 온도 변화를 막아 냉기를 보존하기 좋아요.

✦ 냉동 큐브로 만들면 좋은 식재료

생으로 냉동 보관하면 좋은 재료

- 고기 : 소고기, 돼지고기, 닭고기
- 어패류 : 생선, 새우
- 채소, 버섯, 양념류 : 무, 애호박, 당근, 양파, 표고버섯, 마늘, 쪽파
- 과일 : 바나나, 블루베리, 아보카도

익힌 후 냉동 보관하면 좋은 재료

- 채소 : 감자, 고구마, 단호박
- 콩 : 완두콩, 병아리콩

냉동 보관 비추천 재료

- 두부, 치즈, 달걀, 이파리채소, 브로콜리, 가지

✦ 냉동 큐브 만들고 해동시키는 꿀팁

냉동 고기, 생선 큐브 만들기

　　오늘 샀거나 내일 조리할 고기를 냉동과 냉장 중 어떻게 보관할지 고민할 때가 있죠. 냉장 상태로 오래 보관하면 공기에 노출되면서 품질이 떨어져버리고 그 상태에서 냉동하게 되면 보관 기간이 짧아지거나 맛이나 풍미가 사라질 수 있답니다. 그러니 덩어리 고기를 사서 그날 사용할 1회분만 남기고 가급적 빨리 소분해 냉동 큐브로 만드는 것이 좋아요.

　　고기는 누린내를 제거하기 위해서 우유나 물에 담그거나 핏물을 씻기도 하는데 위생적으로 좋지 않아요. 식중독균이 증식할 위험이 많은 손질법이라 특히 이유식을 만들 때는 피해주세요.

　　또한 고기를 익혀서 다시 얼리는 것도 별로 추천하지 않아요. 냉동실이라도 세균이 완벽하게 사멸되는 것이 아니고 익힌 고기를 다시 조리하면 맛과 풍미가 떨어지므로 가급적 고기는 생으로 얼리는 것이 좋아요. 아기들은 이유식 각 단계마다 하루 권장하는 고기양이 정해져 있으니, 그 분량만큼 소분해서 냉동시켜주세요. 생선도 고기와 같은 방법으로 만들어주세요.

> 1. 뚜껑이나 랩으로 밀폐해서 얼려야 냉동실에서의 산패나 부패를 최대한 막을 수 있어요.
> 2. 냉동된 고기나 생선은 반드시 냉장실에서 해동해주세요. 실온에서 해동하면 해동하는 동안에 미생물이 번식해 부패할 수 있기 때문입니다. 저는 자기 전에 냉동실 큐브를 냉장실로 옮겨두고 아침에 이유식을 만들고 있어요.
> 3. 한 번 해동한 것은 다시 얼리지 마세요.

고기 냉동 큐브 만들기

1. 덩어리 고기는 키친타월로 핏물을 닦은 후 몇 덩이로 잘라서 분쇄기에 갈아주세요.

2. 냉동 큐브를 계량 저울 위에 올려서 영점을 조정하세요.

3. 다진 고기를 하루 분량만큼 한 개의 냉동 큐브에 담고 다시 영점을 조정합니다.

4. 그런 식으로 순차적으로 모든 냉동 큐브를 채운 뒤 밀봉해주세요.

5. 만든 날짜와 재료명을 표시한 후 냉동 보관합니다.

냉동 채소, 버섯, 과일 큐브 만들기

수분이 많은 잎채소는 얼리면 물이 빠지면서 식감이 떨어지므로 단단한 채소 위주로 냉동 큐브로 만들어주세요. 무, 당근, 양파, 애호박은 생으로 냉동하면 좋고, 감자, 고구마, 단호박, 콩 종류는 익힌 후 냉동하는 것이 건강에도 좋고 조리시간도 단축됩니다. 잘 물러지는 바나나, 아보카도, 블루베리 같은 과일도 냉동해서 먹는 것이 위생적으로 안전해요. 냉동 큐브로 추천하지 않는 재료로는 가지, 브로콜리, 두부, 달걀 등이 있답니다. 채소나 과일은 실온이나 전자레인지로 해동하거나 해동 과정 없이 요리해도 괜찮아요.

채소 냉동 큐브 만들기 ●●●●●●●●●●●●●●●●●●●●●●●●●●●●●●●●●

1. 무, 양파, 당근, 애호박, 양파를 깨끗이 씻고 무는 푸른 쪽, 당근은 껍질 쪽으로 채를 냅니다.

2. 이유식 단계에 맞게 칼이나 가위로 적당히 잘라주세요.

3. 한 번 사용할 분량만큼 냉동 큐브에 소분해주세요.

4. 만든 날짜와 재료명을 표시한 후 냉동 보관합니다.

냉동 밥 만들기

밥으로 이유식을 만들면 쌀로 하는 것보다 시간이 절약됩니다. 특히 현미 같은 통곡물 밥은 만드는 시간이 오래 걸리기 때문에 미리 냉동 밥으로 만들어두세요. 초기, 중기, 후기에는 하루에 먹을 분량만큼, 완료기에는 한 번에 먹는 분량만큼 냉동시켜두면 편리합니다.

✦ 냉동 큐브는 언제까지 사용할 수 있나요?

냉동 큐브는 1개월 안에 소진하는 것이 안전해요. 면역력이 약하고 맛에 민감한 아이는 냉동한 지 1~2주 안에 먹이는 것을 추천하지만 현실적으로 냉동 큐브를 그동안 다 소비하는 것은 어려워요. 두 달에 한 번씩은 이 책에서 소개한 냉털(냉장고 털기) 이유식도 하고, 성인 음식에도 사용해서 냉동 큐브를 비워주세요.

냉동 큐브는 보관을 잘 하면 사용 기간을 늘릴 수 있어요. 먼저 냉동실 적정온도는 −18도 정도로 유지해주세요. 이 온도는 세균이 증식하지 않으면서 다양한 식재료를 보존할 수 있는 온도라고 해요. 큐브를 만들 때 밀봉하는 것도 중요해요. 진공 포장하면 제일 좋지만, 매번 그렇게 할 수는 없으니 랩이나 비닐, 뚜껑으로 큐브 밀봉을 제대로 해주세요. 그러면 냉동고의 산소와 만나거나 수분이 증발하는 현상을 막을 수 있어서 사용 기한을 더 늘릴 수 있어요.

베이비 경락 마사지

어릴 적, 배가 아플 때 '엄마 손은 약손' 하며 엄마가 따뜻한 손으로 배를 어루만지면 말끔히 나았던 기억이 한 번씩은 있을 거예요. 물론 엄마의 사랑 덕분이기도 하지만, 따뜻한 손으로 아기 배에 있는 혈자리를 자극함으로써 정체된 기혈(氣血)을 풀어주었기 때문이기도 합니다. 가벼운 마사지는 생후 1개월부터 가능하며 성장 발달을 촉진하고 엄마, 아빠와의 정서적인 유대감도 강화시켜주죠. 지금 알려드리는 베이비 경락 마사지를 틈틈이 해서 유대감도 쌓고, 아기의 민감한 몸을 편안하게 만들어주세요!

마사지 하기 전 주의사항

- 아기의 피부는 연약해요. 최대한 힘을 뺀 상태에서 가볍고 부드럽게 마사지해주세요.
- 따뜻하고 쾌적한 실내에서 해주세요. 따뜻한 곳에서 마사지해야 근육이 쉽게 이완되고 놀라지 않습니다. 조용한 음악을 틀어줘도 좋아요.
- 우유를 마시거나 식사를 한 직후에는 하지 마시고 소화가 충분히 된 상태에서 해주세요.
- 손이 아기 피부에 직접 닿는 만큼 손을 깨끗이 씻고 손톱도 짧게 깎아주세요.
- 하루 1~2회 정도 규칙적인 시간에 10분 이내로 해주세요.

변비와 설사에 좋은 마사지

• 천추혈(天樞穴) 문지르기

배꼽을 중심으로 좌우 1~2cm 떨어진 부위인 천추혈을 가볍게 문질러주세요. 천추혈은 대장의 기(氣)가 모여 있는 곳으로 대장과 관련된 질환에 도움이 되어 설사나 변비 모두 효과가 좋은 혈자리입니다. 아기들은 장운동이 미숙하므로 아랫배를 자극하여 장운동을 도와주세요.

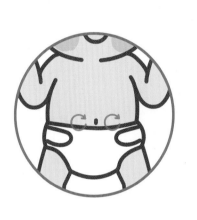

• 배 문지르기

아기의 배꼽 주변을 시계 방향으로 둥글게 원을 그리며 살살 문질러주세요. 이때는 특히 양손을 비벼서 손바닥을 따뜻하게 하고 문지르는 것이 중요합니다. 따뜻한 손으로 배를 만져주는 것만으로도 복부 혈관이 확장되고 혈류량이 증가되어 증상 완화에 도움이 됩니다.

키를 쑥쑥 키우는 롱다리 마사지

• 배수혈(背兪穴) 누르기

배수혈은 오장육부를 대표하는 혈자리들이 모여있는 곳으로 척추 좌우 위아래로 길게 뻗어있습니다. 아기를 엎드려 놓고 척추 양쪽 1~2cm를 엄지손가락으로 부드럽게 눌러 주세요. 배수혈을 눌러줌으로써 전체적인 기운과 혈액의 흐름을 원활하게 하고 척추가 바로 자랄 수 있도록 도와줍니다.

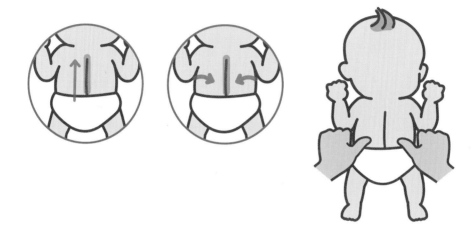

• 족삼리(足三里) 문지르기

족삼리는 무릎 바깥쪽 움푹 들어간 곳에서 엄마 손의 엄지를 제외한 네 손가락을 모은 너비만큼 아래에 위치한 혈자리예요. 이 부위를 마사지해 주면 위(胃)를 튼튼하게 해주어 소화 기능을 도와주고 하체의 힘을 길러줘 아기의 키 성장에 도움이 됩니다.

• 용천혈(湧泉穴) 누르기

발을 오므렸을 때 발바닥 앞쪽 1/3 지점에서 가장 움푹 들어기는 부위를 엄지손가락으로 눌러주세요. 용천혈은 신장(腎臟)의 기운을 강화시켜 뼈의 성장에 도움을 줍니다. 용천혈은 '생명과 기운이 샘처럼 솟아난다'라는 의미를 가지는데 그만큼 성장의 근간이 되는 혈자리입니다.

체했을 때 좋은 마사지

• 중완혈(中脘穴) 문지르기

명치와 배꼽의 가운데에 있는 혈자리로, 소화가 안 되거나 체기가 있을 때 이 부분이 막혀있는 경우가 많아요. 엄지손가락을 제외한 네 개의 손가락이나 손바닥을 사용해 시계 방향으로 문질러주세요. 위장 운동이 활발해져 소화 기능이 좋아질 거예요.

• 합곡혈(合谷穴) 문지르기

음식을 먹고 체했다면 엄지와 검지 사이의 손등 부위를 눌러주세요. 합곡혈은 떨어진 위장 기능을 회복시켜 소화불량, 복통 등의 증상을 완화할 수 있어요. 소화가 안 되는데 손을 누른다니 의아할 수 있지만, 통증이 있는 부위와 떨어진 곳을 자극해 치료하는 원위취혈(遠位取穴 : 먼 부위의 혈자리를 취한다)의 원리가 적용된 것이랍니다.

통합치의학전문의 아빠가 들려주는
치카치카 이야기

　　이유식 시기에는 아기의 치아도 나기 시작합니다. 물론 치아가 없어도 이유식을 시작할 수는 있지만, 이유식의 각 단계를 지나면서 유치가 하나 둘씩 자리를 잡게 됩니다. 이유식이 평생 건강의 초석이 되는 것처럼 유치는 평생 쓰게 될 영구치의 길잡이 역할을 하는 중요한 치아랍니다. 마지막으로는 유치가 나는 이유식 시기에 반드시 고민하게 되는 아기의 구강 정보에 대해 알려드릴게요.

1. 아기 이는 언제부터 나나요? 우리 아기 이가 늦게 나는데 괜찮을까요?

　　유치(乳齒)는 생후 6개월쯤에 아래 앞니부터 나옵니다. 유치가 나오는 순서는 다음과 같습니다.

　　아래쪽 앞니 → 위쪽 앞니 → 어금니 → 송곳니 순으로 나오게 되며 생후 30개월쯤 되면 총 20개의 유치가 완전히 갖추어지게 됩니다.

　　이가 나는 시기는 아이마다 편차가 있으니 너무 늦게 나거나 빨리 난다고 해서 걱정하지 않으셔도 됩니다. 약 6개월에서 1년 정도 차이가 있는 것은 정상이에요. 이가 날 때는 잇몸이 간질거리고 아파서 예민해지기 쉬워요. 이때 치발기를 냉장고에 넣었다가 주면 냉찜질 효과로 이앓이가 완화될 수 있습니다.

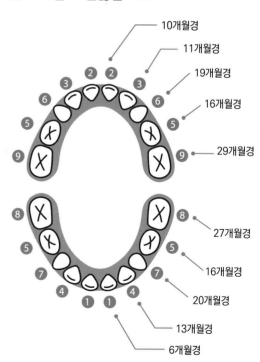

2. 치과 검진은 언제부터 받는 게 좋을까요?

유치가 나오기 시작할 때, 늦어도 어금니가 나기 시작하는 18개월에는 치과 검진을 받기를 권상해요. 치아가 올바르게 나왔는지, 충치가 있는지 확인하고, 올바른 양치질 습관, 치아 관리 방법 등에 관한 조언을 얻을 수 있어요. 영유아 구강 검진 시기에는 꼭 치과에 내원해 가정에서 확인하기 어려운 충치나 치아 배열 등을 꼼꼼하게 체크해주세요.

3. 밤중 수유를 오래하면 충치가 생기나요?

유치가 난 후에도 밤중 수유를 지속하면 충치가 발생할 확률이 높습니다. 모유나 분유에는 당분이 포함되어 있으므로 치아와 접촉하는 시간이 길어지면 충치가 발생할 수 있거든요. 낮에는 수유한 뒤 아기 구강을 잘 닦아줄 수 있고 침도 많이 나와 모유나 분유가 씻겨지지만, 잘 때는 침 분비가 떨어지기 때문에 모유나 분유가 고여 있을 가능성이 높아 치아가 썩을 수 있습니다. 따라서 늦어도 치아가 나기 시작하는 6개월 전에는 밤중 수유를 끊는 것이 좋습니다.

4. 아기 양치, 언제, 어떻게 하면 될까요?

치아가 나기 전에는 거즈에 물을 묻혀 혀와 볼 안쪽, 잇몸을 닦아주는 정도면 충분합니다. 하지만 치아가 나기 시작하면 칫솔을 사용해 꼼꼼하게 닦아주세요. 식사 후 설거지는 바로 하는 것이 좋듯이 양치질도 음식을 먹은 뒤 바로 하는 것이 좋아요. 바빠서 양치질을 못할 상황이라면 입안에 찌꺼기가 남지 않도록 10분 이내에 물로 입을 헹궈줘도 도움이 된답니다.

5. 칫솔은 어떤 것을 쓰면 좋을까요?

치아가 났으면 모가 있는 칫솔을 사용하는 것이 좋아요. 실리콘 칫솔보다는 모가 있는 칫솔이 치태 제거에 효과적입니다. 아이가 양치질을 힘들어한다면 칫솔 머리가 조금 작은 것을 사용해보세요. 이에 부딪히지 않도록 각지지 않고 둥근 형태의 칫솔이 좋고, 너무 부드러운 것보다는 어느 정도 강도가 있는 칫솔이 좋습니다. 칫솔은 3~4개월에 한 번씩 바꿔주는 것이 좋지만 칫솔 모가 벌어지거나 탄력을 잃으면 양치 효과가 떨어지기 때문에 교체 주기를 더 빨리해도 됩니다.

6. 치약은 언제부터 써야 하나요? 치약을 뱉지 못해도 괜찮을까요?

치아가 나는 순간부터는 1000ppm 이상의 불소 치약을 사용하는 것이 권장돼요. 불소는 치아를 단단하게 해주고 충치로부터 보호해주는 역할을 합니다. 만 0~3세는 쌀 한 톨 크기, 만 3세 이상은 완두콩 한 알 크기로 짜서 적어도 하루 2회 양치질해주세요. 아이가 치약을 뱉지 못해도 괜찮습니다. 몸무게 1kg당 5mg 이상의 불소를 먹게 되면 불소 중독 증상이 나타날 수 있지만, 이는 10kg인 아기가 불소 치약 1개를 먹는 양과 비슷하거든요. 양치로 인한 불소 중독은 크게 걱정하지 않으셔도 됩니다.

7. 공갈 젖꼭지를 빨면 구강 구조에 문제가 생기지 않을까요?

공갈 젖꼭지를 너무 많이 빨아서 걱정된다고 하는 부모님들이 많죠. 영구치가 나기 시작하는 만 6세 이전에 공갈 젖꼭지를 떼면 치아 배열에 큰 문제는 없습니다. 구강기의 아기는 뭐든지 입으로 가져가고 물건이나 손을 빨려고 합니다. 이때 입으로 무언가를 빠는 행동을 통해 구강 주위의 자극으로부터 쾌감을 느끼고 심리적인 안정을 취합니다. 무리하게 공갈 젖꼭지를 끊게 된다면 욕구가 채워지지 않아 손가락을 빨거나 손톱을 물어뜯는 등의 습관이 생길 수 있어요. 하루아침에 사용을 중단하기보다는, 아기가 구강기를 지나 공갈 젖꼭지에 관심이 떨어지는 시기에 스스로 끊게 하는 것이 좋습니다.

8. 뽀뽀를 조심하세요. 엄마 아빠의 충치는 곧 아기의 충치입니다.

갓 태어난 아기의 입안에는 충치균이 없습니다. 아기의 충치는 엄마아빠에게서 옮아 발생하는 경우가 많아요. 생후 19~33개월 사이 아이에게 생긴 충치균은 90%가 엄마로부터 전염된다는 연구 결과가 있기도 합니다. 부모의 입속에 있던 충치를 일으키는 주된 원인균인 뮤탄스균이 아기 입속으로 들어간다면, 뮤탄스균은 세균 군을 형성해 평생 입에 서식하며 충치를 일으킬 수 있습니다.

따라서 엄마아빠가 구강 위생 관리를 철저히 하는 것이 중요해요. 아기 입에 뽀뽀를 하거나, 어른이 먹던 음식을 주지 마세요. 이유식을 만들다가 간을 본 뒤 그 숟가락을 그대로 넣어 이유식을 휘휘 젓는 것도 하지 말아야 합니다. 뜨거운 음식을 식힌다고 후후 부는 과정에서도 충치균이 들어갈 수 있으니 부채로 식혀주는 것이 안전합니다. 이 기간에 조심을 한다면 충치 예방에 아주 좋은 기회가 되니 꼭 기억하세요!

9. 꼭꼭 씹으면 씹을수록 아이들의 뇌가 발달해요.

꼭꼭 잘 씹는 습관은 뇌 발달에 큰 도움을 줘요. 씹는 행동을 하면 뇌로 들어가는 혈류량이 증가되고 뇌의 신경 전달 물질의 분비가 촉진되면서 뇌 기능이 활성화됩니다. 이유식은 영양을 보충하는 것 이외에도 씹기 연습을 하기 위함도 있어요. 초기, 중기, 후기, 완료기에서 다양한 입자의 이유식을 먹으며 아기는 씹는 행동을 연습하게 됩니다. 특히 통곡물처럼 오래 씹을 수 있는 음식을 먹게 되면 턱 근육도 튼튼해지고 뇌의 혈류량이 증가되어 집중력과 기억력이 높아진답니다.

치아발육기 고르는 TIP

치아발육기는 유치가 날 때 잇몸 간지러움, 발열감, 불편감을 완화시키고 구강기 아기들의 잇몸과 치아를 자극하여 구강 발달에 도움을 줍니다. 아기가 직접 손으로 잡고 사용하기 때문에 소근육 발달에도 좋으며 씹는 힘이 생겨 이유식을 시작할 때 좋아요.

① 처음에는 부드러운 소재로 시작하세요.

초기에는 잇몸이나 구강이 연약하기 때문에 부드러운 실리콘이나 먼지가 나지 않는 천을 사용하다가 이가 나기 시작하면 점점 딱딱한 것으로 바꿔주세요. 모양도 처음에는 단순한 모양이 좋고, 점차 물고 빠는 동작을 다양하게 할 수 있는 복잡하거나 정교한 형태의 치아발육기로 교체해주는 것이 좋아요.

② 안전한 소재로 된 것을 구입하세요.

아기의 입속에 직접 들어가는 물건이기 때문에 안전한 소재를 사용해야 해요. 아기들에게 안전한 소재로는 천연 라텍스, 실리콘, 천, BPA Free 플라스틱 등이 있습니다. 착색제가 묻어나지 않는지, 뾰족한 부분이 있지 않은지, 길이가 길어 목을 찌르지는 않는지 확인해주세요.

③ 세척이 쉬운 것을 구입하세요.

치아발육기는 수시로 침이 묻고 잘 떨어뜨리기 때문에 세척을 자주 해주는 것이 좋아요. 열탕소독이나 젖병소독기 사용이 가능한지 체크해주세요.

초기 이유식

6+ 묽은죽

	초기 이유식	중기 이유식	후기 이유식	완료기 및 초기 유아식
시기	6개월	7~8개월	9~11개월	12~24개월
먹는 양(한 끼)	50~100g	70~120g	120~150g	120~180g
먹는 횟수	이유식 1~3회	이유식 2~3회 간식 1~2회	이유식 3회 간식 2~3회	이유식 3회 간식 2~3회
이유식의 형태	묽은죽	된죽	무른밥	진밥 → 밥
알갱이의 크기와 굵기	곱게 다짐	곱게 다짐	3mm 정도	5mm 정도
쌀:물(컵)	1:8~10	1:5~7		
밥:물(컵)			1:2	1:0.5
모유(분유)량	700~900ml	500~800ml	500~700ml	400~500ml
붉은 고기량 (하루 기준)	10~20g	10~20g	20~30g	30~50g
달걀, 두부		주 1회	주 2~3회	주 2~3회
채소, 과일		매일	매일	매일

초기 이유식은 아기가 처음으로 음식을 맛보게 되는 시기예요. 아기는 쌀죽을 시작으로 3일에 한 가지씩 새로운 식재료를 맛보게 된답니다. 초기는 '아기가 식사를 하는 시간'이라기보다는 삼키는 연습과 식품 알레르기 유무를 알아내는 시간에 가까워요. 아기에게 새로운 식재료를 먹이면서, 그 식재료에 알레르기가 있는지 없는지를 확인해야 하기 때문입니다.

그래서 이때 엄마는 요리하는 법보다는 이유식 기본 원칙, 식재료 정보, 조리도구 사용법을 익히는 것이 먼저랍니다. 열심히 만든 이유식을 아기가 다 먹는지에 신경 쓰기보다는, 아기가 음식을 잘 삼키고 있는지, 새로 첨가한 식품에 알레르기 반응이 없는지 중심으로 관찰해주세요.

쌀 묽은죽

1~3일째

우리나라에서는 쌀, 서양에서는 오트밀(볶은 귀리를 납작하게
만든 것)로 이유식을 시작해왔어요. 쌀과 귀리에는 알레르기 성분이
드물고 소화가 잘되기 때문이에요. 이유식 첫날이라도 건더기가
전혀 없는 '미음'보다는 알갱이가 조금 있는 '묽은죽' 형태가 더
좋아요. 그래야 아기가 식감을 잘 느껴 고형식에 더 빨리 적응할 수
있답니다. 쌀 묽은죽을 먹일 때는 알갱이 크기와 굵기가 삼키기에
적당한지, 알레르기가 없는지를 유심히 관찰하세요.

👨‍🍳 미리 준비하기

★ 쌀가루보다는 그냥 쌀을 준비해주세요. 쌀가루로 만들면 풀 같은 미음이 되어 고형
음식에 적응하기 위한 이유식의 목적을 흐리게 하고, 시판용 쌀가루를 제조하면서
땅콩이나 호두, 메밀과 같은 알레르기를 일으키는 식품도 미세하게 섞일 수 있어요.
그렇게 되면 쌀에 대한 알레르기가 없음에도 불구하고 예민한 반응이 나타나서 상
태를 오해할 수 있습니다.

재료

총 120g
10배죽

☐ 쌀 18g(1큰술과 ½작은술) ☐ 물 180ml(1컵)

1. 쌀을 찬물에 문지르며 몇 번 헹군 뒤, 용기에 쌀과 물 반 컵(90ml)을 붓고 30분 이상 불려주세요. 물이 많으면 잘 갈리지 않으니 반만 먼저 사용해요.

2. 핸드블렌더로 불린 쌀을 쌀알의 ⅓ 정도가 될 때까지 5~6초 정도 갈아주세요.

3. 냄비에 간 쌀과 남은 물(90ml)을 붓고 강불로 올린 뒤 끓어오르면 약불로 줄여서 10~12분간 익혀주세요. 눌어붙지 않게 가끔 바닥까지 긁으면서 저어주세요.

4. 쌀이 푹 퍼져 숟가락으로 떴을 때 1초에 한 방울씩 뚝뚝 흘러내리는 걸쭉한 농도가 되면 불을 꺼주세요.

알아두기

★ 이유식 초기는 쌀 1에 물 10이 들어간 10배죽이나 쌀 1에 물 8이 들어간 8배죽으로 시작합니다. 하지만 몇 배죽에 너무 얽매이지는 마세요. 아기가 잘 먹는 형태로 주면 되고, 점차 질량을 높여가면 돼요.

★ 초기 이유식 첫날에는 쌀 묽은죽을 5ml의 작은 숟가락으로 한 숟가락-1회 먹여주세요. 잘 먹으면 둘째 날은 두 숟가락으로 늘려서 1회 먹이고, 셋째 날은 세 숟가락-1회 이렇게 점차 늘려주세요. 이런 식으로 아주 서서히 양과 횟수를 늘려도 되고, 아기가 잘 먹으면 첫날부터 두세 숟가락 이상을 먹이면서 빠른 속도로 진행해도 됩니다. 한 숟가락-1회부터 시작한 초기 이유식은 하루에 1~3회, 한 끼 50~100g까지 늘릴 수 있어요.

★ 만든 이유식은 한 번 먹일 양만큼 이유식 용기에 소분해서 냉장고에 보관해두세요. 처음에는 먹는 양이 아주 적으므로 한 통에 10~30g 정도 소분하면 편하답니다. 잘 먹으면 2통을 먹이면 되니까요. 2~3일 정도 냉장 보관이 가능하고 먹다 남은 이유식을 다시 냉장 보관했다가 먹이면 안 됩니다.

★ 쌀을 불리면 수용성 영양분이 물에 빠져나오기 때문에 불린 물을 이용해서 죽을 만드는 것이 좋아요. 다만 쌀을 물에 불리면 잘 상해요. 필요할 때마다 그때그때 불려서 사용하세요.

2

소고기 묽은죽

4~6일째

아기들이 매일 먹으면 좋은 식품이 바로 '소고기'입니다. 생후 6개월
이후부터는 엄마에게서 받은 철분이 고갈되기 때문에 소고기 등을
먹어서 빈혈 예방에 신경 써야 해요. 첫 숟가락을 먹인 후 10분이
지나도 특별한 반응을 보이지 않으면 계속 먹이면 됩니다. 다 먹고도
2시간 정도는 지켜보세요. 알레르기 테스트는 흔히 즐겨 먹는
식재료인 쌀 → 고기 → 푸른색 채소 → 노란색 채소
순서로 진행하면 됩니다.

🍳 미리 준비하기

★ 소고기는 기름기 없는 안심이나 우둔살 같은 살코기로 준비하세요.
★ 소고기 냉동 큐브가 있으면 1시간 전에 냉장고에서 미리 해동해주세요.
  실온에서 해동하면 세균 감염의 위험이 있으니 주의하세요.

재료

30g씩
4회분

☐ 쌀 18g(1큰술과 ½작은술) ☐ 물 180ml(1컵) ☐ 소고기 5g(다진 것, 1작은술)

1. 쌀을 찬물에 문지르며 몇 번 헹군 뒤, 용기에 쌀과 물 반 컵(90ml)을 붓고 30분 이상 불려주세요. 물이 많으면 잘 갈리지 않으니 반만 먼저 사용합니다.

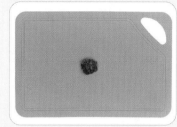

2. 소고기는 아주 곱게 다져주세요.

3. 핸드블렌더로 불린 쌀을 쌀알의 ⅓ 정도가 될 때까지 5~6초 정도 갈아주세요.

4. 냄비에 간 쌀, 남은 물(90ml), 소고기 5g을 넣고 거품기로 살살 풀어주세요. 고기를 풀지 않고 익히면 덩어리가 져서 목에 걸릴 수 있어요.

5. 강불로 해서 끓어오르면 약불로 줄이고 10~12분간 익힙니다. 눌어붙지 않게 가끔 바닥까지 긁으면서 저어주세요.

6. 쌀이 푹 퍼져 숟가락으로 떴을 때 1초에 한 방울씩 뚝뚝 흘러내리는 걸쭉한 농도가 되면 불을 꺼주세요.

알아두기

★ 소고기 양이 5g 정도의 소량일 때는 핏물을 빼지 않아도 누린내가 나지 않아요. 하지만 중기나 후기에 20~30g까지 늘어나 누린내가 날 수도 있어요. 그렇다고 해서 핏물을 뺀다고 찬물에 담그지는 마세요. 물에 담그는 동안 세균에 감염될 수도 있고, 철분도 다 빠지기 때문입니다. 키친타월로 살짝 눌러 묻어나오는 핏물 정도만 제거해도 충분합니다. 누린내를 예방하기 위해서는 신선도가 좋은 고기를 구입하는 것이 제일 중요하고 중기부터는 마늘, 참깨와 들깨 같은 향신료를 소량 쓰는 것도 좋아요.

★ 저희 딸아이는 처음에 소고기 묽은죽을 먹고 설사를 했어요. 하지만 한 달 뒤 다시 먹여보니 괜찮았습니다. 감자나 당근 같은 흔한 식재료에도 아기들은 과민반응을 보일 수 있어요. 구토, 설사를 하거나 발진이 생기는 등 이상 반응이 있다면 잠시 중단했다가 소아청소년과 선생님과 상의 후 1~3개월 뒤 다시 먹여보세요.

브로콜리소고기 묽은죽

쌀과 소고기를 먹였으니 오늘부터는 푸른잎 채소인 브로콜리를
먹이며 알레르기 테스트를 합니다. 브로콜리는 타임지가
선정한 세계 10대 슈퍼 푸드 중 하나예요.
브로콜리 100g에는 비타민C가 98mg이나 들어있는데,
레몬보다 2배가 많은 양이랍니다. 비타민C는 세포 손상을 막아
상처를 회복하고 면역력을 키우는 데 도움을 줍니다.

🍳 미리 준비하기

★ 소고기 냉동 큐브가 있으면 1시간 전에 냉장고에서 미리 해동해주세요.
★ 브로콜리는 줄기 부분을 톡톡 잘라 꽃봉오리 1개를 준비합니다. 식초 탄
물에 10분 정도 담근 후 흐르는 물에 씻어주세요. 작게 다듬고 씻어야 안
쪽까지 세척할 수 있어요.

재료

70g씩
4회분

- ☐ 쌀 30g(2큰술)　　☐ 퀵오트밀 5g(1큰술, 쌀 5g으로 대체 가능)　　☐ 소고기 10g(다진 것, 2작은술)
- ☐ 브로콜리 5g(다진 것, 1작은술)　　☐ 물 360ml(2컵)

1. 용기에 씻은 쌀과 물 1컵(180ml)을 붓고 30분 이상 불려주세요.

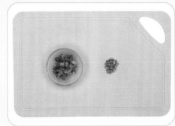

2. 소고기와 브로콜리는 아주 곱게 다져주세요.

3. 핸드블렌더로 불린 쌀을 쌀알의 ⅓ 정도가 될 때까지 5~6초 정도 갈아주세요.

4. 냄비에 간 쌀과 브로콜리, 오트밀, 다진 소고기, 남은 물 1컵(180ml)을 넣어주세요. 소고기는 덩어리지지 않게 거품기로 살살 풀어주세요.

5. 불을 강불로 올리고, 끓어오르면 약불로 내려 15~20분간 익힙니다. 눌어붙지 않게 가끔 바닥까지 긁으면서 저어주세요.

6. 쌀이 푹 퍼져 1초에 한 방울씩 뚝뚝 흘러내리는 걸쭉한 농도가 되면 불을 꺼주세요.

알아두기

★ 브로콜리가 들어가는 음식은 브로콜리를 얼마나 잘 씻고 어느 정도를 데쳐야 하는가가 중요해요. 브로콜리 꽃봉오리는 밀도가 높아서 벌레, 먼지, 농약 등이 끼어 있을 수 있으니 세척부터 꼼꼼하게 합니다. 그리고 이유식용은 부드러운 꽃봉오리만 먹여주세요. 줄기에도 좋은 성분이 많이 있지만, 아기에게는 억셀 수 있어요.

★ 아기의 소화력만 좋다면 초기부터 오트밀이나 현미 같은 통곡물을 50%까지 섞어도 좋아요. 돌까지는 50%, 두 돌까지는 70%가 적당합니다. 하지만 통곡물을 먹고 복통이 있거나 체중증가가 원활하지 않으면 소아청소년과 선생님과 상의해서 비율을 늘려주세요. 이유식은 아기의 몸 상태에 따라 언제든지 달라질 수 있다는 점을 꼭 기억해주세요.

닭고기 묽은죽

10~12일째

튼튼한 근육과 뼈대를 만들어주는 저지방 단백질 식품으로 닭고기만 한 것이 없어요.

닭고기는 다른 육류에 비해 섬유질이 가늘고 연해서 부드럽고 소화가 잘되어 아기들도 부담 없이 잘 먹을 수 있어요.

이유식 닭고기로는 지방은 적은 가슴살이나 안심을 사용합니다. 안심은 힘줄이 있으니 꼭 제거해주세요.

👨‍🍳 미리 준비하기

★ 닭고기 냉동 큐브가 있으면 1시간 전에 냉장고에서 미리
   해동해주세요.

재료

70g씩
4회분

- [ ] 쌀 30g(2큰술)
- [ ] 퀵오트밀 5g(1큰술, 쌀 5g으로 대체 가능)
- [ ] 닭고기 5g(다진 것, 1작은술)
- [ ] 물 360ml(2컵)

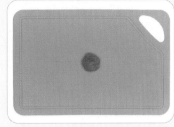

1. 쌀을 씻어주세요. 용기에 씻은 쌀과 물 1컵(180ml)을 붓고 30분 이상 불려주세요.

2. 닭고기는 아주 곱게 다져주세요.

3. 핸드블렌더로 불린 쌀을 쌀알의 ⅓ 정도가 될 때까지 5~6초 정도 갈아주세요. 물이 많으면 곱게 갈리지 않기 때문에 반만 넣어줍니다.

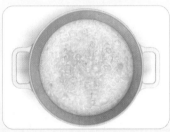

4. 냄비에 간 쌀과 닭고기, 오트밀, 남은 물(180ml)을 더 붓고 거품기로 살살 풀어주세요. 고기를 풀지 않고 익히면 덩어리가 져서 목에 걸릴 수 있어요.

5. 강불로 해서 끓어오르면 약불로 줄이고 15~20분간 익힙니다. 눌어붙지 않게 가끔 바닥까지 긁으면서 저어주세요.

6. 쌀이 푹 퍼져 1초에 한 방울씩 뚝뚝 흘러내리는 걸쭉한 농도가 되면 불을 꺼주세요.

알아두기

★ 다른 건 몰라도 이유식용 닭고기와 달걀은 유기농, 무항생제로 구입하는 것을 추천해요. 유기농 사육을 한 닭이란 항생제나 호르몬 주사를 맞지 않은 달걀과 닭고기를 의미합니다. 닭고기와 달걀을 살 때는 포장지에 붙어 있는 라벨을 꼭 확인하세요.

5

달걀 묽은죽

13~15일째

세상에는 달걀이 들어간 음식이 아주 많아서 달걀 알레르기를 아는 것은 매우 중요합니다. 달걀에 알레르기가 있으면 땅콩에 알레르기가 있는 경우도 많아서 땅콩을 주기 전에 달걀 알레르기 테스트부터 먼저 하길 바랍니다.

예전에는 노른자를 먼저 먹이고 한두 달 뒤에 흰자를 테스트하라고 했지만, 최근에는 흰자와 노른자 함께 섞어서 하는 것으로 이유식 지침이 바뀌었어요.

 미리 준비하기

★ 작은 그릇에 달걀 흰자와 노른자를 섞어주세요. 손을 깨끗이 씻은 뒤 푼 달걀을 체에 밭쳐 알끈을 제거하세요. 1작은술만 사용하고 남은 것은 다른 요리에 사용하세요.

재료

70g씩
4회분

☐ 쌀 30g(2큰술)　☐ 퀵오트밀 5g(1큰술, 쌀 5g으로 대체 가능)

☐ 달걀 5g(1작은술)　☐ 물 360ml(2컵)

1. 용기에 씻은 쌀과 물 1컵(180ml)을 붓고 30분 이상 불려주세요.

2. 핸드블렌더로 불린 쌀을 쌀알의 ⅓ 정도가 될 때까지 5~6초 정도 갈아주세요.

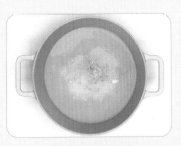

3. 냄비에 간 쌀과 오트밀, 남은 물 (180ml)을 더 넣고 강불에서 끓이세요. 끓어오르면 약불로 줄이고 15~20분간 익혀요. 눌어붙지 않게 가끔 바닥까지 긁으면서 저어주세요.

4. 달걀 1작은술을 넣고 살살 풀며 1분간 익혀주세요.

5. 강불로 다시 한번 1분 정도 끓인 다음 불을 꺼주세요. 마지막에 강불로 끓이는 건 달걀을 한 번 더 살균한다는 의미가 있어요.

알아두기

★ 이유식에서 달걀 요리를 만들 때는 두 가지가 중요해요. 첫째는 달걀을 깨뜨린 다음 손을 꼭 다시 씻어야 한다는 점이에요. 껍질을 통해 손에 묻은 균이 다른 식기를 오염시켜 아기를 감염시킬 수 있기 때문입니다. 이것을 교차감염이라고 해요. 매번 꼭 그렇게까지 해야 하냐고 할 수도 있지만, 아기들은 면역이 약해서 약간의 균만 있어도 병이 날 수가 있어요. 두 번째는 달걀을 완숙해야 합니다. 원래 달걀은 반숙한 것이 소화가 잘 됩니다. 하지만 아기는 혹시 살아있을 수 있는 살모넬라균 때문에 완전히 익혀서 줘야 해요. 그래서 이 책에서 다룬 달걀 요리의 마지막에는 '강불로 1분간 끓이고 불을 꺼주세요'라는 과정이 항상 나옵니다.

★ 달걀에 식품 알레르기가 있다면 소아청소년과 의사 선생님과 상의해서 땅콩 알레르기 테스트를 7개월 전에 해보세요.

애호박닭고기 묽은죽

16~18일째

한의학에서는 애호박의 효능을 '보중익기(補中益氣)'라고 해요.

소화기인 위와 비장을 보호해 기운을 더해준다는 뜻이에요.

애호박에는 비타민A가 풍부해서 손상된 위 점막을 회복시키고

염증을 가라앉힙니다. 맛이 담백하고 소화 흡수도 잘되기 때문에

위장이 약한 아기도 편하게 먹을 수 있어요. 요즘은 사계절 내내 생산되어

쉽게 구할 수 있으니, 일찍 알레르기 테스트를 해서 적극적으로 활용하세요.

🍳 미리 준비하기

★ 닭고기, 애호박 냉동 큐브가 있으면 1시간 전에 냉장고에서 미리 해동
해주세요.

★ 애호박을 깨끗이 씻어주세요. 애호박은 껍질이 약간 단단해요. 칼로
다질 예정이면 껍질을 돌려깎기로 제거해주세요. 강판으로 갈면 세
포벽 파괴가 잘 되어 껍질째 사용해도 괜찮습니다.

재료

80g씩
3회분

□ 쌀 35g(2큰술과 1작은술)　　□ 퀵오트밀 5g(1큰술, 쌀 5g으로 대체 가능)

□ 애호박 5g(강판에 간 것, 1작은술)　□ 닭고기 10g(다진 것, 2작은술)　□ 물 320ml(1¾컵)

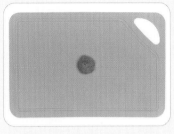

1. 용기에 씻은 쌀과 물 1컵 조금 안 되는 양(160ml)을 붓고 30분 이상 불려주세요. 닭고기는 아주 곱게 다져주세요.

2. 애호박을 강판에 갈아주세요.

3. 핸드블렌더로 불린 쌀을 쌀알의 ½ 정도가 될 때까지 3~4초 정도 갈아주세요.

4. 냄비에 간 쌀과 남은 물(160ml)을 붓고 오트밀, 닭고기, 애호박을 넣어주세요. 거품기로 닭고기를 살살 풀어주세요. 풀지 않으면 덩어리가 져서 삼키기 힘들어요.

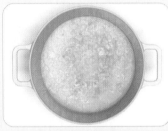

5. 강불로 해서 끓어오르면 약불로 줄이고 15~20분간 익힙니다. 눌어붙지 않게 가끔 바닥까지 긁으면서 저어주세요.

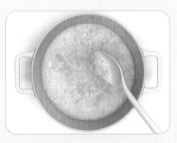

6. 쌀이 푹 퍼져 2초에 한 방울씩 뚝뚝 흘러내리는 약간 걸쭉한 농도가 되면 불을 꺼주세요.

알아두기

★ 애호박은 표면에 흠집이 없고 윤기가 흐르며 꼭지가 단단하고 크기에 비해 묵직한 게 신선한 것입니다. 잘 모르겠으면 비닐을 꽉 씌운 상태로 파는 것을 사세요. 그런 애호박은 농약을 쓰지 않고 인큐베이터 방식으로 키운 것이랍니다.

★ 이유식 초기에는 애호박 가운데에 있는 씨 부분은 도려내는 것이 좋아요.

★ 아기가 이유식을 먹기 시작한 지 보름 정도가 된 이제부터는 8배 묽은죽으로 물의 양을 조정합니다. 10배 죽보다는 농도가 더 걸쭉해지죠. 이유식의 최종 목표는 고형식으로 넘어가는 것이므로 아기가 잘 삼킨다면 입자가 있는 요리법으로 변화를 주는 것이 필요해요. 그렇다고 너무 무리하지는 마세요.

당근달걀 묽은죽

19~21일째

당근은 눈 보약이에요. 당근 껍질 쪽에 많은 베타카로틴이 몸 안에서 비타민A로 바뀌면서

시력을 형성하고 눈을 보호하는 데 도움을 줍니다. 그러니 이유식을 할 때는 중간에 있는

심지는 도려내고 바깥 부분을 주로 사용하세요. 껍질 쪽으로 갈수록 맛도 더 있답니다.

당근도 알레르기의 원인이 될 수 있으므로 소량씩 먼저 먹여보는 것을 잊지 마세요.

🍳 미리 준비하기

★ 달걀을 작은 그릇에 깨뜨려서 흰자와 노른자를 섞어주세요. 달걀 껍데기를 만지고 손 씻는 걸 잊지 마세요.

★ 당근은 흐르는 물에 깨끗하게 씻은 뒤, 껍질을 얇게 깎아주세요. 당근 냉동 큐브가 있다면 1시간 전에 냉장고에서 해동해주세요.

재료

90g씩
3회분

☐ 쌀 35g(2큰술과 1작은술) ☐ 퀵오트밀 5g(1큰술, 쌀 5g으로 대체 가능)
☐ 당근 5g(강판에 간 것, 1작은술) ☐ 달걀 50g(1개) ☐ 물 320ml(1¾컵)

1. 용기에 씻은 쌀과 물 1컵 조금 안 되는 양(160ml)을 붓고 30분 이상 불려주세요.

2. 당근을 강판에 곱게 갈아주세요.

3. 핸드블렌더로 불린 쌀을 쌀알의 ½ 정도가 될 때까지 3~4초 정도 갈아 주세요.

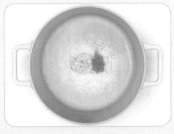

4. 냄비에 간 쌀과 남은 물(160ml), 오트밀, 당근을 넣어주세요. 강불로 해서 끓어오르면 약불로 줄이고 15~20분간 익힙니다. 눌어붙지 않게 바닥까지 긁으면서 저어주세요.

5. 푼 달걀을 넣고 살살 풀며 약불에서 2~3분간 익혀주세요. 쌀과 달걀이 어우러져서 부드러워집니다.

6. 쌀이 푹 퍼지면 살균 목적으로 강불에서 1분간 끓여주세요.

알아두기

★ 당근을 통으로 썰어보면 가운데 동그란 심이 있어요. 심이 작은 것이 맛있는 당근이에요. 당근은 위에서 아래까지 주황색이 선명하고 단단하면 좋습니다. 이유식의 맛은 재료 고르기가 전부라고 할 만큼 식재료 선택이 중요해요.

★ 당근은 껍질 쪽이 맛나고 영양분이 많기 때문에 필러보다는 칼등으로 껍질을 살살 벗겨내는 걸 추천드려요.

★ 죽이나 밥을 맛있게 하려면 처음과 마지막을 잘 해야 합니다. 쌀을 적어도 30분 이상 불려야 해요. 그 전날 냉장고에서 쌀을 불려서 아침에 이유식을 하면 쌀이 잘 익어서 조리 시간을 단축시킬 수 있어요. 또 마지막에 뚜껑을 덮고 뜸 들이는 과정이 있으면 더 부드러워지고 맛도 좋아집니다.

8

단호박닭고기 묽은죽

22~24일째

단호박의 별명은 '비타민의 에이스(ACE)'랍니다. 3대 항산화 비타민인
ACE가 골고루 들어있기 때문이에요. 단호박에는 노란색을 띠게 하는
베타카로틴이 많이 들어있는데, 베타카로틴은 체내에서 비타민A로 변해서
눈을 좋게 하고 시력을 보호해줘요. 항산화작용을 돕고 면역력을 높여주는
비타민C와 비타민E도 듬뿍 들어있어요. 아기들이 잘 먹는 고구마, 바나나,
단호박 중에서 칼로리는 단호박이 제일 낮답니다. 여러모로 이유식에서
에이스 역할을 하는 식재료예요!

🍳 미리 준비하기

★ 닭고기 냉동 큐브가 있으면 1시간 전에 냉장고에서 미리 해동해주세요.

★ 단호박은 깨끗하게 씻어서 전자레인지용 찜기에 물 1큰술과 같이 넣고 전자레인지에서
강으로 10~12분 돌려주세요. 젓가락으로 찔렀을 때 푹푹 들어가면 다 익은 거예요. 단
호박은 껍질이 단단해서 생으로 자르면 손을 다칠 수 있으니 꼭 익힌 다음 손질하세요.

재료

80g씩
3회분

☐ 쌀 35g(2큰술과 1작은술)   ☐ 퀵오트밀 5g(1큰술, 쌀 5g으로 대체 가능)
☐ 단호박 15g(삶은 것, 1큰술)   ☐ 닭고기 20g(다진 것, 4작은술)   ☐ 물 320ml(1¾컵)

1. 용기에 씻은 쌀과 물 1컵 조금 안
되는 양(160ml)을 붓고 30분 이상
불려주세요.

2. 닭고기는 곱게 다져주세요.

3. 핸드블렌더로 불린 쌀을 쌀알의 ½
정도가 될 때까지 3~4초 정도 갈아
주세요.

4. 단호박이 식으면 반으로 잘라 씨를
파내고 껍질을 제거해주세요.

5. 냄비에 단호박을 담고 매셔로 으깨
주세요. 15g만 남기고 나머지는 소
분해서 냉동해주세요.

6. 5번에 간 쌀, 닭고기, 오트밀, 남은
물(160ml)을 넣고 거품기로 닭고기
를 살살 풀어줍니다. 익으면서 덩어
리지지 않게 하는 과정입니다.

7. 강불로 해서 끓어오르면 약불로 줄
이고 15~20분간 익힙니다. 눌어붙
지 않게 가끔 바닥까지 긁으면서 저
어주세요.

알아두기

★ 단호박은 껍질의 색과 줄이 선명하고 묵직한 것이 좋아요. 잘랐을 때 단면의 색깔이 주황빛을 띠는 것일수록 더 달답
니다. 꼭지가 말라 있을수록 후숙이 잘 된 것이니 요리조리 들어도 보고 만져도 보면서 꼼꼼하게 고르세요.

9

단호박땅콩버터 퓨레

24~26일째

초기 이유식에서 제일 신경 쓰이는 알레르기는 달걀과 땅콩·견과류 알레르기일 거예요.

습진이나 달걀 알레르기 증상이 없는 아기라면 꼭 초기 이유식에서 테스트할 이유는 없어요.

하지만 저는 일찍 하는 것을 추천해요. 땅콩은 소고기만큼이나 단백질이 풍부하고 맛도 있어서

알레르기 유무를 일찍 알면 이유식 식단 구성에 도움이 되기 때문이에요.

양성이라면 미리 치료하도록 하고, 음성이라면 이유식 식단에 두루두루 사용하면 좋아요.

이 레시피는 땅콩 알레르기 예방법 식단은 아니라는 걸 참고하세요!

🍳 미리 준비하기

★ 앞의 단호박닭고기 묽은죽에서 만든 단호박 큐브가 있으면 1시간 전에 해동해주세요.

★ 단호박은 깨끗하게 씻어서 전자레인지용 찜기에 물 1큰술과 같이 넣고 전자레인지에서 강으로 10~12분 돌려주세요. 젓가락으로 찔렀을 때 쑥 들어가면 잘 익은 거예요. 한 김 식으면 도마로 옮겨 반으로 가른 뒤 숟가락으로 씨를 살살 파주세요. 그다음, 8등분해서 하나씩 사과 껍질 벗기듯 칼로 제거하면 껍질을 부드럽게 분리할 수 있어요.

재료

80g씩
3회분

☐ 단호박 180g(삶은 것, 1컵) ☐ 무첨가 땅콩버터 10g(2작은술, 볶은 땅콩가루로 대체 가능)

☐ 물 180ml(1컵)

1. 냄비에 익힌 단호박을 넣고 으깨주세요.

2. 1번에 땅콩버터 10g, 물 1컵(180ml)을 붓고 강불로 끓이다 약불로 줄여서 5~7분간 끓여주세요. 눌어붙지 않게 가끔 바닥까지 긁으면서 저어주세요.

알아두기

★ 땅콩은 다른 식품과 달리 알레르기 반응이 훨씬 강하게 나타나기 때문에(심한 경우 호흡곤란까지 일어날 수 있음) 잘 지켜봐야 해요. 조금 먹여보고 10분 정도 기다렸다가, 별 반응이 없으면 다 먹이세요. 다 먹고도 2시간까지는 꼭 지켜봐야 해요. 혹시 양성 반응이 나온다면 바로 소아청소년과로 가야 하니, 테스트는 평일 오전에 하세요.

★ 무첨가 땅콩버터는 설탕, 보존료, 팜유가 들어있지 않은 땅콩 100%로 구매해주세요. 볶은 땅콩가루를 사용할 때는 껍질을 깐 뒤 분쇄기나 절구로 아주 곱게 갈아주세요.

★ 이렇게 까다로운 테스트를 왜 어린 아기의 이유식 시기에 해야만 할까요? 그것은 이유식 지침이 바뀌었기 때문이에요. 그래서 만약 아기가 땅콩에 알레르기가 있다면 소아청소년과 주치의 선생님과 꼭 상의하여 해결책을 찾아보세요.

밀가루소고기오트밀 수프

25~27일째

밀가루 알레르기를 예방하기 위해서 7개월 전에는 밀가루 테스트를 해주세요.

밀가루를 음식에 소량(3~5g) 뿌려주는 식단이면 충분해요.

원래 수프를 만들 때 밀가루를 넣으니까 소고기 수프를 먹이며

밀가루 알레르기 테스트를 하면 좋겠죠!

🍳 미리 준비하기

★ 소고기 냉동 큐브가 있으면 1시간 전에 냉장고에서 해동해주세요.

재료

80g씩
3회분

☐ 쌀 35g(2큰술과 1작은술) ☐ 퀵오트밀 5g(1큰술, 쌀 5g으로 대체 가능) ☐ 소고기 20g(다진 것, 4작은술)

☐ 밀가루 5g(½큰술) ☐ 분유 10g(4작은술, 모유로 대체 가능) ☐ 물 320ml(1¾컵)

1. 용기에 씻은 쌀과 물 1컵 조금 안
되는 양(160ml)을 붓고 30분 이상
불려주세요.

2. 소고기는 곱게 다져주세요.

3. 핸드블렌더로 불린 쌀을 쌀알의 ½
정도가 될 때까지 3~4초 정도 갈아
주세요.

4. 냄비에 간 쌀과 남은 물(160ml), 오
트밀, 소고기, 밀가루를 넣고 거품
기로 살살 풀어주세요. 풀지 않고
익히면 소고기와 밀가루가 덩어리
져서 목에 걸릴 수 있어요.

5. 강불로 해서 끓어오르면 약불로 줄
여서 15~20분간 익혀주세요. 눌어
붙지 않게 가끔 바닥까지 긁으면서
저어주세요.

6. 분유 10g을 넣고 골고루 섞은 후 걸
쭉해지면 바로 불을 꺼주세요.

알아두기

★ 빈혈 예방을 위해 소고기나 돼지고기같이 철분이 많이 든 식재료를 매일 소량씩 주는 것이 좋아요. 특히 모유를 먹이
는 경우는 초기 이유식에서부터 철분 공급에 더 많이 신경 써주세요.

★ 1~10까지의 식단은 알레르기 테스트 겸용 식단표입니다. 대표적으로 먹여야 할 식품의 알레르기 테스트를 하고 삼
키는 연습을 하기 위한 식단이에요. 이제 감이 오시나요? 이런 식으로 자주 먹는 식재료나 알레르기가 흔한 식재료
(달걀, 우유, 밀, 땅콩, 생선, 갑각류 등)는 새로 첨가할 때 신경을 써서 먹이는 거랍니다. 처음에는 같은 식단을 3~4일
씩 연달아 먹여보고 8개월부터는 2~3일 정도로 간격을 촘촘하게 줄이면 됩니다.

★ 지금까지 오트밀을 먹고도 별 무리가 없었다면 이제부터는 현미와 오트밀을 서서히 늘려서 완료기 이유식을 먹을
즈음에는 통곡물을 50%까지 넣어도 괜찮아요. 만약 통곡물을 추가하고 복통이 있거나 체중증가가 원활하지 않으
면, 꼭 소아청소년과 의사 선생님과 상의하세요.

무소고기애호박 묽은죽

1~10까지의 식단을 먹이며 이제는 알레르기 테스트에 대한 감이 오셨을 거예요.
이유식에 한 달 정도 적응한 뒤, 즉 이 레시피부터는 입맛과 냉장고 사정 등에 따라
자유롭게 선택하면 돼요. 다만 앞에서 한 것처럼 새로운 식재료를 먹일 때는
항상 소량부터 테스트하고 먹이세요. 같은 8배죽이라도 재료가 늘어나기 때문에
앞에서 끓인 죽보다 농도가 더 걸쭉해져요. 무소고기애호박 묽은죽은 무의
디아스타아제가 쌀과 소고기의 소화를 돕기 때문에 장이 약한 아기에게 좋답니다.

🍳 미리 준비하기

★ 소고기, 무, 애호박 냉동 큐브가 있으면 1시간 전에 냉장고에서 해동해주세요.
★ 소고기는 키친타월로 핏물을 살짝 닦아주세요.

재료

80g씩
3회분

☐ 쌀 35g (2큰술과 1작은술) ☐ 퀵오트밀 5g (1큰술, 쌀 5g으로 대체 가능) ☐ 소고기 20g (다진 것, 4작은술)
☐ 무 10g (다진 것, 2작은술) ☐ 애호박 10g (다진 것, 2작은술) ☐ 물 320ml (1¾컵)

1. 용기에 씻은 쌀과 물 1컵 조금 안 되는 양(160ml)을 붓고 30분 이상 불려주세요.

2. 소고기, 애호박, 무는 곱게 다져주세요.

3. 핸드블렌더로 불린 쌀을 쌀알의 ½ 정도가 될 때까지 3~4초 정도 갈아주세요.

4. 냄비에 간 쌀과 남은 물(160ml)을 붓고 오트밀, 소고기, 무, 애호박을 넣어주세요. 소고기를 거품기로 살살 풀어주세요. 풀지 않고 익히면 덩어리져서 삼키기 힘들어요.

5. 강불로 해서 끓어오르면 약불로 줄이고 15~20분간 익힙니다. 눌어붙지 않게 가끔 바닥까지 긁으면서 저어주세요.

알아두기

★ 좋은 무는 표면이 하얗고 매끈하며 잔뿌리가 없어요. 들었을 때 묵직하고 살짝 눌렀을 때 단단함이 느껴져야 바람이 들지 않은 거랍니다. 무의 위쪽에 있는 초록 부분이 더 달고 아삭하므로 이유식을 만들 때는 무 위쪽을 사용해주세요. 겉껍질을 두툼하게 깎고 수분이 많은 속을 다져서 씁니다.

★ 6개월 전에 무, 배추, 시금치, 청경채 등 질산염이 든 채소는 먹이지 마세요. 빈혈을 유발할 수 있어요.

표고버섯소고기무 묽은죽

일광욕을 하면 우리 몸에서 비타민D가 생성되죠? 버섯도 마찬가지랍니다.

요리하기 전에 생표고버섯을 30분~1시간 정도 햇빛에 두면 비타민D가 10배

증가한다고 해요. 말린 표고버섯을 사서 불려 쓸 때도 햇빛을 잠깐 보게 한 뒤에 사용하면

더 좋습니다. 표고버섯은 일광욕을 시킨 후 먹어야 한다는 것, 기억해주세요!

🧑‍🍳 미리 준비하기

★ 소고기, 무, 표고버섯 냉동 큐브가 있으면 1시간 전에 냉장고에서 해동해주세요.

★ 소고기는 키친타월로 핏물을 살짝 닦아주세요.

재료

90g씩
3회분

- ☐ 쌀 35g(2큰술과 1작은술) ☐ 퀵오트밀 15g(3큰술, 쌀 15g으로 대체 가능) ☐ 소고기 20g(다진 것, 4작은술)
- ☐ 표고버섯 5g(다진 것, 1큰술) ☐ 무 10g(다진 것, 2작은술) ☐ 물 400ml(2¼컵)

1. 용기에 씻은 쌀과 물 1컵 조금 넘는 양(200ml)을 붓고 30분 이상 불려 주세요.

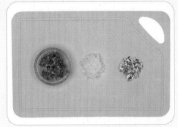

2. 소고기, 무, 표고버섯을 곱게 다져 주세요.

3. 핸드블렌더로 불린 쌀을 쌀알 ½ 정도의 알갱이가 보이도록 3~4초 정도 갈아주세요.

4. 냄비에 간 쌀, 오트밀, 소고기, 무, 표고버섯, 남은 물 200ml를 넣고 거품기로 살살 풀어주세요. 풀지 않고 그냥 익히면 덩어리가 생겨서 삼키기 힘들어요.

5. 강불로 해서 끓어오르면 약불로 줄이고 15~20분간 익힙니다. 눌어붙지 않게 가끔 바닥까지 긁으면서 저어주세요.

6. 쌀과 채소가 푹 물러지고 걸쭉해지면 불을 꺼주세요.

알아두기

★ 표고버섯과 무는 다져주세요. 채로 썰면 아직은 삼키기 힘들고, 강판에 갈면 고형식으로 넘어가야 하는 이유식 목적에 부합하지 않기 때문에 초기 이유식의 후반부터는 재료를 잘게 다져주세요.

두부애호박소고기 묽은죽

콩이 몸에 좋은 것 다 아시잖아요. 하지만 콩을 먹고 가끔 배에 가스가 찬 경험, 해보셨죠?
콩의 소화 흡수율이 70%밖에 되지 않아 그렇답니다. 그래서 콩의 소화 흡수율을 최대한
높인 식품이 바로 두부예요. 영양소는 그대로 가지고 있으면서 소화까지 잘되는 두부는
아기들에게 안성맞춤입니다. 두부에 들어있는 레시틴은 두뇌 발달을 돕고 기억력과
사고력까지 높여준답니다. '두부 먹는 아기가 머리도 좋다'라는 말도 나올 정도이니
두부는 꼭 먹여야겠죠?

미리 준비하기

★ 소고기, 애호박 냉동 큐브가 있으면 1시간 전에 냉장고에서 해동해주세요.

재료

100g씩
3회분

☐ 쌀 35g(2큰술과 1작은술) ☐ 퀵오트밀 15g(3큰술, 쌀 15g으로 대체 가능) ☐ 소고기 20g(다진 것, 4작은술)

☐ 두부 50g(3x3x3cm, 2개) ☐ 애호박 10g(다진 것, 2작은술) ☐ 물 400ml(2¼컵)

1. 용기에 씻은 쌀과 물 1컵 조금 넘는 양(200ml)을 붓고 30분 이상 불려주세요.

2. 소고기, 애호박은 아주 곱게 다져주세요. 두부는 옥수수 알갱이 크기로 큐브 모양으로 썰어주세요.

3. 핸드블렌더로 불린 쌀을 쌀알의 ½ 정도가 될 때까지 3~4초 정도 갈아주세요.

4. 냄비에 간 쌀, 오트밀, 소고기, 애호박, 남은 물 200ml를 더 넣고 거품기로 살살 풀어주세요. 풀지 않고 익히면 덩어리가 생겨서 삼키기 힘들어요.

5. 강불로 해서 끓어오르면 약불로 줄이고 15~20분간 익힙니다. 눌어붙지 않게 가끔 주걱으로 바닥까지 긁으면서 저어주세요.

6. 쌀이 푹 퍼지면 두부를 넣고 2분 더 끓이다가 불을 꺼주세요.

알아두기

★ 두부는 부드러운 식감을 가지고 있어서 굳이 으깰 필요는 없어요. 처음부터 두부를 넣으면 요리하면서 으깨져 아기가 두부 식감을 제대로 느낄 수 없으므로 마지막에 넣어주세요. 구강기의 아기들은 어른보다 훨씬 예민한 혀의 감각을 가지고 있어서, 같은 재료라도 식감을 달리하면 다른 맛으로 느낀답니다.

참깨소고기당근 묽은죽

참깨는 깨알처럼 작지만, 힘이 넘치는 식재료예요. 참깨를 아주 소량만 넣어도 밋밋한
이유식에 감칠맛을 더해줄 수 있답니다. 참깨에는 리놀렌산과 레시틴이 풍부해
두뇌 기능도 향상시키고 피부 건강에도 도움이 됩니다.
하지만 참깨, 검정깨, 들깨 같은 씨앗류는 알레르기를 자주 일으키는
식품이기도 하기 때문에 꼭 이번 레시피로 테스트를 하고 사용하세요.

🍳 미리 준비하기

★ 소고기, 당근 냉동 큐브가 있으면 1시간 전에 냉장고에서 해동해주세요.

재료

90g씩
3회분

- ☐ 쌀 35g(2큰술과 1작은술) ☐ 퀵오트밀 15g(3큰술, 쌀 15g으로 대체 가능) ☐ 소고기 20g(다진 것, 4작은술)
- ☐ 당근 5g(다진 것, 1작은술) ☐ 물 400ml(2¼컵) ☐ 참깨 2g(½작은술)

1. 용기에 씻은 쌀과 물 1컵 조금 넘는 양(200ml)을 붓고 30분 이상 불려주세요.

2. 소고기, 당근은 아주 곱게 다져주세요.

3. 참깨를 절구에 곱게 갈아주세요.

4. 핸드블렌더로 불린 쌀을 쌀알의 ½ 정도가 될 때까지 3~4초 정도 갈아주세요.

5. 냄비에 간 쌀과 오트밀, 소고기, 당근, 남은 물 200ml를 넣고 거품기로 살살 풀어주세요. 풀지 않고 그냥 익히면 덩어리가 생겨서 삼키기 힘들어요.

6. 강불로 해서 끓어오르면 약불로 줄이고 15~20분간 익힙니다. 눌어붙지 않게 바닥까지 긁으면서 저어주세요.

7. 간 참깨를 뿌리고 강불에서 1분 더 끓인 후 불을 꺼주세요.

알아두기

★ 참깨를 빻아 가루로 만들어두면 '산패'가 잘 돼요. 쉽게 말해서 기름이 썩는 거죠. 산패된 것은 안 먹는 것만 못해요. 그러니 조금 번거롭더라도 그때그때 빻아 쓰는 것이 향도 좋고 건강에도 좋답니다. 갈아둔 것보다는 통으로 된 걸 구입하고 대용량보다는 소포장된 걸 사는 게 좋아요. 보관도 냉동실에 하는 것을 추천합니다.

들깨소고기무 묽은죽

혈관 건강과 뇌 기능을 촉진시키는 오메가3를 생각하면

등푸른생선이 떠오르죠. 하지만 의외로 들깨에 더 풍부합니다.

생선은 중금속 오염 문제를 고려해야만 하니, 아기에게는 들깨로

오메가3를 보충해주는 것도 좋은 방법이에요. 하지만 들깨는 알레르기

반응을 심하게 일으킬 수 있는 식품이므로 처음에 꼭 알레르기 반응을

확인한 뒤 먹여야 해요. 들깨소고기무 묽은죽으로 맛있고 탈 없이

들깨를 먹여볼까요?

🧑‍🍳 미리 준비하기

⭐ 소고기, 무 냉동 큐브가 있으면 1시간 전에 냉장고에서
해동해주세요.

재료

90g씩
3회분

☐ 쌀 35g(2큰술과 1작은술)   ☐ 퀵오트밀 15g(3큰술, 쌀 15g으로 대체 가능)   ☐ 소고기 20g(다진 것, 4작은술)

☐ 무 10g(다진 것, 2작은술)   ☐ 들깨 2g(½작은술)   ☐ 물 400ml(2¼컵)

1. 용기에 씻은 쌀과 물 1컵 조금 넘는 양(200ml)을 붓고 30분 이상 불려 주세요.

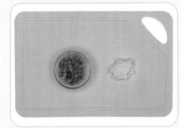

2. 소고기, 무는 곱게 다져주세요.

3. 들깨를 절구에 곱게 빻아주세요.

4. 핸드블렌더로 불린 쌀을 쌀알의 ½ 정도가 될 때까지 3~4초 정도 갈아주세요.

5. 냄비에 간 쌀, 오트밀, 소고기, 무, 남은 물 200ml를 넣고 거품기로 살살 풀어주세요. 풀지 않고 그냥 익히면 덩어리가 생겨서 삼키기가 힘들어요.

6. 강불로 해서 끓어오르면 약불로 줄이고 15~20분간 익힙니다. 눌어붙지 않게 가끔 바닥까지 긁으면서 저어주세요.

7. 빻은 들깨를 뿌리고 강불에서 1분 더 끓인 후 불을 꺼주세요.

알아두기

★ 들깨는 껍질을 벗기는 순간에 산패가 돼요. 참깨보다도 산패가 더 잘된답니다. 그래서 들깨의 오메가3를 제대로 섭취하기 위해서는 통들깨 상태로 보관했다가 그때그때 갈아먹는 것이 좋아요.

돼지고기단호박참깨 묽은죽

돼지고기는 소고기와 마찬가지로 철분과 단백질
공급을 위해 이유식에 사용하기 좋은 재료랍니다.
삼겹살 같은 기름기 부위는 피하고
기름기가 없는 목살, 사태살, 갈매기살같이
살코기로만 된 것을 사용하세요.

🍳 미리 준비하기

★ 단호박, 돼지고기 냉동 큐브가 있으면 1시간 전에 냉장고에서 미리 해동해주세요. 생고기를 손질해서 사용
할 경우 키친타올로 핏물만 살짝 닦아주세요.

★ 단호박은 깨끗하게 씻어서 전자레인지용 찜기에 물 1큰술과 같이 넣고 전자레인지에서 강으로 5~8분 돌
려주세요. 푹 익혀 으깨는 것이 아니라 다지는 용도라서 조금만 돌려요. 반 잘라서 속을 파내고 8~10조각
내서 껍질을 깎아주세요.

재료

90g씩
3회분

- ☐ 쌀 35g(2큰술과 1작은술)　　☐ 퀵오트밀 15g(3큰술, 쌀 15g으로 대체 가능)
- ☐ 돼지고기 20g(다진 것, 4작은술)　　☐ 단호박 15g(다진 것, 1큰술)　　☐ 참깨 2g(½작은술, 생략 가능)
- ☐ 물 400ml(2¼컵)

1. 용기에 씻은 쌀과 물 1컵 조금 넘는 양(200ml)을 붓고 30분 이상 불려 주세요.

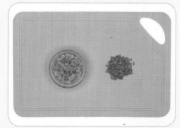

2. 돼지고기와 단호박은 곱게 다져주 세요.

3. 참깨를 절구에 곱게 빻아주세요.

4. 핸드블렌더로 불린 쌀을 쌀알의 ½ 정도가 될 때까지 3~4초 정도 갈아 주세요.

5. 냄비에 간 쌀과 오트밀, 돼지고기, 단호박, 남은 물 200ml를 넣고 거품 기로 살살 풀어주세요. 풀지 않고 그냥 익히면 덩어리가 생겨서 삼키 기가 힘들어요.

6. 강불로 해서 끓어오르면 약불로 줄 이고 15~20분간 익힙니다. 눌어붙 지 않게 가끔 바닥까지 긁으면서 저 어주세요.

7. 빻은 참깨를 뿌리고 강불에서 1분 더 끓인 후 불을 꺼주세요.

알아두기

★ 돼지고기는 소고기보다 누린내가 더 날 수 있어요. 하지만 찬물에 담가 핏물을 제거하지는 마세요. 선홍빛 색깔이 나 는 신선한 것을 구입하고, 마지막에 참깨나 참기름 한 방울을 섞으면 웬만한 누린내는 없어진답니다.

밤단호박찹쌀 묽은죽

아기가 건강할 때 밤 알레르기 테스트를 미리 해두세요.
아기를 키우면서 설사를 하는 시기가 있는데,
그럴 때 아주 유용하게 만들 수 있는 이유식이 바로 밤죽이기
때문이에요. 밤에 들어있는 탄닌이 설사에 도움을 준답니다.
『동의보감』에도 '배탈과 설사가 심할 때 군밤을 천천히 씹어
먹으면 효과가 있다'라고 기록되어 있어요.

🧑‍🍳 미리 준비하기

★ 단호박 냉동 큐브가 있으면 1시간 전에 냉장고에서 해동해주세요.
★ 단호박은 씻어서 전자레인지용 찜기에 물 1큰술과 같이 넣고 전자레인지에서
10~12분 돌려주세요. 반 잘라서 속을 파내고 8~10조각 내서 껍질을 제거해주세요.

재료

90g씩
2회분

☐ 찹쌀 15g(1큰술)   ☐ 시판용 익힌 단밤 5g(간 것, 1작은술, 생밤으로 대체 가능)

☐ 단호박 180g(삶은 것, 1컵)   ☐ 물 180ml(1컵)

1. 찹쌀을 씻은 뒤 용기에 물 반 컵 (90ml)을 붓고 30분 이상 불려주세요.

2. 단밤을 분쇄기로 곱게 갈아주세요.

3. 핸드블렌더로 불린 찹쌀을 곱게 갈아주세요. 익힌 단호박과 같이 조리하는 것이기 때문에 최대한 곱게 갈아야 요리 시간이 절약돼요.

4. 냄비에 익힌 단호박을 넣고 잘 으깨주세요.

5. 4번에 간 찹쌀, 밤 5g, 남은 물 반 컵(90ml)을 붓고 거품기로 살살 풀어주세요.

6. 강불로 해서 끓어오르면 약불로 줄이고 10~12분간 익힙니다. 눌어붙지 않게 가끔 바닥까지 긁으면서 저어주세요.

알아두기

★ 생밤을 사용할 때는 겉껍질과 속껍질을 제거하고 아주 곱게 다져주세요. 밤죽에서는 밤을 쌀보다 많이 넣기 때문에 익힌 밤을 사용하면 편하지만 알레르기 테스트용 식단에는 밤이 아주 소량 들어가서 생밤을 사용해도 돼요.

오이소고기들깨 묽은죽

오이의 차가운 성질은 더위로 인해 몸에 쌓인 열을 풀어주고 갈증을 해소시켜줘요.
90%가 수분이고 칼륨과 마그네슘과 같은 미네랄이 풍부하니, 딱딱한 이온 음료라고
생각하면 됩니다. 피부를 맑게 하고 미백과 보습 효과가 있는 엽록소와 비타민C가
풍부하기 때문에 '먹는 화장품'이라고 해도 좋은 식품이에요.

다만 오이도 알레르기가 발생할 수 있으므로 처음 먹일 때는 주의 깊게 살펴보세요.

🍳 미리 준비하기

★ 소고기 냉동 큐브가 있으면 1시간 전에 냉장고에서 미리 해동해주세요.

★ 고무장갑을 끼고 굵은 소금으로 오이 표면을 문질러주세요. 겉에 묻은 농약과 먼
지를 제거하기 위해서예요. 깨끗하게 세척한 뒤 필러로 오이 껍질을 깎아주세요.

재료

90g씩
3회분

□ 쌀 35g(2큰술과 1작은술) □ 퀵오트밀 15g(3큰술, 쌀 15g으로 대체 가능) □ 소고기 20g(다진 것, 4작은술)

□ 오이 5g(다진 것, 1작은술) □ 들깨 2g(½작은술, 생략 가능) □ 물 400ml(2¼컵)

1. 용기에 씻은 쌀과 물 1컵 조금 넘는 양(200ml)을 붓고 30분 이상 불려주세요.

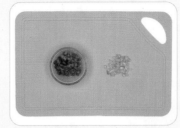

2. 소고기, 오이는 곱게 다져주세요.

3. 들깨를 절구에 곱게 빻아주세요.

4. 핸드블렌더로 불린 쌀을 쌀알의 ½ 정도가 되게 3~4초 정도 갈아주세요.

5. 냄비에 간 쌀과 오트밀, 소고기, 오이, 남은 물 200ml를 넣고 거품기로 살살 풀어주세요. 풀지 않고 그냥 익히면 덩어리가 생겨요.

6. 강불로 해서 끓어오르면 약불로 줄이고 15~20분간 익힙니다. 눌어붙지 않게 주걱으로 바닥까지 긁으면서 저어주세요.

7. 쌀이 푹 퍼지고 오이가 익으면 들깨를 뿌려주세요. 강불에서 1분 끓이고 불을 끕니다.

알아두기

★ 오이는 성질이 차기 때문에 배가 차거나 설사하는 아기에게는 주의해야 해요. 초기에는 오이가 아주 소량 들어가지만, 중기나 후기로 가면 양이 꽤 늘어나니 아기의 몸 상태에 따라 양을 조절해주세요.

감자소고기오트밀 수프

감자에는 비타민C가 사과의 3배나 들어있어 '땅속의 사과'라고도
해요. 비타민C는 철분이 잘 흡수되도록 해 빈혈을 예방하고
콜라겐 합성을 도와 피부와 뼈, 혈관 등을 튼튼하게 해줘요.
하지만 감자는 고구마보다 혈당을 더 빨리 올려요.
쉽게 배가 불러지지만 그만큼 배가 빨리 꺼진다는 말이에요.
그래서 통곡물을 넣어 감자의 단점을 보완해주는 것이 좋답니다.

🍳 미리 준비하기

★ 감자를 깨끗하게 씻은 뒤 필러로 껍질을 깎아주세요. 칼로 눈을 꼼꼼하게 제거
한 뒤 듬성듬성 썰어주세요. 전자레인지용 찜기에 감자와 물 1큰술을 넣고 전자
레인지에서 5분 정도 익혀주세요.

★ 소고기 냉동 큐브가 있으면 1시간 전에 냉장고에서 미리 해동해주세요.

재료

70g씩
3회분

☐ 감자 100g(중간 것, 1개) ☐ 퀵오트밀 15g(3큰술, 쌀 15g으로 대체 가능) ☐ 소고기 20g(다진 것, 4작은술)

☐ 분유 10g(4작은술, 모유로 대체 가능) ☐ 물 270ml(1½컵)

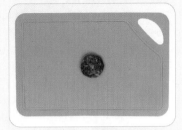

1. 소고기는 곱게 다져주세요.

2. 냄비에 익힌 감자를 넣고 매셔로 잘 으깨주세요.

3. 2번에 오트밀과 소고기를 넣고 물 1컵 반(270ml)을 부은 뒤 거품기로 풀어주세요. 풀지 않고 익히면 덩어리가 생겨서 삼키기 힘들어요.

4. 강불로 해서 끓어오르면 약불로 줄이고 7~10분간 익힙니다. 눌어붙지 않게 주걱으로 바닥까지 긁으면서 저어주세요.

5. 분유를 넣고 살살 저은 후 걸쭉해지면 불을 꺼주세요.

알아두기

★ 감자 싹에는 '솔라닌'이라는 독이 있어요. 그러므로 도려내야 합니다. 이 독소는 싹 외에 초록색으로 변한 감자껍질에도 들어있으므로 푸릇푸릇하게 변한 곳은 두껍게 깎아내야 합니다. 솔라닌은 삶아도 사라지지 않기 때문에 밑손질 단계에서 확실히 제거해주세요. 솔라닌은 빛을 받으면 생성되므로 감자는 빛이 들지 않는 곳에 보관해야 해요.

대구살브로콜리양파 수프

'대구(大口)'는 입과 머리가 크다고 해서 지어진
이름이에요. 지방이 적고 단백질이 풍부해서
이유식 초기부터 먹기 좋은 생선입니다.
『동의보감』에 대구는 '독이 없어서 먹으면 기(氣)를
보(補)한다'라고 나와있어요. 그만큼 예로부터 허약한
몸에 기력을 돋우는 보양식으로 즐겨 먹었던 음식이에요.
대구와 함께 비타민과 칼슘, 마그네슘이 풍부한 브로콜리를
넣으면 영양학적으로 완벽한 이유식이 만들어집니다.

👨‍🍳 미리 준비하기

★ 대구살과 양파 냉동 큐브가 있으면 1시간 전에 냉장고에서 미리 해동해주세요.

★ 냉동된 대구살은 완전히 녹은 상태에서 손끝으로 살살 만져봐야 가시가 만져집
니다. 덜 녹은 상태에서는 손끝이 얼얼해 가시가 있어도 못 느껴지기 때문입니
다. 포 하나하나를 일일이 만지며 가시를 발라주세요.

★ 브로콜리는 작은 꽃봉오리 2개 정도 잘라주세요. 식초 탄 물에 10분 정도 담근
뒤 깨끗하게 씻고, 줄기 부분은 잘라낸 뒤 꽃봉오리 부분만 남겨주세요.

재료

80g씩
3회분

- ☐ 쌀 35g(2큰술과 1작은술) ☐ 퀵오트밀 15g(3큰술, 쌀 15g으로 대체 가능) ☐ 브로콜리 5g(다진 것, 1작은술)
- ☐ 양파 10g(다진 것, 2작은술) ☐ 대구살 15g(다진 것, 1큰술)
- ☐ 분유 10g(4작은술, 모유로 대체 가능) ☐ 물 400ml(2¼컵)

1. 용기에 씻은 쌀과 물 1컵 조금 넘는 양(200ml)을 붓고 30분 이상 불려주세요.

2. 대구살, 브로콜리 꽃봉오리, 양파는 곱게 다져주세요.

3. 용기에 불린 쌀을 넣고 핸드블렌더로 쌀알의 ½ 정도가 될 때까지 3~4초 정도 갈아주세요.

4. 냄비에 간 쌀과 오트밀, 대구살, 양파, 브로콜리, 남은 물 200ml을 넣고 거품기로 대구살을 살살 풀어주세요. 생략하면 생선이 덩어리져 까끌거릴 수 있어요.

5. 강불로 해서 끓어오르면 약불로 줄이고 15~20분간 익혀주세요. 눌어붙지 않게 주걱으로 바닥까지 긁으며 저어주세요.

6. 분유 10g을 넣은 뒤 걸쭉해지면 불을 꺼주세요.

알아두기

★ 대구살만 발라낸 생선포를 구입했다고 해도 혹시 모르니 손으로 만져서 가시가 있는지 꼭 확인하세요.

★ 가시는 완전히 녹은 다음에 만지세요. 덜 녹은 상태에서는 손끝이 얼얼해 가시가 있어도 잘 못 느껴요.

비트달걀오트밀 수프

ABC 주스로 즐기던 비트, 이제 아기에게도 먹여주세요!

비트는 '땅속의 붉은 피'라 할 정도로 철분이 많아서 성장기 아기들의 빈혈에 도움을 줄 뿐만 아니라, 미네랄과 비타민이 골고루 들어있어요. 다만 비트의 질산염은 6개월 전 아기들에게는 오히려 빈혈을 유발할 수도 있으니까 조심하세요.

 미리 준비하기

★ 비트를 깨끗이 씻어 껍질을 벗겨주세요.
★ 달걀을 그릇에 깨뜨려서 흰자와 노른자를 섞어주세요. 달걀 껍데기를 만지고 손을 바로 비누로 씻는 것 잊지 마세요.

재료

80g씩
3회분

- ☐ 쌀 35g(2큰술과 1작은술)   ☐ 퀵오트밀 15g(3큰술, 쌀 15g으로 대체 가능)
- ☐ 비트 5g(삶은 것, 1×1×1cm, 1개)   ☐ 달걀 50g(1개)   ☐ 분유 10g(4작은술, 모유로 대체 가능)
- ☐ 물 400ml(2¼컵)

1. 용기에 씻은 쌀과 물 1컵(180ml)을 붓고 30분 이상 불려주세요.

2. 비트를 큼직하게 깍둑썬 다음, 냄비에 넣고 비트가 잠길 정도로 물을 부은 뒤 10~15분간 삶아줍니다. 엄지손가락 한 마디 정도 크기로 1개 준비하면 됩니다.

3. 핸드블렌더로 불린 쌀을 쌀알의 ½ 정도가 될 때까지 3~4초 정도 갈아주세요.

4. 냄비에 간 쌀, 오트밀, 물 130ml를 부어주세요.

5. 쌀을 갈았던 용기에 비트, 물 반 컵(90ml)을 붓고 핸드블렌더로 곱게 갈아주세요.

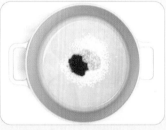

6. 4번에 비트 간 물을 붓고 강불로 해서 끓어오르면 약불로 줄이고 15~20분간 익혀주세요. 눌어붙지 않게 바닥까지 저어주세요.

7. 오트밀이 푹 퍼지면 달걀을 넣고 약불에서 1~2분간 저어주세요.

8. 분유 10g을 넣고 다시 강불로 올려서 1분간 끓인 후 불을 끕니다.

알아두기

★ 비트를 먹으면 아기가 분홍색 대변을 눌 수가 있어요. 바로 비트의 베타인 때문입니다. 베타인이 분해되지 않고 대소변으로 나올 수가 있는데 그럴 때는 비트의 양을 조금 줄여주세요.

22

양파감자닭고기 수프

양파를 썰 때 눈물이 나는 이유는 항균 작용이 뛰어난
'알리신'의 매운맛 때문이에요. 알리신은 유해균이 증식되는 걸
막고 피를 맑게 해서 혈액순환을 좋게 해요.
이렇게 좋은 알리신이지만 아기에게는 자극적일 수 있기 때문에
양파를 먹일 때는 푹 익혀야 해요. 양파를 익히면 설탕의 50배나
되는 단맛이 생기므로 아기들은 익힌 양파를 좋아한답니다.

 미리 준비하기

★ 감자는 깨끗이 씻어 껍질과 눈을 제거합니다. 전제레인지용 찜기에 감자와 물
1큰술을 넣고 전자레인지에서 5분간 푹 익혀주세요. 젓가락으로 찔렀을 때 푹
푹 들어갈 수 있을 정도로 돌려주세요.
★ 닭고기, 양파 냉동 큐브가 있으면 1시간 전에 냉장고에서 미리 해동해주세요.

재료

70g씩
3회분

- ☐ 통밀가루 5g(½큰술) ☐ 닭고기 20g(다진 것, 4작은술) ☐ 양파 10g(다진 것, 2작은술)
- ☐ 감자 100g(중간 것, 1개) ☐ 퀵오트밀 15g(3큰술, 쌀 15g으로 대체 가능)
- ☐ 분유 10g(4작은술, 모유로 대체 가능) ☐ 물 270ml(1½컵)

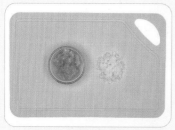

1. 닭고기와 양파를 잘게 다져주세요.

2. 냄비에 익힌 감자를 넣고 으깨주세요.

3. 2번에 오트밀, 닭고기, 양파, 통밀가루, 물 1컵 반(270ml)을 넣고 거품기로 살살 풀어주세요. 풀지 않고 그냥 익히면 덩어리가 생겨서 삼키기 힘들어요.

4. 강불로 해서 끓어오르면 약불로 줄이고 7~10분간 익힙니다. 바닥까지 긁으면서 저어주세요.

5. 양파가 반투명해질 정도로 푹 익으면 분유 10g을 넣고 살살 저은 후 불을 꺼주세요.

알아두기

★ 양파는 꼭지 부분이 잘 조여져 있고 눌렀을 때 단단한 것이 좋아요. 물렁물렁한 것은 피해야 해요. 겉껍질이 잘 말라 있고 윤기가 있으며 묵직하게 중량감이 있는 것이 맛있어요.

검은깨소고기양파오트밀 수프

요즘은 블랙푸드가 대세죠. '검은깨 서 말만 먹으면 황소도
이긴다'라는 옛말처럼 검은깨는 단백질과 미네랄이 풍부하고
뇌 기능을 활성화하는 데 필요한 레시틴 성분이 풍부해서
학습력, 기억력, 집중력을 높여줍니다. 다만 검은깨도 처음
이유식에 첨가할 때는 알레르기 테스트를 하고 먹이는 것이 좋아요.

🍳 미리 준비하기

★ 소고기, 양파 냉동 큐브가 있으면 1시간 전에 냉장고에서 미리 해동해주세요.

재료

80g씩
3회분

- ☐ 쌀 35g(2큰술과 1작은술)　☐ 퀵오트밀 15g(3큰술, 쌀 15g으로 대체 가능)
- ☐ 소고기 20g(다진 것, 4작은술)　☐ 양파 10g(다진 것, 2작은술)　☐ 검은깨 5g(1작은술)
- ☐ 분유 10g(4작은술, 모유로 대체 가능)　☐ 물 270ml(1½컵)

1. 용기에 씻은 쌀과 물 반 컵(90ml)을 붓고 30분 이상 불려주세요.

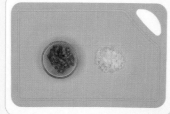

2. 소고기와 양파는 작게 다져주세요.

3. 검은깨를 절구에 빻아주세요.

4. 용기에 불린 쌀을 넣고 핸드블렌더로 쌀알의 ½ 정도가 될 때까지 3~4초 정도 갈아주세요.

5. 냄비에 간 쌀과 오트밀, 소고기, 양파, 남은 물 1컵(180ml)을 부은 뒤 거품기로 살살 풀어주세요. 풀지 않고 그냥 익히면 덩어리가 생겨요.

6. 강불로 해서 끓어오르면 약불로 줄이고 15~20분간 익힙니다. 눌어붙지 않게 바닥까지 긁으면서 가끔 저어주세요.

7. 빻은 검은깨와 분유 10g을 넣은 뒤 걸쭉해지면 불을 꺼주세요.

알아두기

★ 평소 대변이 묽거나 설사를 자주 하는 아기에게는 검은깨를 아주 소량만 먹이세요. 한꺼번에 많은 양을 먹으면 심한 설사를 할 수 있으므로 주의하세요.

★ 검은깨를 빻지 않고 사용하면 소화가 되지 않고 씨앗 그대로 대변으로 배출됩니다. 꼭 곱게 빻아서 먹이세요.

양배추브로콜리닭고기 수프

달큰하고 아삭한 양배추 수프로 아기의 키를 키워주세요!

양배추에는 많은 칼슘이 들어있어요.

양배추 100g에는 칼슘이 약 40㎎이나 들어있답니다.

또한 칼슘 흡수를 도와주는 비타민K가 다량 포함되어

골다공증뿐 아니라 아기들의 성장 발육에 도움을 줍니다.

그래서 양배추와 우유를 함께 먹으면 칼슘 섭취가 배가 될 수 있어요.

🧑‍🍳 미리 준비하기

★ 브로콜리는 줄기를 잘라서 깨끗하게 세척해 주세요. 꽃봉오리만 씁니다(78p 브로콜리소고기 묽은죽 참고).

★ 닭고기 냉동 큐브가 있으면 1시간 전에 냉장고에서 미리 해동해주세요.

★ 양배추는 지저분한 겉잎은 떼어내고 반으로 갈라주세요. 심지를 도려내고 부드러운 속잎 한 장을 씻어주세요.

재료

80g씩
3회분

- ☐ 쌀 35g(2큰술과 1작은술)
- ☐ 퀵오트밀 15g(3큰술, 쌀 15g으로 대체 가능)
- ☐ 닭고기 20g(다진 것, 4작은술)
- ☐ 브로콜리 10g(다진 것, 2작은술)
- ☐ 양배추 5g(다진 것, 1작은술)
- ☐ 분유 10g(4작은술, 모유로 대체 가능)
- ☐ 물 270ml(1½컵)

1. 용기에 씻은 쌀과 물 반 컵(90ml)을 붓고 30분 이상 불려주세요.

2. 닭고기, 양배추, 브로콜리 꽃봉오리를 곱게 다져주세요.

3. 용기에 불린 쌀을 넣고 핸드블렌더로 쌀알의 ½ 정도 크기가 될 때까지 3~4초 정도 갈아주세요.

4. 냄비에 간 쌀과 오트밀, 닭고기, 양배추, 브로콜리, 남은 물 1컵(180ml)을 부은 뒤 거품기로 살살 풀어주세요. 풀지 않고 그냥 익히면 덩어리져요.

5. 강불로 해서 끓어오르면 약불로 줄이고 15~20분간 익힙니다. 눌어붙지 않게 바닥까지 긁으면서 가끔 저어주세요.

6. 닭고기가 푹 익으면 분유 10g을 넣고 살살 저어주세요. 걸쭉해지면 불을 끕니다.

알아두기

★ 겨울 양배추는 속잎이 빈틈이 없을 정도로 꽉 차 있고, 봄 양배추는 잎의 사이사이에 공기가 들어가서 성기게 되어 있어요. 그래서 계절별로 맛있는 양배추 고르는 법이 다르답니다. 겨울에는 들어봐서 무거운 것을, 봄에는 가벼운 것을 골라야 맛있어요. 이유식은 조미료로 양념을 하지 않기 때문에 재료를 잘 골라야 성공한다는 점, 꼭 기억하세요!

콩물달걀찜

달걀찜의 성공 여부는 물과 불의 조화에 있어요. 달걀 요리는 묽게 할수록
식감은 부드러워지고, 강불보다는 중약불에서 익혀야 공기 구멍이 안 생기고
매끈해집니다. 달걀 1에 물 1.5(부피 기준)를 넣고 중불에서 익히면 아기가 먹기
딱 좋을 만큼 부드러워요. 영양 풍부한 콩물을 달걀찜에 넣으면 고소한 맛이
더욱 진해져서 소화도 잘됩니다. 이 레시피는 콩물 양만큼 달걀찜에
들어가는 물의 양을 줄였어요.

 미리 준비하기

★ 달걀을 그릇에 깨뜨려주세요. 손을 비누로 씻은 후 다시 요리하세요.

재료

50g씩
2회분

☐ 달걀 50g(1개) ☐ 시판용 무첨가 콩물 60ml(4큰술, 분유 혹은 모유로 대체 가능)

☐ 물 30ml(2큰술)

1. 큰 볼에 달걀, 콩물(60ml), 물 2큰술 (30ml)을 넣고 거품기로 잘 풀어주 세요.

2. 체에 한 번 걸러주세요. 식감이 훨 씬 부드러워져요.

3. 뚜껑이 있는 찜기에 담아주세요.

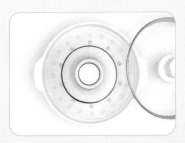

4. 김이 오른 찜통에 3번을 넣고 중약 불에서 15~20분간 찝니다. 불이 너 무 세면 공기구멍이 생겨 우둘투둘 해지므로 주의하세요.

알아두기

★ 달걀찜에 물을 너무 많이 넣으면 찜이 잘 굳지 않으니 비율에 신경 써주세요.

★ 이유식에 있어서 달걀은 아주 소중한 식재료랍니다. 주 3회 정도 먹이면 무난해요.

★ 달걀은 반드시 냉장 보관하여 유통기한 내에 소비하는 것이 좋아요. 달걀을 냉장 보관할 때는 냉장고 안쪽에 보관해 주세요. 냉장고 문에 있는 달걀 칸에 달걀을 보관하면 문을 여닫을 때마다 흔들려 미세한 금이 갈 수도 있고, 여닫을 때마다 수시로 온도가 올라가므로 냉장고 안쪽에 보관하는 것이 가장 안전하답니다.

단호박비트 퓨레

비트는 브로콜리, 파프리카, 셀러리와 함께 세계 4대 채소로 알려져 있어요.

비타민B1, B2, 비타민C, 칼륨과 칼슘 등 미네랄이 풍부하고 붉은색을 띠게 하는 비트레인 성분은

다량의 철분을 함유하고 있어서 빈혈 예방에 좋은 효과가 있어요. 6개월 이전에 먹이면 비트의 질산염이

빈혈을 생기게 할 수 있다는 점만 주의해서,

영양만점 퓨레를 만들어 먹여요.

🍳 미리 준비하기

★ 단호박은 깨끗하게 씻어서 전자레인지용 찜기에 물 1큰술과 같이 넣고 전자레인지에서 강으로
10~12분 돌려주세요. 속을 파내고 껍질을 벗깁니다.

★ 비트는 깨끗이 씻어 껍질을 깎아주세요. 1cm 정도 깍둑썰기한 것이 3개 정도 필요해요. 물에
10~15분 삶아주세요.

재료

80g씩
2회분

☐ 단호박 180g(삶은 것, 1컵)   ☐ 비트 15g(삶은 것, 1×1×1cm, 3개)   ☐ 물 90ml(½컵)

1. 용기에 삶은 비트와 물 반 컵(90ml)을 넣고 핸드블렌더로 곱게 갈아주세요.

2. 냄비에 익힌 단호박을 넣고 으깨주세요.

3. 2번에 비트 간 빨간 물을 붓고 강불에서 1~2분 끓여주세요. 눌어붙지 않게 바닥까지 계속 저어주세요.

알아두기

★ 비트를 고를 때는 표면이 매끄럽고 모양이 둥그스름한 것을 골라야 해요. 수확한 지 얼마 안 된 것은 흙이 많이 묻어 있고, 잘랐을 때 붉은색이 선명하게 드러납니다. 크기는 중간 정도가 가장 부드럽고 맛있어요.

★ 모든 요리가 그렇지만 특히 이유식은 재료가 맛있어야 해요. 그래서 이 요리의 가장 중요한 핵심 포인트는 단호박을 어떻게 찌고, 어떻게 속을 파내느냐가 아니라 좋은 단호박을 사는 것이에요. 단호박을 고를 때는 표면에 상처가 없고 매끈하며 크기에 비해 묵직한 것이 좋아요. 윤기가 나는 초록색을 띠며 껍질의 일부가 짙은 주황색이면서 줄이 선명한 것을 고르세요.

★ 단호박 껍질을 먼저 벗기는 것보다는 통째로 전자레인지에 익힌 후 껍질과 씨를 제거하는 것이 훨씬 쉬워요. 껍질의 초록색 부분은 원래 먹는 부분이라 조금씩 들어가는 건 상관없어요.

사과오트밀 퓨레

저는 미숫가루로 만든 이유식을 먹었다고 들었어요.
지금은 이런 이유식을 하지는 않아요. 미숫가루에는 다양한 곡식,
채소 등이 들어가기 때문에 탈이 나면 어떤 식재료가 알레르기를
유발했는지 도대체 알 수가 없거든요. 하지만 미숫가루 이유식의
장점도 있어요. 끓인 물 한 잔만 있으면 1분 만에 금방 만들 수
있다는 점이죠. 그래서 귀리로만 만든 가루로 아기와 함께 추억의
이유식을 느껴봤어요.

 미리 준비하기

★ 베이킹소다로 사과 껍질을 깨끗하게 씻어주세요.

재료

50g씩
2회분

☐ 사과 100g(중간 것, ½개)　☐ 볶은 귀리가루 15g(1큰술, 퀵오트밀 10g으로 대체 가능)

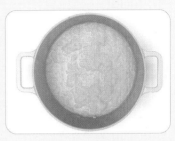

1. 사과 껍질을 깎은 뒤 사과를 강판에 갈아주세요.

2. 냄비에 간 사과와 귀리가루를 넣고 잘 섞어주세요. 귀리의 베타글루칸 성분이 접착제 역할을 해서 사과가 쫀득쫀득해져요.

3. 강불에서 2~3분간 익혀주세요. 주 걱으로 팬의 바닥까지 긁으면서 저 어주세요.

알아두기

★ 잡곡 알레르기가 심한 아기는 귀리가루를 가공하는 과정에서 다른 잡곡이 묻을 수 있기 때문에 시판용보다는 집에 서 만드는 것이 안전해요.

★ 어른들이 미숫가루에 타 먹는 꿀은 돌 이전의 아기에게는 절대로 먹이면 안 됩니다.

★ 다른 퓨레나 스무디를 만들 때 너무 묽게 되었다면 귀리가루를 한 스푼 타보세요. 귀리의 베타글루칸이 점도를 높여 서 음식의 맛은 해치지 않으면서도 금방 걸쭉해진답니다.

★ 사과에도 알레르기가 있는 아기가 있으므로 항상 새로운 식재료를 먹일 때는 미리 알레르기 테스트를 해주세요.

★ 익힌 사과는 변비를 유발할 수 있으므로 변비 증상이 있으면 끓이는 과정을 생략해주세요.

아보카도배 퓨레

배나무를 뜻하는 한자어인 '梨'는 '건강에 몹시 이로운(利)
나무(木)'라는 뜻을 지니고 있어요. 배에는 단백질을
분해하는 소화 효소들이 들어있어 속을 편하게 해줍니다.
또한 배는 성질이 차갑고 90%가 수분으로 이루어져 있어 기침,
감기, 천식 같은 호흡기 질환에 도움이 돼요. 특히 환절기에는
많이 먹는 것이 좋아요. 아기의 목 건강을 지키고 소화력을
도와주는 달콤한 배로 퓨레를 만들어볼게요.

 미리 준비하기

★ 배와 아보카도를 베이킹소다로 껍질째 깨끗하게 씻어주세요.

재료

60g씩
2회분

☐ 배 100g(중간 것, ½개) ☐ 아보카도 30g(¼개)

1. 아보카도 씨앗 주변으로 칼집을 낸 뒤 양쪽을 살살 비틀어가며 반으로 갈라주세요.

2. 칼을 사용해서 중간에 있는 커다란 씨앗을 제거해주세요.

3. 숟가락을 사용해 과육을 껍질에서 떠내듯이 분리시켜주세요.

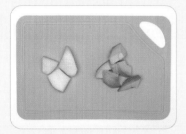

4. 껍질을 깎은 배와 아보카도를 엄지손가락 한 마디 크기로 깍둑썰어주세요.

5. 용기에 배와 아보카도를 넣고 핸드블렌더로 곱게 갈아주세요.

6. 냄비에 5번을 붓고 강불로 해서 끓어오르면 불을 꺼주세요. 눌어붙지 않게 저어주세요.

알아두기

★ 배는 껍질이 투명한 노란빛을 띠는 것이 좋아요. 껍질이 매끄러운 것을 골라야 합니다.

★ 생후 50일 된 아기도 단것을 좋아한다고 하죠. 하지만 잘 먹는다고 해서 단맛이 있는 과일을 초기부터 너무 자주 주지는 마세요. 과일처럼 달달한 이유식은 이유식 정체기에 활용하면 좋으니 아껴두세요.

바나나당근 퓨레 & 바나나연두부 퓨레

바나나는 얼마나 익었느냐에 따라 변비에 좋을 수도 있고 설사에 좋을 수도 있답니다.

노랗게 잘 익은 바나나는 펙틴이 풍부해 장운동을 돕고 변비를 해결하는 한편,

덜 익은 바나나는 탄닌이 대변의 수분을 쫙 빨아들여 오히려 설사를 낫게 하고 많이 먹으면 변비를 유발합니다.

그러니까 바나나를 먹일 때는 바나나 숙성 상태와 아기의 변 상태를 꼭 체크해주세요.

바나나로 만들 수 있는 맛있는 퓨레, 각각 당근과 연두부를 넣은 퓨레예요!

 미리 준비하기

★ 베이킹소다로 바나나를 껍질째 씻어주세요. 잔류 농약이나 이물질을 씻어
주는 것이 좋아요.

★ 당근은 깨끗하게 씻어서 흙을 제거한 뒤 껍질을 칼등으로 살살 긁어내세요.

재료(바나나당근 퓨레)

60g씩
2회분

☐ 바나나 100g(중간 것, 1개) ☐ 당근 30g(강판에 간 것, 2큰술) ☐ 물 30ml(2큰술)

1. 당근을 강판에 갈아 30g을 맞춰주세요.

2. 냄비에 바나나를 넣고 잘 으깨주세요.

3. 2번에 간 당근과 물 2큰술(30ml)을 넣고 강불로 올린 뒤 끓어오르면 약불로 줄여서 3~5분간 익혀주세요. 눌어붙지 않게 바닥까지 잘 저어주세요.

재료(바나나연두부 퓨레)

60g씩
2회분

☐ 바나나 100g(중간 것, 1개) ☐ 연두부 90g(½컵)

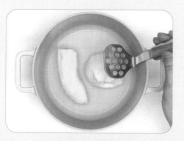

1. 냄비에 바나나와 연두부를 넣고 으깨주세요.

2. 강불로 올린 뒤 끓어오르면 약불로 줄여서 3~5분간 익혀주세요. 눌어붙지 않게 바닥까지 잘 저어주세요.

알아두기

★ 아보카도나 바나나와 같은 과일은 껍질을 먹지는 않지만 이유식을 만들 때는 이 껍질조차 깨끗하게 씻어서 요리해야 합니다. 껍질에 묻은 세균이나 흙을 씻어내지 않으면 과일을 깎으면서 과육이 오염될 수 있기 때문이에요.

★ 바나나, 아보카도, 홍시같이 후숙해서 먹는 과일은 후숙할 때 온도와 통풍에 신경 써야 해요. 잘못하면 곰팡이가 함께 자랄 수 있어요.

★ 펙틴은 장에서 대변 쪽으로 물을 끌어와 변을 부드럽게 해주고, 탄닌은 대변의 수분을 빨아들여 변을 딱딱하게 해줘요. 다른 과일들에도 들어있는 성분이니 알아두면 좋아요.

★ 바나나, 아보카도가 든 이유식은 갈변할 수 있으니 빨리 먹는 것이 좋아요.

닭고기고구마 퓨레

아기의 근육을 키워주는 건강 퓨레예요. 실제로 헬스하는 사람들은 닭가슴살과 고구마나 바나나를 갈아서 쉐이크로 만들어 운동 전후로 마신답니다. 닭고기는 섬유질이 가늘고 연해서 소화 흡수가 잘되는 단백질이 풍부하고, 고구마에는 닭고기에 부족한 탄수화물과 비타민, 미네랄이 풍부해서 둘은 음식 궁합이 잘 맞아요.

 미리 준비하기

★ 고구마를 깨끗이 씻어서 위아래 꼭지를 잘라내세요. 전자레인지에서 5분간 푹 익혀 껍질을 제거합니다(134p의 고구마 퓨레 참고).

★ 닭고기 냉동 큐브가 있으면 1시간 전에 냉장고에서 해동해주세요.

재료

80g씩
2회분

☐ 닭 안심 20g(다진 것, 4작은술, 닭가슴살이나 다릿살로 대체 가능) ☐ 고구마 100g(중간 것, ½개)
☐ 물 180ml(1컵)

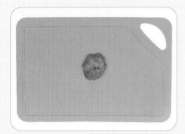

1. 닭고기를 잘게 다져주세요.

2. 냄비에 익힌 고구마를 넣고 으깨주
세요.

3. 2번에 다진 닭고기, 물 1컵(180ml)
을 넣고 거품기로 골고루 풀어주세
요.

4. 강불로 올린 뒤 끓어오르면 약불로
줄여서 8~10분간 익혀주세요. 눌어
붙지 않게 계속 바닥까지 저어주세
요.

알아두기

★ 닭고기에서 누린내가 난다고 우유에 담그지는 마세요. 세균 감염의 위험이 있으니 이유식 만들 때는 피해야 하는 조
리법입니다.

고구마 퓨레 & 시금치고구마 퓨레

고구마로 이유식을 하면 아기들이 아기 새처럼 입을 쫙쫙 잘 벌려요. 고구마는 겉에 검은 진액이 많을수록 맛있는 고구마입니다. 또 고구마 퓨레에 철분이 많은 시금치를 넣으면 만드는 과정은 비슷해도 아기한테는 완전히 새로운 음식이 돼요. 아기는 눈으로도 맛을 느끼니, 고구마 퓨레와 시금치고구마 퓨레를 적절하게 활용해보세요!

재료(고구마 퓨레)

**50g씩
2회분**

☐ 고구마 100g(중간 것, ½개)　☐ 분유 5g(2작은술)　☐ 물 90ml(½컵)

미리 준비하기

★ 고구마는 껍질째 흐르는 물에 씻은 뒤 칼로 양끝에 붙어 있는 심지를 1cm 정도만 잘라주세요. 고구마를 씻을 때는 부드러운 수세미나 솔로 살살 문지르면 흙이 잘 제거됩니다(시금치고구마 퓨레도 동일).

★ 분유와 물은 모두 90ml로 대체 가능합니다(시금치고구마 퓨레도 동일).

1. 전자레인지용 찜기에 고구마와 물 1큰술을 넣고 뚜껑을 덮은 다음, 전자레인지에서 강으로 5~7분간 익혀주세요. 젓가락으로 찔렀을 때 쑥 들어가면 다 익은 거예요.

2. 익힌 고구마의 껍질을 벗겨주세요. 냄비에 넣고 고구마를 으깨주세요.

3. 2번에 분유 5g, 물 반 컵(90ml)을 넣고 강불에서 1~2분간 끓입니다. 눌어붙지 않게 바닥까지 저어주세요.

재료(시금치고구마 퓨레)

50g씩
2회분 □ 고구마 100g(중간 것, ½개) □ 시금치 잎 5g(3~4장) □ 분유 5g(2작은술) □ 물 90ml(½컵)

미리 순비하기

★ 전자레인지용 찜기에 깨끗이 씻은 고구마를 물 1큰술과 같이 넣은 다음, 전자레인지에서 강으로 5~7분간 익혀주세요.

★ 시금치는 물을 받아서 담근 후 뿌리부터 살살 흔들어 씻어주세요.

1. 익힌 고구마의 껍질을 벗겨주세요.

2. 시금치를 끓는 물에 20초간 데치고 찬물에 헹굽니다. 체에 받쳐 물기를 제거해주세요.

3. 용기에 시금치, 분유 5g, 물 반 컵 (90ml)을 담고 핸드블렌더로 곱게 갈아주세요.

4. 냄비에 고구마를 넣고 으깨주세요.

5. 4번에 시금치를 간 물을 넣고 강불 에서 1~2분 끓여주세요. 눌어붙지 않게 바닥까지 저어주세요.

알아두기

★ 고구마는 익힌 뒤에 껍질을 벗기는 것이 좋아요. 생고구마의 껍질을 벗기면 바로 갈변하기 때문이지요.

★ 익힌 고구마도 세균 감염에 약한 아기를 위해서 꼭 한 번 더 끓여주세요. 대부분의 식중독균은 75도에서 1분간 가열 하면 사멸됩니다. 돌이 지날 즈음 면역력이 강해지면 한 번 더 끓이는 살균 과정은 생략할 수 있어요.

★ 시금치처럼 질산염이 든 채소는 생후 6개월 전에 먹이면 빈혈을 유발할 수 있으므로 그 후에 먹여주세요.

오방색 요거트

'눈으로 먹는다'라는 말이 있어요. 실제로 음식을 가장 먼저 맛보는 기관은 눈이에요.

시각으로 음식의 모양과 색상을 확인하고 후각을 통해 냄새를 맡은 뒤 미각을 통해 맛을

느끼게 됩니다. 아기도 그렇지 않을까요? 아기에게 새로운 경험을 주고 싶은 특별한 날에는

오방색 요거트를 통해 눈과 입이 즐거운 디저트를 선물해주세요.

45ml씩
2회분 ☐ 무첨가 플레인 요거트 90g(½컵) ☐ 아보카도 10g(엄지손가락 한 마디 크기로 1개) ☐ 물 15ml(1큰술)

🧑‍🍳 미리 준비하기

★ 아보카도는 반을 잘라 씨와 껍질을 제거하고 엄지손가락 한 마디 크기로 깍둑 썰어주세요.

1. 용기에 아보카도와 물 1큰술을 넣고 핸드블렌더로 곱게 갈아주세요.

2. 플레인 요거트를 그릇에 담고 아보카도 간 것을 넣고 잘 섞어주세요.

45ml씩
2회분 ☐ 무첨가 플레인 요거트 90g(½컵) ☐ 비트 10g(삶은 것, 1×1×1cm 2개) ☐ 물 15ml(1큰술)

🧑‍🍳 미리 준비하기

★ 비트는 깨끗하게 씻어 껍질을 벗겨주세요. 1cm 깍둑썬 것 2개 정도 필요합니다. 냄비에 넣고 물을 부어 10~15분간 삶아주세요.

1. 용기에 삶은 비트와 물 1큰술을 넣고 핸드블렌더로 곱게 갈아주세요.

2. 플레인 요거트를 그릇에 담고 비트 간 것을 넣고 잘 섞어주세요.

🍓 알아두기

★ 한의학에서는 청(靑), 적(赤), 황(黃), 백(白), 흑(黑) 다섯 가지 색깔이 우리의 신체 기관과 연결되어 있다고 봅니다. 요즘 유행하는 컬러푸드의 건강법이 우리 선조들의 오색 음식에 이미 있었답니다.

★ 돌전에 생우유, 꿀, 소금은 먹이지 마세요. 그렇지만 생우유를 발효시킨 요거트와 치즈는 돌 전에도 줄 수 있어요.

재료(노란색 단호박 요거트)

45ml씩
2회분 □ 무첨가 플레인 요거트 90g(½컵) □ 단호박 30g(삶은 것, 2큰술)

미리 준비하기

★ 단호박은 깨끗하게 씻어서 전자레인지용 찜기에 물 1큰술과 같이 넣고 전자레인지에서 강으로 10~12분 돌려주
세요. 익힌 단호박을 반 잘라서 씨를 파내고 껍질을 벗겨주세요.

1. 냄비에 익힌 단호박을 담고 으깹니다. 강불에서 1~2분간 끓여주세요.

2. 플레인 요거트를 그릇에 담고 으깬 단호박을 넣고 잘 섞어주세요.

재료(검은색 흑임자 요거트)

45ml씩
2회분 □ 무첨가 플레인 요거트 90g(½컵) □ 검은깨 5g(1작은술)

1. 검은깨를 절구로 아주 곱게 빻아주세요.

2. 플레인 요거트를 그릇에 담고 1번의 빻은 검은깨를 넣고 잘 섞어주세요.

알아두기

★ 6개월부터 요거트를 시도해보세요. 요거트는 제조 과정에서 인위적으로 단맛을 첨가하는 경우가 많기 때문에 꼭 감
미료 무첨가인 플레인으로 선택해주세요. 아기 요거트는 두 돌 전까지는 무첨가 요거트, 두 돌 이후에는 저지방 무첨
가 요거트를 먹이면 좋아요.

★ 요거트는 구입할 때 발효유인지 농후 발효유인지를 살펴보는 것도 필요해요. 발효유인 경우에는 1ml당 유산균 수가
천만 마리, 농후 발효유에는 억만 마리 이상이 포함되어 있답니다. 당연히 유산균 수가 많으면 건강에 더 좋겠죠. 유
산균에 대한 효과를 보려면 요거트를 먹는 시간도 중요해요. 식전보다는 식후에 먹는 것이 유산균의 대장 안착률을
높일 수 있답니다.

중기 이유식

7~8 된죽

	초기 이유식	중기 이유식	후기 이유식	완료기 및 초기 유아식
시기	6개월	7~8개월	9~11개월	12~24개월
먹는 양(한 끼)	50~100g	70~120g	120~150g	120~180g
먹는 횟수	이유식 1~3회	이유식 2~3회 간식 1~2회	이유식 3회 간식 2~3회	이유식 3회 간식 2~3회
이유식의 형태	묽은죽	된죽	무른밥	진밥 → 밥
알갱이의 크기와 굵기	곱게 다짐	곱게 다짐	3mm 정도	5mm 정도
쌀:물(컵)	1:8~10	1:5~7		
밥:물(컵)			1:2	1:0.5
모유(분유)량	700~900ml	500~800ml	500~700ml	400~500ml
붉은 고기량 (하루 기준)	10~20g	10~20g	20~30g	30~50g
달걀, 두부		주 1회	주 2~3회	주 2~3회
채소, 과일		매일	매일	매일

초기 이유식이 음식을 맛보는 시기라면 중기 이유식은 음식의 맛과 영양을 느끼는 시기예요. 중기 이유식에서는 통곡물과 붉은 고기에 관한 정보를 알면 좋아요. 통곡물은 마그네슘, 크롬 등의 미네랄과 식이섬유가 풍부해서 변비가 생긴 아기에게는 과일이나 채소보다는 통곡물이 오히려 효과적일 때가 많답니다. 그래서 중기에서는 30% 통곡물 식단을 소개했어요. 물론 이 비율은 아기의 소화 상태에 따라 50%까지 가감하여 먹이면 됩니다.

또 중기부터는 빈혈 예방과 단백질 보충을 위해 매일 붉은 고기를 먹는 것이 좋아요. 빈혈에 좋은 철분은 시금치나 달걀 같은 재료에도 많이 들어있지만, 체내 흡수율은 고기를 따라갈 수가 없기 때문이랍니다. 소고기는 기름기 없는 돼지고기로 대체 가능해요.

소고기애호박들깨 된죽

오트밀의 통곡물, 소고기의 단백질과 철분, 애호박의 비타민, 들깨의 천연 오메가3가

어우러진 영양 만점 이유식입니다. 그냥 몸에 좋은 재료를 다져서 푹 끓이면 되지 않느냐고요?

그렇게 만든 이유식과 정보를 제대로 알고 만든 이유식은 맛과 영양 면에서 많은 차이가 있어요.

생후 2년까지 무염으로 할 것, 통곡물을 적당량 섞을 것 등의 이유식 요리법은

일반 요리법과는 조금 다르답니다. 그래서 이유식은 '당뇨식'이나 '고혈압식'처럼

의학적 근거를 가지고 만드는 것이 좋아요.

🍳 미리 준비하기

★ 소고기, 애호박, 양파 냉동 큐브가 있다면 1시간 전에 냉장고에서 미리 해동해주
세요. 고기나 생선은 실온에서 해동하면 세균 감염의 위험이 있기 때문에 냉장고
에서 녹여주세요.

재료

120g씩
3회분

☐ 쌀 45g(3큰술) ☐ 퀵오트밀 15g(3큰술, 쌀로 대체 가능) ☐ 소고기 15g(다진 것, 1큰술)

☐ 애호박 10g(다진 것, 2작은술) ☐ 양파 10g(다진 것, 2작은술)

☐ 들깨 2g(½작은술, 생략 가능) ☐ 물 360ml(2컵)

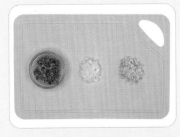

1. 용기에 씻은 쌀과 물 1컵(180ml)을 붓고 30분 이상 불려주세요. 소고기, 애호박, 양파를 잘게 다져주세요.

2. 들깨는 절구에 곱게 빻아주세요.

3. 핸드블렌더로 불린 쌀을 쌀알의 ½ 정도가 될 때까지 3~4초 정도 갈아주세요.

4. 냄비에 간 쌀과 남은 물 1컵(180ml)을 붓고 오트밀, 소고기, 애호박, 양파를 넣어 거품기로 살살 풀어줍니다. 고기를 풀지 않고 익히면 덩어리가 져서 목에 걸릴 수 있어요.

5. 강불로 해서 끓기 시작하면 약불로 줄이고 15~20분간 익힙니다. 눌어붙지 않게 가끔 바닥까지 긁으면서 저어주세요.

6. 쌀이 푹 퍼지고 채소가 물러져 되직하게 되면 들깨를 뿌리고 강불에서 1분 더 끓인 후 불을 꺼주세요.

알아두기

★ 들깨에는 뇌 건강에 좋은 오메가3가 풍부합니다. 다만 들깨는 산패하기 쉬우므로 대용량보다는 소포장된 걸 사서 냉동실에 보관하세요. 알레르기를 강하게 일으키는 식재료 중 하나이므로 초기 이유식 단계에서 테스트를 하지 않았다면 반드시 테스트하고 먹이세요.

소고기콩나물무 된죽

콩나물의 아삭한 식감과 무의 촉촉함이 어우러져 아기도 기분 좋게 한 끼 뚝딱할 수 있어요.
어린 콩나물을 말린 것을 대두황권(大豆黃卷)이라고 하는데, 열을 내리고 마음을 편안하게
해주는 효능이 있어 우황청심원에도 들어간답니다. 콩나물은 싹이 나면서 콩에는 없었던
비타민C가 새롭게 만들어지는데 이 비타민C가 철분 흡수를 도와줍니다.
그래서 철분이 많은 소고기와 비타민C가 있는 콩나물은 찰떡궁합이죠.

🧑‍🍳 미리 준비하기

★ 소고기, 무 냉동 큐브가 있다면 1시간 전에 냉장고에서 미리 해동해주세요.

★ 콩나물을 깨끗하게 씻어주세요.

재료

120g씩
3회분

- ☐ 쌀 45g(3큰술) ☐ 퀵오트밀 15g(3큰술, 쌀로 대체 가능) ☐ 소고기 15g(다진 것, 1큰술)
- ☐ 콩나물 100g(2줌) ☐ 무 15g(다진 것, 1큰술)
- ☐ 참깨 3g(½작은술, 생략 가능) ☐ 물 540ml(3컵)

1. 용기에 씻은 쌀과 물 1컵(180ml)을 붓고 30분 이상 불린 후 체에 받쳐 물기를 제거하세요. 콩나물 채수를 사용하니 불린 물은 버리세요.

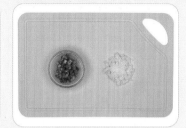

2. 소고기, 무를 잘게 다져주세요.

3. 참깨는 절구에 곱게 빻아주세요.

4. 건더기로 사용할 콩나물 10개는 머리와 뿌리를 똑 따서 제거하고 줄기를 1cm 길이로 짧게 썰어주세요. 채수용 콩나물은 머리와 뿌리를 그대로 놔둬도 됩니다.

5. 냄비에 채수용 콩나물과 물 2컵 (360ml)을 붓고 뚜껑을 덮고 중불에서 5~8분간 끓인 다음 불을 끕니다. 물이 식으면 콩나물만 건져내고 채수는 냄비에 남겨두세요.

6. 용기에 불린 쌀과 콩나물 채수 1컵 (180ml)을 붓고 핸드블렌더로 쌀알의 ½ 정도가 될 때까지 3~4초 정도 갈아주세요.

7. 5번의 냄비에 간 쌀과 오트밀, 소고기, 무, 콩나물을 넣고 거품기로 살살 풀어줍니다. 생략하면 소고기가 익으면서 덩어리질 수 있어요.

8. 강불로 해서 끓기 시작하면 약불로 줄이고 15~20분간 익힙니다. 눌어붙지 않게 가끔 바닥까지 긁으면서 저어주세요.

9. 쌀이 퍼지고 채소가 물러져 되직하게 되면 참깨를 뿌리고 강불에서 1분 더 끓인 후 불을 꺼주세요.

알아두기

★ 콩나물 향과 영양을 가득 담으려면 꼭 콩나물 채수를 사용하세요. 이 요리의 핵심은 콩나물 채수랍니다.

소고기알배추들깨 된죽

알배추 속의 노란 부분은 그냥 먹어도 맛있죠.

어떤 재료를 써야 할지 고민된다면 맨입에 살짝 한번 베어 먹어보세요.

맨입에 먹어도 달콤하고 맛있는 재료는 이유식에 넣어도 역시 맛있답니다.

 미리 준비하기

★ 소고기, 마늘 냉동 큐브가 있다면 1시간 전에 냉장고에서 미리 해동해주세요.

★ 알배추는 흐르는 물에 깨끗하게 씻어주세요. 작은 잎 1장 정도 준비하세요.

재료

120g씩
3회분

□ 쌀 45g(3큰술) □ 퀵오트밀 15g(3큰술, 쌀로 대체 가능) □ 소고기 15g(다진 것, 1큰술)

□ 알배추 15g(다진 것, 2큰술) □ 마늘 3g(½개, 생략 가능)

□ 들깨 2g(½작은술, 생략 가능) □ 물 360ml(2컵)

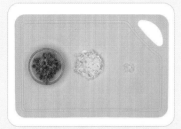

1. 용기에 씻은 쌀과 물 1컵(180ml)을 붓고 30분 이상 불려주세요. 소고기, 마늘 반 개는 잘게 다져주세요. 알배추 줄기는 아기에게는 질기므로 잎사귀만 곱게 다져주세요.

2. 들깨는 절구에 곱게 빻아주세요.

3. 핸드블렌더로 불린 쌀을 쌀알 ½ 정도의 알갱이가 보이도록 3~4초 정도 갈아주세요.

4. 냄비에 간 쌀과 남은 물 1컵(180ml), 오트밀, 소고기, 알배추, 마늘을 넣고 거품기로 소고기를 살살 풀어줍니다.

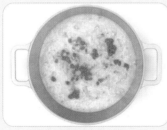

5. 강불로 해서 끓기 시작하면 약불로 줄이고 15~20분간 익힙니다. 눌어붙지 않게 가끔 바닥까지 긁으면서 저어주세요.

6. 들깨를 뿌리고 강불에서 1분 더 끓인 후 불을 꺼주세요.

알아두기

★ 배추는 심이 짧고 속이 빈틈없이 꽉 차 있어야 달고 부드러워요. 반으로 잘라서 파는 배추는 심과 속을 볼 수 있지만, 통배추는 알 수 없으므로 이럴 때는 무 고를 때처럼 들었을 때 묵직한 것을 고르세요.

★ 중기 이유식부터는 향신료의 독특한 향과 맛을 느낄 수 있도록 파, 마늘 등을 조금씩 사용해보세요. 마늘도 처음 사용할 때는 알레르기 반응에 주의해주세요.

소고기브로콜리당근 된죽

소고기에 부족한 비타민을 브로콜리와 당근이 채워줄 수 있어요.
특히 브로콜리에는 레몬의 2배나 되는 비타민C가 들어있어 소고기에
들어있는 철분의 흡수를 도와줍니다. 그래서 이유식에서 소고기와
브로콜리는 세트 메뉴처럼 함께 소개되는 경우가 많답니다.

 미리 준비하기

★ 소고기, 당근 냉동 큐브가 있다면 1시간 전에 냉장고에서 해동해주세요.

★ 브로콜리는 줄기를 나눠 잘라서 식초 물에 10분 정도 담가놓으세요. 그래야 꽃봉오리
   사이사이에 있는 벌레들을 제거할 수 있어요. 그다음 다시 흐르는 물에 깨끗이 씻어주
   세요. 작은 봉오리 2개 정도 준비해주세요.

★ 당근은 베이킹소다를 뿌려서 흐르는 물에 깨끗하게 씻은 뒤, 껍질을 얇게 깎아주세요.

재료			
120g씩 3회분	□ 쌀 45g(3큰술)	□ 퀵오트밀 15g(3큰술, 쌀로 대체 가능)	□ 소고기 15g(다진 것, 1큰술)
	□ 브로콜리 10g(다진 것, 2작은술)	□ 당근 5g(다진 것, 1작은술)	□ 물 360ml(2컵)

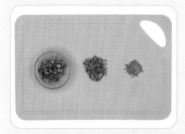

1. 용기에 씻은 쌀과 물 1컵(180ml)을 붓고 30분 이상 불려주세요. 소고기, 당근, 브로콜리 꽃봉오리를 잘게 다져주세요.

2. 핸드블렌더로 불린 쌀을 쌀알의 ½ 정도가 될 때까지 3~4초 정도 갈아주세요.

3. 냄비에 간 쌀과 오트밀, 소고기, 당근, 남은 물 1컵(180ml)을 붓고 거품기로 소고기를 살살 풀어줍니다. 풀지 않고 익히면 덩어리가 져서 목에 걸릴 수 있어요.

4. 강불로 해서 끓기 시작하면 약불로 줄이고 15~18분간 익힙니다. 눌어붙지 않게 가끔 바닥까지 긁으면서 저어주세요.

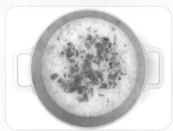

5. 쌀이 퍼지고 당근이 물러지면 브로콜리 다진 것을 뿌려주세요. 2~3분간 끓인 뒤 불을 꺼주세요.

알아두기

★ 브로콜리는 너무 오래 익히면 쓴맛이 날 수 있어요. 브로콜리 요리를 할 때는 미리 물에 담가 두었다가 씻는 것과 오래 익히지 않는 것 두 가지를 기억하세요. 브로콜리는 설익었을 때 단맛이 나면서 식감이 더 부드러워지기 때문에 이유식이 거의 완성될 무렵에 넣어 살짝만 익혀주세요.

★ 당근은 가운데보다 껍질 쪽으로 갈수록 더 맛있고 영양이 풍부합니다. 그래서 껍질을 두껍게 깎아내지 않는 것이 중요해요. 이유식을 할 때는 중앙에 있는 심을 피해서 껍질에 가까운 것만 사용해보세요. 겨우 5g 넣는 당근이지만 작은 것 하나라도 더 맛있고 좋은 것을 먹이고 싶은 것이 엄마의 마음이죠?

소고기미역들깨 된죽

산후조리를 할 때 미역국을 많이 먹었죠? 그런데 아기도 벌써 그 미역을
먹을 수 있다니 참 신기하기만 합니다. 산모가 미역국을 먹는 전통은
고려시대 이전부터 있었다고 해요. 『동의보감』에서의 미역은
'성질이 차고 맛이 짜서 열이 나면서 답답한 것을 없앤다'라고 했어요.
미역이 좋은 식재료인 것은 분명하지만 아기가 먹기에는 부담스러운
바다의 염분이 그대로 들어있답니다. 그러니 아기에게 미역을 줄 때는
염분 제거하는 방법을 철저하게 해야 합니다.

🍳 미리 준비하기

★ 소고기 냉동 큐브가 있다면 1시간 전에 냉장고에서 해동해주세요.
★ 건조 미역 2g을 30분 이상 불립니다. 불린 미역을 흐르는 물에 깨끗하게 씻어서 염분과
  잡내를 제거해주세요. 미역은 찬물에 여러 번 헹구면 헹굴수록 맛있어집니다.

재료

120g씩
3회분

☐ 쌀 45g(3큰술) ☐ 퀵오트밀 15g(3큰술, 쌀로 대체 가능) ☐ 소고기 15g(다진 것, 1큰술)
☐ 불린 미역 10g(다진 것, 2작은술) ☐ 들깨 5g(1작은술) ☐ 물 360ml(2컵)

1. 용기에 씻은 쌀과 물 1컵(180ml)을 붓고 30분 이상 불려주세요. 소고기, 불린 미역을 잘게 다져주세요.

2. 들깨를 절구에 곱게 빻아주세요.

3. 핸드블렌더로 불린 쌀을 쌀알의 ½ 정도가 될 때까지 3~4초 정도 갈아주세요.

4. 냄비에 간 쌀과 오트밀, 소고기, 미역, 남은 물 1컵(180ml)을 붓고 거품기로 소고기를 살살 풀어줍니다. 생략하면 익으면서 소고기가 덩어리져서 목에 걸릴 수가 있어요.

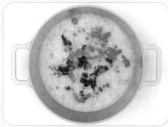

5. 강불로 해서 끓기 시작하면 약불로 줄이고 15~20분간 익힙니다. 눌어붙지 않게 가끔 바닥까지 긁으면서 저어주세요.

6. 쌀이 퍼지고 채소가 푹 물러지면 들깨를 뿌리고 강불에서 1분 더 끓인 후 불을 꺼주세요.

알아두기

★ 들깨를 처음부터 넣고 끓이면 들기름이 다른 재료와 잘 어우러져서 맛이 한결 부드러워지고, 재료가 다 익고 난 뒤에 들깨를 넣으면 향이 살아나요. 자유롭게 선택하세요.

소고기박표고버섯참깨 된죽

추석 즈음은 박이 한창 나올 때지요. 박은 무와 비슷하지만 쫄깃한
식감이 더 살아있어요. 추석 탕국에 무 대신 박을 넣으면 더
맛나잖아요. 박에는 칼슘, 철, 인 등이 고루 함유되어 있어 임산부,
노약자, 어린이를 위해 좋은 식품입니다. 가을이 되면 커다란 '박'
하나 사서 아기와 함께 먹어보는 것도 재미가 쏠쏠해요.

🧑‍🍳 미리 준비하기

★ 소고기, 표고버섯 냉동 큐브가 있다면 1시간 전에 냉장고에서 미리 해동해주세요.
★ 박을 껍질째 깨끗하게 씻고 반 잘라주세요. 폭신한 박의 속을 숟가락으로 파주세요. 그
  다음 하나씩 잡고 껍질을 칼로 수박 껍질 자르듯 제거해주세요. 껍질 바로 아래의 흰 부
  분을 바나나 반 개 정도 크기로 한 덩이만 준비해주세요.
★ 표고버섯은 기둥을 떼어내고 물로 3~4초 정도 씻어주세요. 햇볕을 30분 쬔 뒤 요리하
  면 비타민D가 생겨서 더 좋아요.

재료

120g씩
3회분

- ☐ 쌀 45g(3큰술) ☐ 퀵오트밀 15g(3큰술, 쌀로 대체 가능) ☐ 소고기 15g(다진 것, 1큰술)
- ☐ 박 10g(다진 것, 2작은술, 무로 대체 가능) ☐ 표고버섯 5g(다진 것, 1큰술)
- ☐ 참깨 3g(½작은술, 생략 가능) ☐ 물 360ml(2컵)

1. 용기에 씻은 쌀과 물 1컵(180ml)을 붓고 30분 이상 불려주세요. 소고기, 박, 표고버섯을 잘게 다져주세요.

2. 참깨는 절구에 곱게 빻아주세요.

3. 핸드블렌더로 불린 쌀을 쌀알의 ½ 정도가 될 때까지 3~4초 정도 갈아주세요.

4. 냄비에 간 쌀과 오트밀, 소고기, 박, 표고버섯, 남은 물 1컵(180ml)을 붓고 거품기로 소고기를 살살 풀어줍니다. 생략하면 익으면서 덩어리져서 목에 걸릴 수가 있어요.

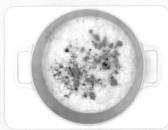

5. 강불로 해서 끓기 시작하면 약불로 줄이고 15~20분간 익힙니다. 눌어붙지 않게 가끔 바닥까지 긁으면서 저어주세요.

6. 쌀이 푹 퍼지고 죽이 되직하게 되면 참깨를 뿌리고 강불에서 1분 더 끓인 후 불을 꺼주세요.

알아두기

★ 호박이나 박같이 껍질이 단단한 식재료는 손질할 때 조심해야 합니다. 겉껍질을 깨끗하게 씻은 후 싱크대 안에서 반 잘라서 속을 파내면 손질하기가 좀 나아요.

★ 남은 박은 무처럼 다져서 냉동 큐브로 얼려서 사용해도 됩니다.

소고기양파김 된죽

김은 갑상샘 호르몬의 재료가 되는 요오드 외에도
비타민, 무기질이 풍부한 대표적인 알칼리성 식품이에요.
더군다나 김의 독특한 향기는 식욕을 증진해주는
효과가 있어 이유식에서는 빠질 수 없는 식재료입니다.

🍳 미리 준비하기

★ 소고기, 양파 냉동 큐브가 있다면 1시간 전에 냉장고에서
  미리 해동해주세요.

재료

120g씩
3회분

□ 쌀 45g(3큰술)　　□ 퀵오트밀 15g(3큰술, 쌀로 대체 가능)　　□ 소고기 15g(다진 것, 1큰술)
□ 양파 15g(다진 것, 1큰술)　　□ 무조미 김가루 2g(두 꼬집)　　□ 물 360ml(2컵)

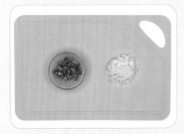

1. 용기에 씻은 쌀과 물 1컵(180ml)을 붓고 30분 이상 불려주세요. 소고기와 양파는 곱게 다져주세요.

2. 핸드블렌더로 불린 쌀을 쌀알의 ½ 정도가 될 때까지 3~4초 정도 갈아주세요.

3. 냄비에 간 쌀과 오트밀, 소고기, 양파, 남은 물 1컵(180ml)을 붓고 거품기로 소고기를 살살 풀어줍니다. 생략하면 익으면서 소고기가 덩어리져서 목에 걸릴 수가 있어요.

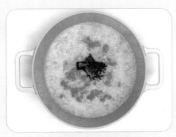

4. 강불로 해서 끓기 시작하면 약불로 줄이고 15~20분간 익힙니다. 눌어붙지 않게 가끔 바닥까지 긁으면서 저어주세요.

5. 쌀이 푹 퍼지고 채소가 물러져 되직하게 되면 김가루를 두 꼬집 뿌리고 불을 꺼주세요.

알아두기

★ 김이 크면 아기 입천장에 달라붙을 수 있으니 김가루는 아주 곱게 만드는 것이 좋아요.

★ 김 같은 해조류에도 알레르기가 있으니 처음 먹일 때는 주의하세요.

소고기두부오이 된죽

소고기와 두부가 듬뿍 들어간 '단백질 폭탄' 이유식이랍니다. 단백질은 근육과 피부, 내장, 머리카락, 치아 등 아기의 몸을 형성하는 중요한 영양소일 뿐만 아니라, 호르몬, 면역항체, 효소의 원료가 되어 몸의 기능을 조절해요. 하지만 탄수화물이나 지방처럼 몸에 저장할 수가 없어요. 한꺼번에 많이 먹어도 오줌으로 다 빠져나가 오히려 아기의 콩팥만 괴롭히게 된답니다. 그래서 매일 소량씩 필요한 만큼 이유식에 넣어주세요. 이럴 때 소고기두부오이 된죽을 먹여보세요!

 미리 준비하기

★ 소고기, 마늘 냉동 큐브가 있다면 1시간 전에 냉장고에서 미리 해동해주세요.
★ 오이는 굵은 소금으로 표면을 문질러주세요. 그다음 흐르는 물에 세척한 뒤 필러로 껍질을 깎아주세요.

재료

120g씩
3회분

☐ 쌀 45g(3큰술)　☐ 퀵오트밀 15g(3큰술, 쌀로 대체 가능)　☐ 소고기 15g(다진 것, 1큰술)

☐ 두부 50g(3x3x3cm, 2개)　☐ 오이 15g(다진 것, 1큰술)　☐ 마늘 3g(½개, 생략 가능)

☐ 참깨 2g(½작은술, 생략 가능)　☐ 물 360ml(2컵)

1. 용기에 씻은 쌀과 물 1컵(180ml)을 붓고 30분 이상 불려주세요. 소고기, 오이, 마늘을 잘게 다져주세요. 두부는 옥수수알 크기로 썰어주세요.

2. 참깨를 절구에 빻아주세요.

3. 핸드블렌더로 불린 쌀을 쌀알의 ½ 정도가 될 때까지 3~4초 정도 갈아주세요.

4. 냄비에 간 쌀과 오트밀, 소고기, 오이, 마늘, 남은 물 1컵(180ml)을 붓고 거품기로 소고기를 살살 풀어줍니다. 생략하면 익으면서 소고기가 덩어리져 목에 걸릴 수가 있어요.

5. 강불로 해서 끓기 시작하면 약불로 줄이고 15~18분간 익힙니다. 눌어붙지 않게 가끔 바닥까지 긁으면서 저어주세요.

6. 두부를 넣고 2~3분간 익혀주세요.

7. 참깨를 뿌리고 강불에서 1분 더 끓인 후 불을 꺼주세요.

알아두기

★ 오이도 데치면 더 맛있는 것 아시나요? 끓는 물에 10초 정도 담갔다 꺼내면 녹색이 선명해지고 풋내가 사라집니다.

★ 마늘을 소량 넣고 푹 익히면 소고기 누린내 제거에 효과적이며 단맛도 생긴답니다.

소고기순두부땅콩 된죽

알레르기만 없다면 땅콩은 피할 이유가 전혀 없어요.

땅콩은 '밭에서 나는 우유'라고 할 만큼 대표적인 고단백·고지방 식품이에요.

80%가 지방이라 땅콩을 먹이면 '아기가 비만이 되지 않을까?'라고 걱정하실 수도 있지만,

지방이라고 다 같은 지방은 아니에요. 땅콩에 있는 좋은 불포화지방산은 피를 깨끗하게

하고, 풍부한 아미노산은 두뇌 활동에 도움을 주기 때문에 먹는 양만 조절하면 괜찮습니다.

아기가 잘 먹는다고 한꺼번에 많이 주면 설사할 수 있으므로 그 부분은 조심하세요.

👨‍🍳 미리 준비하기

★ 소고기 냉동 큐브가 있다면 1시간 전에 냉장고에서 미리 해동해주세요.

★ 땅콩 껍질을 벗겨주세요. 땅콩 알레르기 테스트할 때 사용한 무첨가 땅콩버 터로 대체 가능합니다.

★ 순두부는 봉지째 깨끗이 씻어 그대로 도마에 놓고 10cm 정도 잘라주세요. 으깨거나 자르지 말고 덩어리로 준비하세요.

재료

120g씩
3회분

☐ 쌀 45g(3큰술)　☐ 퀵오트밀 15g(3큰술, 쌀로 대체 가능)　☐ 소고기 15g(다진 것, 1큰술)

☐ 순두부 45g(3큰술)　☐ 볶은 땅콩 10g(볶은 것 10알, 무첨가 땅콩버터 2큰술로 대체 가능)

☐ 물 360ml(2컵)

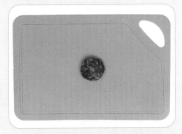

1. 용기에 씻은 쌀과 물 1컵(180ml)을 붓고 30분 이상 불려주세요. 소고기를 잘게 다지고 순두부는 덩어리째 준비해주세요.

2. 볶은 땅콩의 껍질을 벗겨서 절구에 곱게 빻아주세요.

3. 핸드블렌더로 불린 쌀을 쌀알의 ½ 정도가 될 때까지 3~4초 정도 갈아주세요.

4. 냄비에 간 쌀과 오트밀, 소고기, 빻은 땅콩, 남은 물 1컵(180ml)을 붓고 거품기로 소고기를 살살 풀어줍니다. 생략하면 익으면서 소고기가 덩어리집니다.

5. 강불로 해서 끓기 시작하면 약불로 줄이고 15~18분간 익힙니다. 눌어붙지 않게 가끔 바닥까지 긁으면서 저어주세요.

6. 순두부를 넣고 3~4초 정도 으깨고 2~3분간 더 익혀주세요.

알아두기

★ 땅콩 알레르기와 관련해서는 90p의 단호박땅콩버터 퓨레를 참고하세요.

★ 땅콩은 지방이 많아서 공기와 만나면 산패가 일어나기 시작해요. 땅콩은 실온에 두면 눅눅해지거나 냄새가 나며 곰팡이가 쉽게 생기므로 보관 방법이 중요해요. 반드시 밀폐 용기에 넣어서 냉장고가 아닌 냉동실에 보관하세요.

소고기당근감자양파 된죽

소고기, 당근, 감자, 양파가 있으면 카레라이스를 많이 만들죠. 이유식에도 카레
가루를 넣으면 더 맛있겠지만, 생후 2년까지는 시판용 카레는 넣지 않는 것이
좋아요. 팜유, 정제 소금, 조미료, 설탕 등이 많이 포함되어 있기 때문이에요.
카레가루가 없어도 들깨와 마늘을 넣어 충분히 맛을 낼 수 있어요.

🧑‍🍳 미리 준비하기

★ 소고기, 채소 등의 냉동 큐브가 있다면 1시간 전에 냉장고에서 해동해주세요.

★ 당근은 베이킹소다로 깨끗하게 씻은 뒤 껍질을 얇게 깎아주세요.

★ 감자는 깨끗하게 씻어서 눈을 도려내고 껍질을 깎아주세요.

★ 양파는 겉껍질을 벗기고 씻어주세요.

재료

120g씩 3회분

- ☐ 쌀 45g(3큰술)
- ☐ 퀵오트밀 15g(3큰술, 쌀로 대체 가능)
- ☐ 소고기 15g(다진 것, 1큰술)
- ☐ 당근 5g(다진 것, 1작은술)
- ☐ 감자 15g(다진 것, 1큰술)
- ☐ 양파 15g(다진 것, 1큰술)
- ☐ 마늘 3g(½개, 생략 가능)
- ☐ 들깨 5g(1작은술, 생략 가능)
- ☐ 물 360ml(2컵)

1. 용기에 씻은 쌀과 물 1컵(180ml)을 붓고 30분 이상 불려주세요. 소고기, 당근, 감자, 양파, 마늘을 잘게 다져주세요.

2. 들깨를 절구에 곱게 빻아주세요.

3. 핸드블렌더로 불린 쌀을 쌀알의 ½ 정도가 될 때까지 3~4초 정도 갈아주세요.

4. 냄비에 간 쌀과 오트밀, 소고기, 당근, 양파, 감자, 마늘, 남은 물 1컵(180ml)을 붓고 거품기로 소고기를 살살 풀어줍니다. 생략하면 익으면서 덩어리질 수가 있어요.

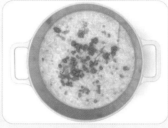

5. 강불로 해서 끓기 시작하면 약불로 줄이고 15~20분간 익힙니다. 눌어붙지 않게 가끔 바닥까지 긁으면서 저어주세요.

6. 쌀이 퍼지고 채소가 푹 물러지면 들깨를 넣고 강불에서 1분 더 끓인 후 불을 꺼주세요.

알아두기

★ 이유식에 사용하는 소고기 같은 육류, 생선을 물로 한번 씻어야 할까요? 전문가마다 의견이 분분하지만 저는 씻지 말고 사용하는 것을 추천해요. 이유식용 고기는 살코기로 구입하기 때문에 뼈 같은 이물질이 거의 없어요. 괜히 위생을 위해 싱크대에서 고기나 생선을 씻다가 물과 함께 세균들이 주변으로 흩날려 싱크대 전체가 세균의 온상이 될 수 있어요. 키친타월로 핏물과 물기를 누르면서 깨끗하게 닦아주는 것으로도 충분합니다.

돼지고기양배추단호박 된죽

양배추는 겉과 속이 달라요. 겉잎에는 비타민A와 철분이, 속잎에는

비타민B와 C 함량이 높아요. 커다란 속잎 두세 장이면 하루에 필요한

비타민C의 절반을 섭취할 수 있답니다.

🧑‍🍳 미리 준비하기

★ 돼지고기, 단호박 냉동 큐브가 있다면 1시간 전에 냉장고에서 미리 해동해주세요.

★ 양배추를 깨끗하게 씻고 심지를 잘라서 속잎 한 장을 준비합니다.

★ 단호박을 전자레인지에서 5~8분 돌려주세요. 다지기 때문에 너무 푹 익히지 마세요.
  속을 파낸 다음, 껍질을 벗겨주세요.

재료

120g씩
3회분

- ☐ 쌀 45g(3큰술) ☐ 퀵오트밀 15g(3큰술, 쌀로 대체 가능) ☐ 돼지고기 15g(1큰술, 소고기로 대체 가능)
- ☐ 양배추 30g(다진 것, 2큰술) ☐ 단호박 15g(다진 것, 1큰술) ☐ 물 360ml(2컵)

1. 용기에 씻은 쌀과 물 1컵(180ml)을 붓고 30분 이상 불려주세요. 돼지고기, 양배추, 단호박을 잘게 다져주세요.

2. 핸드블렌더로 불린 쌀을 쌀알의 ½ 정도가 될 때까지 3~4초 정도 갈아주세요.

3. 냄비에 간 쌀과 오트밀, 돼지고기, 양배추, 단호박, 남은 물 1컵(180ml)을 붓고 거품기로 돼지고기를 살살 풀어줍니다. 생략하면 익으면서 덩어리져서 목에 걸릴 수가 있어요.

4. 강불로 해서 끓기 시작하면 약불로 줄이고 15~20분간 익힙니다. 눌어붙지 않게 가끔 바닥까지 긁으면서 저어주세요. 쌀이 퍼지고 채소가 푹 물러지면 불을 끕니다.

알아두기

★ 양배추의 겉잎은 단단하며 녹색이라서 음식을 만들면 색이 예뻐요. 한편 속잎은 흰색이며 매우 부드러워 목 넘김이 좋아요. 다만 이유식에는 부드러운 속잎을 쓰는 것이 좋겠죠?

★ 이유식에 넣을 양배추나 단호박을 다질 때는 요령이 필요해요. 막연히 잘게 칼로 다지는 것보다 채칼이나 필러(양배추인 경우)로 한 번 채를 낸 뒤 다시 직각 방향으로 원하는 크기만큼 칼로 써는 것이 훨씬 빨리 익혀집니다.

돼지고기가지참깨 된죽

보라색 음식은 눈에 좋아요. 안토시아닌 색소 덕분이에요.

안토시아닌은 망막에 있는 로돕신의 재합성을 도와 시력을 보호해줍니다.

블루베리가 눈 건강으로 유명한 것도 바로 이 성분 때문이랍니다.

가지의 보라색 껍질에는 블루베리보다 많은 안토시아닌이 있다고 하니,

아기들의 눈을 지켜주는 고마운 식재료예요.

 미리 준비하기

★ 돼지고기, 마늘 냉동 큐브가 있다면 1시간 전에 냉장고에서 해동해주세요.

★ 가지를 깨끗하게 씻고 1/3조각을 물에 3분 정도 담가주세요. 가지 특유의 떫은맛을 우려내면 먹기가 훨씬 편해집니다.

재료

120g씩
3회분

☐ 쌀 45g(3큰술) ☐ 퀵오트밀 15g(3큰술, 쌀로 대체 가능) ☐ 돼지고기 15g(1큰술, 소고기로 대체 가능)
☐ 가지 15g(간 것, 1큰술) ☐ 마늘 3g(½개) ☐ 참깨 2g(½작은술) ☐ 물 360ml(2컵)

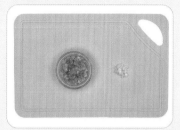

1. 용기에 씻은 쌀과 물 1컵(180ml)을 붓고 30분 이상 불려주세요. 돼지고기, 마늘을 잘게 다져주세요.

2. 참깨를 절구에 곱게 빻아주세요.

3. 가지는 껍질째 강판에 갈아주세요.

4. 핸드블렌더로 불린 쌀을 쌀알의 ½ 정도가 되도록 3~4초 정도 갈아주세요.

5. 냄비에 간 쌀과 오트밀, 돼지고기, 가지, 마늘, 남은 물 1컵(180ml)을 붓고 거품기로 돼지고기를 살살 풀어줍니다. 풀지 않으면 덩어리져서 목에 걸릴 수도 있어요.

6. 강불로 해서 끓기 시작하면 약불로 줄이고 15~20분간 익힙니다. 눌어붙지 않게 가끔 바닥까지 긁으면서 저어주세요.

7. 쌀이 퍼지고 채소가 푹 물러지면 참깨를 뿌리고 1분간 더 익히고 불을 끕니다.

알아두기

★ 가지 껍질에는 모세혈관을 튼튼하게 하고 항균 작용을 하는 '비타민P'가 많답니다. 그래서 껍질째 먹는 것이 좋아요. 하지만 아직은 가지의 단단한 껍질이 아기에게 부담이 될 수 있으므로 껍질째 강판에 갈아주세요.

★ 가지는 탱탱하고 꼭지 부분의 가시가 날카로우며 묵직하면서 껍질에서 윤이 나는 중간 크기인 것이 맛이 좋아요.

★ 가지는 자른 채로 그냥 두면 단면이 검게 변하므로, 자른 뒤에 바로 물에 담가 변색도 막고 떫은맛도 제거해주세요.

돼지고기현미들깨 된죽

쌀은 도정 정도에 따라 현미, 7분도미, 5분도미, 백미로 나눌 수 있어요.
현미는 쌀의 겉껍질만 벗기고 속껍질을 벗기지 않은 것이고,
백미는 모든 껍질층을 다 제거한 쌀이에요. 5분도미는 현미와 백미의 딱 절반만
도정한 상태를 말해요. 현미 같은 통곡물은 변비 예방에도 효과적이고
장내 미생물의 유익균 증식에도 많은 도움을 주기 때문에 중기 이유식에는
30~50% 정도의 통곡물을 섞어주는 것을 추천해요.

🧑‍🍳 미리 준비하기

 돼지고기, 쪽파 냉동 큐브가 있다면 1시간 전에 냉장고에서 해동해주세요.

⭐ 현미는 8시간 이상을 불린 후 체에 밭쳐 물기를 제거합니다. 현미밥 30g(2큰 술)으로 대체 가능합니다.

⭐ 쪽파는 두 가닥을 손가락으로 비비면서 깨끗이 씻어주세요.

재료

120g씩
3회분

☐ 쌀 45g(3큰술)　☐ 현미 15g(1큰술, 쌀로 대체 가능)　☐ 물 360ml(2컵)

☐ 돼지고기 15g(다진 것, 1큰술, 소고기로 대체 가능)　☐ 쪽파 3g(다진 것, 1작은술)　☐ 들깨 5g(1작은술)

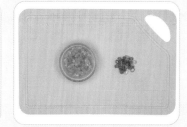

1. 쌀과 현미를 깨끗하게 씻은 다음 용기에 쌀과 현미, 물 1컵(180ml)을 붓고 30분 이상 불려주세요.

2. 돼지고기, 쪽파를 잘게 다져주세요.

3. 들깨는 절구에 곱게 빻아주세요.

4. 핸드블렌더로 불린 쌀과 현미를 쌀알 ⅓ 정도의 알갱이가 보이도록 5~6초 정도 갈아주세요. 현미가 들어가기 때문에 조금 더 곱게 갈아주면 요리 시간이 단축됩니다.

5. 냄비에 간 쌀과 현미, 돼지고기, 남은 물 1컵(180ml)을 붓고 거품기로 살살 풀어줍니다. 생략하면 익으면서 돼지고기가 덩어리질 수 있어요.

6. 강불로 해서 끓기 시작하면 약불로 줄이고 15~20분간 익힙니다. 눌어붙지 않게 가끔 바닥까지 긁으면서 저어주세요.

7. 현미가 푹 퍼지면 들깨와 쪽파를 넣고 1~2분 익힌 후 불을 꺼주세요.

알아두기

★ 중기 이유식부터는 마늘, 파를 사용할 수 있어요. 다만 대파의 섬유질이 아기한테는 질길 수 있기 때문에 쪽파를 다져서 사용하면 좋아요.

★ 이 책에서는 초기와 중기는 오트밀, 후기와 완료기는 현미를 사용한 통곡물 이유식을 소개하고 있어요. 하지만 이 레시피처럼 중기에서도 현미를 사용한 통곡물 이유식을 만들 수 있답니다.

★ 이유식에 100% 통곡물은 좋지 않아요. 돌까지는 50%, 두 돌까지는 60~70% 비율을 권장하고 있어요.

돼지고기양송이청경채 된죽

청경채는 중국 배추의 일종으로 브로콜리, 양배추 같은 십자화과 채소예요.

십자화과 채소는 꽃잎 네 개가 열 십(十)자 모양을 하는 식물을 말하는데 설포라판 같은 강력한

항산화물질이 많이 들어있어요. 이유식에 쓰는 청경채는 물이 많고 아삭거리는 줄기보다는

잎을 다져서 사용하는 것이 좋아요. 청경채에는 돼지고기에 부족한 칼슘과 각종 비타민,

미네랄이 풍부해서 돼지고기와 아주 잘 어울린답니다.

🧑‍🍳 미리 준비하기

★ 돼지고기 냉동 큐브가 있다면 1시간 전에 냉장고에서 미리 해동해주세요.

★ 청경채는 깨끗하게 씻어서 잎만 3장 준비합니다.

재료

120g씩
3회분

- ☐ 쌀 45g(3큰술) ☐ 퀵오트밀 15g(3큰술, 쌀로 대체 가능) ☐ 돼지고기 15g(1큰술, 소고기로 대체 가능)
- ☐ 양송이버섯 15g(다진 것, 1큰술) ☐ 청경채 10g(다진 것, 2작은술) ☐ 물 360ml(2컵)

1. 양송이버섯은 살짝만 씻은 다음 기둥을 밀면 톡 하고 부러집니다. 갓에 있는 껍질을 벗겨주세요. 갓의 아래에서 위쪽으로 얇은 막같이 생긴 껍질을 손으로 벗기면 속살이 나옵니다.

2. 용기에 씻은 쌀과 물 1컵(180ml)을 붓고 30분 이상 불려주세요. 돼지고기, 양송이버섯, 청경채를 잘게 다져주세요.

3. 핸드블렌더로 불린 쌀을 쌀알의 ½ 정도가 될 때까지 3~4초 정도 갈아주세요.

4. 냄비에 간 쌀과 오트밀, 돼지고기, 양송이버섯, 청경채, 남은 물 1컵(180ml)을 붓고 거품기로 살살 풀어줍니다. 생략하면 돼지고기가 덩어리져서 목에 걸릴 수 있어요.

5. 강불로 해서 끓기 시작하면 약불로 줄이고 15~20분간 익힙니다. 눌어붙지 않게 가끔 바닥까지 긁으면서 저어주세요. 쌀이 퍼지고 채소가 푹 물러지면 불을 끕니다.

알아두기

★ 양송이버섯에서 떼어낸 기둥은 버리지 말고 찌개나 국에 넣으세요. 기둥이 갓보다 더 쫄깃하고 맛있지만, 아기들에게는 질길 수 있어서 이유식에는 부드러운 갓 부분만 씁니다. 표고버섯과는 다르게 양송이버섯은 냉동했다가 해동하면 물이 나오고 특유의 향도 사라져서 그때그때 신선한 것을 사용하는 것을 권해요.

추천 메뉴

15

돼지고기두부부추 된죽

『본초강목』에는 부추를 '한 번 심으면 영구히 생장하므로 구(韭)라고

한다'라고 했어요. 실제로 한번 심으면 잘라내도 다음 해 봄이 되면

다시 싹이 올라옵니다. 부추에는 항균 작용을 하는 알리신이 풍부해

식중독에 의한 장염 증상이 있을 때도 효과적이에요.

부추의 매운맛은 몸을 따뜻하게 하는 효능이 있어 막힌 곳을

뚫어주고 소화 기능을 촉진하며, 혈액순환을 잘되게 한답니다.

따뜻한 성질의 채소이기 때문에 소고기보다는 차가운 성질의

돼지고기하고 더 어울려요.

🧑‍🍳 미리 준비하기

★ 돼지고기 냉동 큐브가 있다면 1시간 전에 냉장고에서 미리 해동해주세요.
★ 부추는 5~7가닥 준비해 뿌리를 살살 문지르면서 씻어주세요.

재료

120g씩
3회분

☐ 쌀 45g(3큰술)　　☐ 퀵오트밀 15g(3큰술, 쌀로 대체 가능)　　☐ 돼지고기 15g(다진 것, 1큰술)

☐ 두부 100g(3×3×3cm, 4개)　　☐ 부추 15g(다진 것, 1큰술)　　☐ 참깨 2g(½작은술)　　☐ 물 360ml(2컵)

1. 용기에 씻은 쌀과 물 1컵(180ml)을 붓고 30분 이상 불려주세요. 돼지고기, 부추를 잘게 다져주세요. 두부는 옥수수알과 비슷한 크기로 썰어주세요.

2. 참깨를 절구에 곱게 빻아주세요.

3. 핸드블렌더로 불린 쌀을 쌀알 반 정도의 알갱이가 보이도록 3~4초 정도 갈아주세요.

4. 냄비에 간 쌀과 오트밀, 돼지고기, 부추, 남은 물 1컵(180ml)을 붓고 거품기로 돼지고기를 살살 풀어줍니다. 생략하면 익으면서 덩어리져 목에 걸릴 수가 있어요.

5. 강불로 해서 끓기 시작하면 약불로 줄이고 15~18분간 익힙니다. 눌어붙지 않게 가끔 바닥까지 긁으면서 저어주세요.

6. 두부를 넣고 2~3분간 더 익혀주세요.

7. 쌀이 퍼지고 두부가 잘 어우러지면 참깨를 뿌리고 강불에서 1분 더 끓인 후 불을 꺼주세요.

알아두기

★ 우리가 흔히 먹는 부추는 개량종으로 황화아릴이 적어 매운맛이 약하고, 영양부추라고 불리는 가느다란 실부추는 황화아릴이 많아서 매운맛이 강합니다. 매운맛이 강할수록 약효도 강하기 때문에 어른은 실부추, 아기는 일반 부추를 사용하세요.

닭고기누룽지마늘 된죽

누룽지가 주는 구수한 맛을 아기도 느낄 수 있을까요?

이번에는 누룽지로 이유식을 만들어봐요. 우리 선조들은 누룽지도

약으로 썼어요. 『동의보감』에는 누룽지를 취건반(炊乾飯)이라 하여

체하거나 음식을 삼키지 못하는 병의 치료제로 사용했답니다.

누룽지를 직접 만들면 좋겠지만 그러지 않고 좋은 쌀로 만든 시판용

누룽지를 사용해도 괜찮습니다.

 미리 준비하기

★ 닭고기, 표고버섯, 마늘 냉동 큐브가 있다면 1시간 전에 냉장고에서 미리
해동해주세요.

★ 표고버섯은 흐르는 물에 살짝만 씻어서 기둥을 제거해주세요. 햇볕을 30
분 정도 쬐면 더 좋아요.

★ 이 레시피에는 누룽지를 넣기 때문에 재료에서 쌀은 뺐습니다.

재료

120g씩
3회분

☐ 누룽지 100g(빻은 것, ⅔컵) ☐ 퀵오트밀 15g(3큰술, 쌀로 대체 가능) ☐ 닭고기 15g(다진 것, 1큰술)
☐ 마늘 3g(½개) ☐ 표고버섯 5g(다진 것, 1작은술) ☐ 들깨 2g(½작은술, 생략 가능) ☐ 물 360ml(2컵)

1. 닭고기, 표고버섯, 마늘 반 개를 잘 게 다져주세요.

2. 누룽지를 옥수수알 크기 정도로 굵 게 빻아주세요. 너무 곱게 빻으면 나중에 풀처럼 퍼져서 맛이 없어요.

3. 들깨를 절구에 곱게 빻아주세요.

4. 냄비에 누룽지, 오트밀, 닭고기, 표 고버섯, 마늘, 물 2컵(360ml)을 붓 고 거품기로 닭고기를 살살 풀어줍 니다.

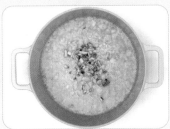

5. 강불로 해서 끓기 시작하면 약불로 줄이고 15~20분간 익힙니다. 눌어 붙지 않게 가끔 바닥까지 긁으면서 저어주세요.

6. 누룽지가 퍼지면 들깨를 뿌리고 불 을 끄고 강불로 1분 더 끓인 후 불 을 꺼주세요.

알아두기

★ 이유식은 식감과의 싸움이에요. 누룽지를 너무 곱게 빻으면 미음처럼 되어 구수한 맛을 제대로 느끼기 힘들고 어른 처럼 덩어리째 익히면 목에 걸릴 수 있답니다. 부드러운 덩어리로 씹을 수 있는 질감이면 아기는 더 구수하게 누룽지 를 즐길 수 있어요. 씹는 과정인 턱관절 운동은 뇌를 자극해서 집중력과 기억력 향상에도 도움을 줄 수 있어요.

닭고기구기자대추 된죽

초복에는 아기에게도 삼계탕을 만들어주고 싶은 부모님들이 많죠.

삼계탕에 들어가는 황기나 인삼은 아기에게 너무 강해서 구기자와 대추로 대체했어요.

말린 구기자는 요즘 마트에서도 쉽게 구할 수 있으니 꼭 한번 해보세요. 여름철 아기 보양식으로 그만이랍니다.

진시황이 불로장생을 위해 즐겼다는 구기자도 주의할 점은 있어요.

구기자의 차가운 성질 때문에 설사를 하거나 소화 기능이 떨어진 아기에게는 연하게 달여서 먹여주세요.

🍲 미리 준비하기

★ 닭고기, 양파, 당근 냉동 큐브가 있다면 1시간 전에 냉장고에서 미리 해동해주세요.

★ 구기자와 대추를 잘 씻고, 대추는 반을 갈라서 씨를 제거해주세요.

★ 당근은 흐르는 물에 깨끗하게 씻은 뒤, 껍질을 얇게 깎아주세요.

재료

120g씩
3회분

- ☐ 쌀 45g(3큰술)
- ☐ 퀵오트밀 15g(3큰술, 쌀로 대체 가능)
- ☐ 닭고기 15g(다진 것, 1큰술)
- ☐ 양파 10g(다진 것, 2작은술)
- ☐ 당근 5g(다진 것, 1작은술)
- ☐ 구기자 20g(30알)
- ☐ 대추 5g(2개)
- ☐ 물 450ml(2½컵)

1. 냄비에 구기자와 대추를 넣고 물 2컵 반(450ml)을 부어주세요. 강불로 해서 끓으면 약불에서 10분간 더 끓이고 불을 꺼주세요. 10분 뒤에 대추와 구기자를 건져주세요.

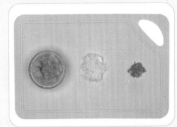

2. 쌀을 깨끗하게 씻은 다음 구기자와 대추 육수가 담긴 냄비에 넣어서 30분 이상 불려주세요. 닭고기, 양파, 당근을 잘게 다져주세요.

3. 2번의 쌀을 핸드블렌더로 쌀알의 ½ 정도가 될 때까지 3~4초 정도 갈아주세요.

4. 3번에 오트밀, 닭고기, 양파, 당근을 넣고 거품기로 닭고기를 살살 풀어줍니다. 생략하면 익으면서 닭고기가 뭉칠 수 있어요.

5. 강불로 해서 끓기 시작하면 약불로 줄이고 15~20분간 익힙니다. 눌어붙지 않게 가끔씩 바닥까지 긁으면서 저어주세요.

알아두기

★ '삼계탕에 있는 대추는 먹지 마라'라는 말은 맞지 않아요. 닭의 나쁜 성분을 대추가 흡수하여 나쁜 성분만 대추에 남아있다는 속설은 한의학적으로도 전혀 근거가 없는 말이에요. 오히려 대추에는 닭고기에 없는 각종 무기질과 비타민이 풍부해서 함께 먹는 것이 건강에 더 좋아요.

닭고기새우청경채 된죽

시원한 닭 육수에 쫄깃한 새우만두와 데친 청경채를 통째로 얹어 먹는 것이 중국식 새우완탕면이죠? 그 새우완탕면에 들어가는 닭고기, 새우, 청경채를 이유식에 넣었어요. 닭고기와 새우에서 비린내가 날 수 있으니 참기름을 한 방울만 살짝 올리는 것, 잊지 마세요!
새우, 게 등의 갑각류는 알레르기가 많은 식품이므로
처음 먹일 때는 주의 깊게 살펴보세요.

🧑‍🍳 미리 준비하기

★ 닭고기, 새우, 마늘 등의 냉동 큐브가 있다면 1시간 전에 냉장고에서 미리 해동해주세요.
★ 껍질을 깐 냉동 새우라면 깨끗이 씻어서 체에 밭쳐 물기를 제거합니다. 중간 크기 1개 정도 준비해주세요.
★ 청경채는 깨끗이 씻어 잎만 3장 준비해주세요.

재료

120g씩
3회분

☐ 쌀 45g(3큰술)   ☐ 퀵오트밀 15g(3큰술, 쌀로 대체 가능)   ☐ 닭고기 15g(다진 것, 1큰술)

☐ 새우 10g(다진 것, 2작은술)   ☐ 청경채 잎 10g(다진 것, 2작은술)   ☐ 마늘 3g(½개)

☐ 참기름 3g(½작은술)   ☐ 물 360ml(2컵)

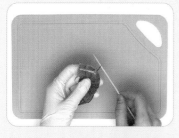

1. 새우는 나무꼬치로 등쪽에 있는 내장을 제거해주세요. 새우를 구부린 다음 꼬리에서 2~3번째 마디의 등에 이쑤시개를 넣고 빼면 쉽게 빠집니다. 머리는 떼고, 껍질은 붙인 채 흐르는 물에 씻어주세요.

2. 끓는 물에 새우를 넣고 4~5분간 삶아 건진 뒤 그대로 식힙니다. 식을 때 껍질에서 살로 감칠맛이 옮겨가기 때문에 완전히 식고 나면 껍질을 떼어주세요.

3. 용기에 씻은 쌀과 물 1컵(180ml)을 붓고 30분 이상 불려주세요. 닭고기, 새우, 청경채, 마늘을 곱게 다져주세요.

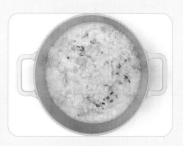

4. 핸드블렌더로 불린 쌀을 쌀알의 ½ 정도가 될 때까지 3~4초 정도 갈아주세요.

5. 냄비에 간 쌀과 오트밀, 닭고기, 새우, 청경채, 마늘, 참기름, 남은 물 1컵(180ml)을 붓고 거품기로 닭고기를 살살 풀어줍니다. 생략하면 닭고기가 덩어리질 수 있어요.

6. 강불로 해서 끓기 시작하면 약불로 줄이고 15~20분간 익힙니다. 눌어붙지 않게 가끔 바닥까지 긁으면서 저어주세요.

알아두기

★ 껍질이 없는 냉동 새우는 따로 삶지 말고 바로 다져서 닭고기와 함께 냄비에 넣으세요.

★ 손질하기 쉽다고 새우살만 사서 이유식을 만들면 진짜 새우의 깊은 맛은 쏙 빼놓는 거랍니다. 몇 번만 해보면 익숙해지니 꼭 한번 해보세요.

★ 참기름의 향을 느끼려면 항상 요리의 마지막에 넣어야 하지만 이유식에는 처음부터 넣어주세요. 마지막에 넣어서 재료와 어우러지지 못하면 사레들 수 있어요.

닭고기녹두 된죽

복날에 먹는 녹두삼계탕은 구수한 맛이 일품입니다.

닭고기 이유식에 녹두를 한번 넣어보세요.

녹두는 한의학에서 100가지 독을 풀어주는 명약이라 할 정도로

몸 안의 독성을 배출시키고 열을 내리는 데 탁월해요.

한방에서 녹두를 약으로 쓸 때는 반드시 껍질이 붙은 채로 써야 해요.

하지만 아기들은 녹두 껍질 때문에 설사를 할 수 있으므로

이유식을 만들 때는 껍질을 깐 녹두를 쓰는 것이 좋아요.

 미리 준비하기

★ 닭고기, 마늘 냉동 큐브가 있다면 1시간 전에 냉장고에서 미리 해동해주세요.

★ 껍질 깐 녹두를 씻어서 3시간 이상 불려주세요. 체에 밭쳐 물기를 빼주세요.

재료

100g씩
4회분

- ☐ 찹쌀 45g(3큰술, 멥쌀로 대체 가능) ☐ 깐 녹두 15g(1큰술) ☐ 닭고기 15g(다진 것, 1큰술)
- ☐ 마늘 2g(½개) ☐ 물 450ml(2½컵)

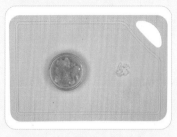

1. 용기에 씻은 찹쌀과 물 1컵 반(270ml)을 붓고 30분 이상 불려주세요. 닭고기, 마늘을 잘게 다져주세요.

2. 찹쌀을 담은 용기에 물기를 뺀 녹두를 넣어주세요.

3. 핸드블렌더로 불린 녹두와 찹쌀을 쌀알의 ½ 정도가 될 때까지 3~4초 정도 갈아주세요.

4. 냄비에 간 찹쌀과 녹두, 닭고기, 마늘, 남은 물 1컵(180ml)을 붓고 거품기로 닭고기를 살살 풀어줍니다. 생략하면 익으면서 닭고기가 덩어리져요.

5. 강불로 해서 끓기 시작하면 약불로 줄이고 20~25분간 익힙니다. 녹두 때문에 조금 더 오래 끓여야 해요. 눌어붙지 않게 가끔 바닥까지 긁으면서 저어주세요.

6. 찹쌀과 녹두가 푹 퍼지면 불을 끕니다.

알아두기

★ 껍질을 까지 않은 녹두를 사용할 때는 전날 불려서 손으로 비벼 껍질을 제거해주세요.

★ 콩이 발아하면 콩나물이 되고, 녹두가 발아하면 숙주나물이 됩니다. 콩과 녹두의 영양성분은 그대로 가지면서 싹을 틔우는 과정에서 비타민C와 같은 영양소가 더 생긴답니다.

닭고기비트감자 된죽

닭고기와 감자는 잘 어울려요. 그래서 포슬포슬한 감자와 부드러운 닭고기를 함께 넣어 조림이나

탕을 만들잖아요. 닭고기와 감자만 넣어도 맛있지만 비트를 아주 약간만 넣어보세요.

먹는 재미에 보는 재미를 더해서 먹는 즐거움이 배가 된답니다.

이렇게 평소에 먹던 평범한 이유식에 가끔은 색깔을 입혀보세요.

아기는 색깔만으로도 다른 맛을 느낀답니다.

미리 준비하기

★ 닭고기 냉동 큐브가 있다면 1시간 전에 냉장고에서 미리 해동해주세요.

★ 비트는 깨끗하게 씻어 흙을 제거한 뒤 껍질을 벗겨주세요. 큼직하게 썬 다음
잠길 만큼 물을 붓고 삶아주세요.

★ 감자도 깨끗하게 씻어 껍질을 벗겨주세요. 눈과 싹이 있으면 도려내세요.

재료

120g씩
3회분

☐ 쌀 45g(3큰술) ☐ 퀵오트밀 15g(3큰술, 쌀로 대체 가능) ☐ 닭고기 15g(다진 것, 1큰술)
☐ 비트 15g(삶아 다진 것, 1큰술) ☐ 감자 15g(다진 것, 1큰술) ☐ 물 360ml(2컵)

1. 용기에 씻은 쌀과 물 1컵(180ml)을 붓고 30분 이상 불려주세요. 닭고기, 감자, 삶은 비트를 잘게 다져주세요.

2. 핸드블렌더로 불린 쌀을 쌀알 ½ 정도의 알갱이가 보이도록 3~4초 정도 갈아주세요.

3. 냄비에 간 쌀과 오트밀, 닭고기, 감자, 비트, 남은 물 1컵(180ml)을 붓고 거품기로 닭고기를 살살 풀어줍니다. 생략하면 익으면서 닭고기가 덩어리져서 목에 걸릴 수 있어요.

4. 강불로 해서 끓기 시작하면 약불로 줄이고 15~20분간 익힙니다. 눌어붙지 않게 가끔 바닥까지 긁으면서 저어주세요.

5. 쌀이 퍼지고 감자가 푹 물러지면 불을 끕니다.

알아두기

★ 감자에는 사과의 2배나 되는 비타민C가 들어있어요. 비타민C는 보통 열에 파괴되지만, 감자에 들어있는 비타민C는 전분으로 둘러쌓여 있어 가열해도 잘 파괴되지 않아요.

★ 닭고기의 단백질은 섬유질이 가늘어 소고기나 돼지고기보다 소화와 흡수가 더 잘 됩니다. 닭은 부위마다 영양성분과 식감이 다르기 때문에는 이유식에는 지방이 없고 부드러운 닭 안심을 추천해요. 단, 닭 안심의 하얀색 힘줄을 제거해야 해요.

닭고기완두콩 된죽

콩을 싫어하는 사람도 완두콩만큼은 좋아할 정도로 거부감이
없는 것이 완두예요. 한방에서는 완두를 '잠두(蠶豆)'라고 부
르는데 위를 시원하게 하고 기를 고르게 하는 효과가 있어요.
완두의 단백질과 칼슘은 아기 몸을 튼튼하게 하고, 오메가3는
기억력과 집중력 등에 도움을 주니, 이유식에 빼놓을 수 없는
식재료랍니다.

 미리 준비하기

★ 완두콩을 흐르는 물에 깨끗이 씻어주세요.
★ 닭고기 냉동 큐브가 있다면 1시간 전에 냉장고에서 미리 해동해주세요.

재료

120g씩
3회분

☐ 쌀 45g(3큰술)　☐ 퀵오트밀 15g(3큰술, 쌀로 대체 가능)　☐ 닭고기 15g(다진 것, 1큰술)
☐ 완두콩 15g(삶아 빻은 것, 1큰술)　☐ 물 360ml(2컵)

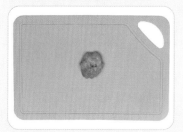

1. 용기에 씻은 쌀과 물 1컵(180ml)을 붓고 30분 이상 불려주세요. 닭고기를 잘게 다져주세요.

2. 냄비에 완두콩이 잠길 정도의 물을 붓고 중불에서 15~20분 정도 삶아주세요. 한 김 식혀 손으로 비벼서 껍질을 벗겨주세요.

3. 삶은 완두콩을 절구에 빻아주세요.

4. 핸드블렌더로 불린 쌀을 쌀알 ½ 정도의 알갱이가 보이도록 3~4초 정도 갈아주세요.

5. 냄비에 간 쌀과 오트밀, 닭고기, 완두콩, 남은 물 1컵(180ml)을 붓고 거품기로 닭고기와 완두콩을 살살 풀어줍니다. 생략하면 익으면서 재료가 덩어리져요.

6. 강불로 해서 끓기 시작하면 약불로 줄이고 15~20분간 익힙니다. 눌어붙지 않게 가끔 바닥까지 긁으면서 저어주세요.

7. 쌀이 푹 퍼지면 불을 끕니다.

★ 완두콩은 너무 오래 삶으면 색깔이 탁해지고 비타민 파괴가 많아져 고소한 맛이 사라질 수 있으니 삶는 시간을 지켜주세요. 완두콩이 차가우면 으깨기 힘드니 식기 전에 절구에 빻아주세요. 건조 완두콩을 사용할 때는 냉장고에서 8시간 이상 불려주세요.

★ 완두콩은 찬물 샤워 금지! 푸른 색깔이 나는 채소는 데치고 난 뒤 보통 찬물에 빨리 헹구지만, 완두콩은 찬물에 헹구면 쪼글쪼글해져요.

닭고기보리참깨 된죽

『동의보감』에서는 보리를 '오곡지장(五穀之長)'이라고 했어요.

오곡을 의미하는 쌀, 보리, 콩, 조, 기장 가운데 으뜸이라는 뜻이에요.

실제로 보리에는 비타민B, 칼슘, 칼륨, 철분 등의 성분이 풍부하고,

밀의 5배, 백미의 20배에 해당하는 식이섬유가 있어 변비 예방에도 좋아요.

혈당지수도 50으로 낮아서 혈당의 스파이크(빠르게 오르내리는 것)를

막아 아기가 차분한 성격으로 자랄 수 있게 도와줄 수 있답니다.

🍳 미리 준비하기

★ 닭고기 냉동 큐브가 있다면 1시간 전에 냉장고에서 미리 해동해주세요.

재료

120g씩
3회분

☐ 쌀 45g(3큰술)　☐ 보리 15g(1큰술, 쌀로 대체 가능)　☐ 닭고기 15g(다진 것, 1큰술)

☐ 참깨 2g(½작은술)　☐ 물 360ml(2컵)　☐ 마늘 3g(½개)

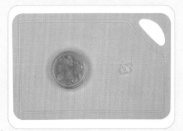

1. 쌀과 보리를 깨끗하게 씻은 다음 용기에 쌀과 보리, 물 1컵(180ml)을 붓고 30분 이상 불려주세요. 닭고기, 마늘을 잘게 다져주세요.

2. 참깨를 절구에 곱게 빻아주세요.

3. 핸드블렌더로 불린 쌀과 보리를 쌀알 ⅓ 정도의 알갱이가 보이도록 5~6초 갈아주세요. 보리가 들어가서 조금 더 곱게 가는 게 좋아요.

4. 냄비에 간 쌀과 보리, 닭고기, 마늘, 남은 물 1컵(180ml)을 붓고 거품기로 닭고기를 살살 풀어줍니다. 생략하면 익으면서 닭고기가 덩어리져서 목에 걸릴 수가 있어요.

5. 강불로 해서 끓기 시작하면 약불로 줄이고 15~20분간 익힙니다. 눌어붙지 않게 가끔 바닥까지 긁으면서 저어주세요.

6. 쌀이 퍼지고 채소가 푹 물러지면 참깨를 뿌리고 강불에서 1분 더 끓인 후 불을 꺼주세요.

알아두기

★ 보리 이삭을 발아시킨 뒤 햇볕에 말린 맥아는 소화를 도와주는 한약재입니다. 식혜를 만들 때 쓰이는 엿기름은 이 맥아를 볶지 않고 분쇄한 것이에요. 식사 후에 식혜를 마시면 소화가 잘 되는 것도 식혜에 들어있는 맥아 때문이랍니다.

23

브로콜리치킨오트밀 수프

아플 때는 소화가 잘 되는 수프가 좋죠. 하지만 수프를
제대로 만들려면 버터에 밀가루를 볶은 루를 사용해야
해요. 그래야 걸쭉하고 구수해지거든요. 밀가루와
버터 대신 오트밀을 넣어보세요.
오트밀의 베타글루칸이라는 끈적거리는 성분이
수프를 건강한 맛으로 변신시켜줍니다.

 미리 준비하기

★ 브로콜리는 줄기를 나눠 잘라서 식초 물에 10분 담가주세요. 그러고 난 후 흐
르는 물에 깨끗하게 세척해주세요. 이유식에는 꽃봉오리만 씁니다.

★ 닭고기, 양파 냉동 큐브가 있으면 1시간 전에 냉장고에서 미리 해동해주세요.

재료

90g씩 3회분

□ 퀵오트밀 30g(2큰술, 쌀로 대체 가능) □ 닭고기 15g(다진 것, 1큰술) □ 브로콜리 10g(다진 것, 2작은술)
□ 양파 15g(다진 것, 1큰술) □ 분유 10g(4작은술, 모유로 대체 가능) □ 물 270ml(1½컵)

1. 닭고기, 양파, 브로콜리 꽃봉오리를 곱게 다져주세요.

2. 냄비에 닭고기, 오트밀, 양파, 물 1컵 반(270ml)을 넣고 거품기로 살살 풀어주세요. 닭고기를 풀지 않고 그냥 익히면 덩어리가 생겨요.

3. 강불로 해서 끓어오르면 약불로 줄이고 10~15분간 익힙니다. 눌어붙지 않게 바닥까지 긁으면서 한 번씩 저어주세요.

4. 브로콜리를 넣고 2분 정도 익혀주세요.

5. 분유 10g을 넣고 1분 정도 익혀서 걸쭉해지면 불을 꺼주세요.

알아두기

★ 오트밀은 귀리를 납작하게 만들어 먹기 편하게 만든 걸 말해요. 귀리는 가공법에 따라서 인스턴트 오트밀, 퀵오트밀, 롤드 오트밀로 나눕니다. 그러니까 귀리는 어떤 오트밀이든 껍질이 있는 통곡물인 셈이에요. 오트밀은 특히 변비에 좋아요. 이 레시피는 오트밀만 사용했지만 흰쌀과 오트밀을 섞어도 괜찮습니다.

★ 브로콜리는 줄기도 맛있어요. 이유식을 만들고 남은 브로콜리 줄기는 껍질을 꼭 벗겨내고 끓는 물에 살짝만 데쳐서 먹어보세요. 꽃봉오리와는 달리 줄기에서는 감자같이 구수한 맛이 난답니다.

★ 이유식에서의 통곡물 비율은 매 끼니마다가 아니라 하루 전체 식사 중에서의 비율입니다.

양송이치킨캐슈너트 크림수프

부드러움과 고소함이 가득한 크림수프예요.

생크림 대신에 캐슈너트를 곱게 갈아 고소하고 든든한 맛이 납니다.

캐슈너트에는 칼슘과 마그네슘이 풍부해서 뼈가 형성되는 아이들의

발육에 도움이 됩니다. 수프는 따뜻할 때 먹어야 제맛이지만

캐슈너트를 넣어 만든 양송이 수프는 차갑게 먹어도 맛있답니다.

다만 캐슈너트 알레르기가 있으면 분유나 모유로 대체 가능합니다.

👨‍🍳 미리 준비하기

★ 닭고기, 양파 냉동 큐브가 있으면 1시간 전에 냉장고에서 해동해주세요.

★ 양송이버섯은 흐르는 물에 살짝만 씻어서 기둥을 제거하고 갓에 있는 껍질을 벗겨줍니다. 갓 아래에서 위 방향으로 얇은 막같이 생긴 껍질을 손으로 살살 분리하면 잘 벗겨집니다. 껍질을 벗기면 뽀얀 속살이 나옵니다.

재료

120g씩
3회분

☐ 쌀 45g(3큰술, 오트밀로 대체 가능) ☐ 닭고기 15g(다진 것, 1큰술) ☐ 양송이버섯 30g(다진 것, 2큰술)

☐ 양파 15g(다진 것, 1큰술) ☐ 볶은 캐슈너트 10알(분유 20g으로 대체 가능) ☐ 물 360ml(2컵)

1. 캐슈너트 10알에 물 1컵(180ml)을 부어 1시간 이상 통통하게 불려줍니다. 냉장 보관해주세요. 캐슈너트 알레르기가 있으면 분유나 모유로 대체 가능합니다.

2. 용기에 씻은 쌀과 물 1컵(180ml)을 붓고 30분 이상 불려주세요. 닭고기, 양파, 양송이버섯을 잘게 다져주세요.

3. 캐슈너트 밀크를 만들 거예요. 불려놓은 캐슈너트와 물 1컵을 핸드블렌더로 곱게 갈아주세요. 뽀얗고 크리미한 질감이 날 때까지 갈아줍니다.

4. 핸드블렌더로 불린 쌀을 쌀알 ½ 정도의 알갱이가 보이도록 3~4초 정도 갈아주세요.

5. 냄비에 간 쌀과 닭고기, 양파, 양송이버섯, 캐슈너트 밀크를 넣고 거품기로 살살 풀어주세요. 닭고기를 풀지 않고 그냥 익히면 덩어리가 져요.

6. 강불로 해서 끓어오르면 약불로 줄이고 15~20분간 익힙니다. 눌어붙지 않게 가끔 바닥까지 긁으면서 저어주세요. 약간 묽다고 생각할 때 불을 꺼주세요.

알아두기

★ 수프는 식으면 더 걸쭉하고 뻑뻑해지니 1초에 한 방울씩 흐르는 정도의 묽기가 되면 불을 꺼주세요.

★ 떡뻥이 있으면 잘게 부셔서 크루통처럼 먹여보세요. 먹기 직전에 수프 위에 뿌리면 씹히는 맛 덕분에 더 재미있게 먹을 수 있어요.

달걀오듬채소 된죽

이유식에도 '냉털(냉장고 털기)' 음식이 당연히 필요해요.

이유식 냉동 큐브는 한두 달 안에 모두 소진하는 것이 원칙이지만 살림을

하면 그게 쉽나요. 어떨 때는 양파가, 어떨 때는 당근이 모자랄 때도 있고,

닭고기만 왕창 남을 때도 있어요. 남은 재료를 활용해서 소박한 식단을

차려주는 것도 일상의 소소한 행복입니다.

🧑‍🍳 미리 준비하기

★ 남은 채소, 버섯 등의 냉동 큐브가 있다면 10분 전에 미리 실온에서 해동해주세요. 고
   기나 생선이 아니면 실온에서 해동해도 잘 상하지는 않아요.
★ 자투리 채소와 버섯을 흐르는 물에 씻어주세요. 남은 채소를 자유롭게 이용하면 돼요.
★ 달걀은 흰자와 노른자를 섞어주세요. 달걀 껍데기를 만지면 꼭 바로 손을 씻으세요.

재료

100g씩
4회분

- ☐ 쌀 45g(3큰술) ☐ 퀵오트밀 15g(3큰술, 쌀로 대체 가능) ☐ 달걀 50g(1개)
- ☐ 표고버섯 10g(다진 것, 2작은술) ☐ 애호박 10g(다진 것, 2작은술) ☐ 양파 15g(다진 것, 1큰술)
- ☐ 당근 5g(다진 것, 1작은술) ☐ 물 360ml(2컵)

1. 용기에 씻은 쌀과 물 1컵(180ml)을 붓고 30분 이상 불려주세요. 자투리 채소들과 버섯을 잘게 다져주세요.

2. 핸드블렌더로 불린 쌀을 쌀알 ½ 정도의 알갱이가 보이도록 3~4초 정도 갈아주세요.

3. 냄비에 간 쌀과 오트밀, 버섯, 다진 자투리 채소, 남은 물 1컵(180ml)을 붓고 강불로 해서 끓여요. 끓기 시작하면 약불로 줄이고 15~20분간 익힙니다. 눌어붙지 않게 가끔 바닥까지 긁으면서 저어주세요.

4. 쌀이 퍼지고 채소가 폭 물러지면 달걀을 넣고 약불에서 2~3분간 저어주세요.

5. 다시 강불로 올려서 1분간 가열 후 불을 끕니다. 달걀을 더 꼼꼼하게 익히는 과정입니다.

알아두기

★ 냉동실 큐브는 언제까지 안전할까요? 냉동실에서도 식품은 부패할 수 있어요. 따라서 진공 포장을 하지 않은 큐브 형태의 이유식 재료는 1~2개월 안에 소진하는 것이 좋아요. 또한 얼어 있는 고기나 생선 냉동 큐브를 해동하는 과정에서도 부패가 일어날 수 있어요. 냉동 고기를 녹이는 가장 안전한 방법은 조리 전에 고기를 미리 냉장실로 옮겨 서서히 녹이는 것이랍니다.

북어달걀무들깨 된죽

명태(明太)는 그야말로 '이름 부자'입니다. 명태, 동태, 황태, 북어, 코다리, 노가리 등이 모두 같은 생선이에요. 이 중에서 명태 말린 것을 북어라고 하는데, 북어는 아미노산이 꽉꽉 차 있는 고단백 식품입니다. 100g당 단백질 함유량이 닭가슴살은 23g, 북어는 73.1g으로 무려 닭가슴살의 3배나 된답니다. 솜털처럼 부드럽고 포슬포슬 흩날리는 북어 보푸라기는 한꺼번에 많이 만들어뒀다가 북어미역국, 콩나물죽, 후기 이유식의 보푸라기 주먹밥같이 흰살생선이 필요한 모든 요리에 사용해보세요.

 미리 준비하기

★ 무 냉동 큐브가 있다면 10분 전에 실온에서 해동해주세요.

★ 북어 보푸라기를 만들어주세요(알아두기 참고).

★ 달걀을 작은 그릇에 깨트려주세요. 손을 씻어주세요.

재료

120g씩
3회분

☐ 쌀 45g(3큰술)　☐ 퀵오트밀 15g(3큰술, 쌀로 대체 가능)　☐ 북어 보푸라기 10g(1큰술)
☐ 무 15g(다진 것, 1큰술)　☐ 들깨 5g(1작은술, 생략 가능)　☐ 물 360ml(2컵)　☐ 달걀 50g(1개)

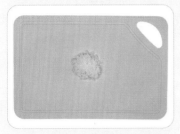

1. 용기에 씻은 쌀과 물 1컵(180ml)을 붓고 30분 이상 불려주세요. 무를 잘게 다져주세요.

2. 들깨는 절구에 곱게 빻아주세요.

3. 핸드블렌더로 불린 쌀을 쌀알의 ½ 정도가 될 때까지 3~4초 정도 갈아주세요.

4. 냄비에 간 쌀과 오트밀, 북어 보푸라기, 들깨, 무, 남은 물(180ml)을 넣고 강불에서 끓여주세요.

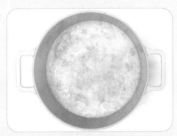

5. 끓기 시작하면 약불로 줄이고 15~18분간 익힙니다. 눌어붙지 않게 가끔 바닥까지 긁으면서 저어주세요.

6. 달걀을 넣고 살살 풀며 약불에서 2~3분간 익혀주세요. 살균 목적으로 강불에서 1분간 더 끓여주세요.

알아두기

★ 북어 보푸라기 만드는 방법

1. 가위로 북어 머리와 꼬리를 떼어내세요. 꼬리 쪽에 등뼈와 잔가시가 남아있는 경우가 많으니 뼈를 맨손으로 일일이 만지면서 제거해주세요. 그다음 북어의 결을 따라 손으로 죽죽 찢어주세요. 잘 찢어지지 않는 부분은 가위로 잘라도 됩니다. 찢어둔 북어포를 구입하면 이 과정은 생략해도 됩니다.

2. 손질해둔 북어포 중 부드러운 것을 골라서 분쇄기에 곱게 갈아줍니다. 체와 그 밑에 받칠 그릇을 준비해주세요.

3. 분쇄한 북어포를 체에 넣고 톡톡 치면 부드러운 가루가 아래로 떨어집니다. 이 가루가 북어 보푸라기입니다. 사용하고 남은 것은 꼭 냉동 보관하세요.

흑미오징어마늘 된죽

중기 이유식부터는 향이 있는 양념류를 넣어도 괜찮아요.
해산물의 비린내를 마늘로 잡을 수 있으니 오징어가 들어가는 이유식에는
마늘을 넣어주세요. 한의학에서 마늘은 강한 냄새를 제외하고는 100가지의
이로움이 있어 '일해백리(日害百利)'라고 불러요. 마늘의 강한 향과 매운맛
은 '알리신'이라는 성분 때문인데 항암, 항균 등의 특별한 효능을 가지고
있답니다. 알리신의 매운맛은 열에 잘 분해되기 때문에 아기에게 마늘을
주려면 푹 익히면 돼요.

🍳 미리 준비하기

★ 오징어는 몸통 부분으로 준비해 깨끗하게 씻어주세요. 오징어를 도마에 놓고 몸
통 아래쪽을 0.5cm 잘라내세요. 잘라낸 쪽 껍질을 키친타월로 잡아쥔 뒤, 위쪽
으로 잡아당겨 단번에 벗겨주세요. 껍질을 벗긴 순살 냉동 오징어를 구입하는
것도 괜찮아요.

★ 오징어, 마늘 냉동 큐브가 있으면 1시간 전에 미리 냉장고에서 해동해주세요.

재료

120g씩
3회분

☐ 쌀 45g(3큰술)   ☐ 흑미 15g(1큰술, 쌀로 대체 가능)   ☐ 오징어 몸통 30g(다진 것, 2큰술)
☐ 마늘 3g(½개)   ☐ 참깨 2g(½작은술)   ☐ 물 360ml(2컵)

1. 쌀과 흑미를 깨끗하게 씻은 다음 용기에 쌀, 흑미, 물 1컵(180ml)을 붓고 30분 이상 불려주세요. 오징어, 마늘 반 개를 잘게 다져주세요.

2. 참깨를 절구에 곱게 빻아주세요.

3. 핸드블렌더로 불린 쌀과 흑미를 ⅓ 정도의 알갱이가 보이도록 5~6초 갈아주세요. 흑미가 들어가서 조금 더 곱게 가는 게 좋아요.

4. 냄비에 간 쌀, 흑미, 오징어, 마늘, 남은 물 1컵(180ml)을 붓고 거품기로 오징어를 살살 풀어줍니다. 이 과정을 생략하면 오징어가 익으면서 덩어리져요.

5. 강불로 해서 끓기 시작하면 약불로 줄이고 15~20분간 익힙니다. 눌어붙지 않게 가끔씩 바닥까지 긁으면서 저어주세요.

6. 쌀이 푹 퍼지면 참깨를 뿌리고 강불에서 1분 더 끓인 후 불을 꺼주세요.

알아두기

★ 이유식에 오징어를 넣을 때는 몸통만 다져서 쓰세요. 남은 오징어는 소분해서 냉동하면 2주 정도는 너끈히 보관할 수 있어요.

연두부새우 된죽

이 음식의 맛을 좌우하는 건 바로 '새우'예요. 새우를 콜레스테롤 덩어리라고
생각할 수도 있지만, 사실 새우는 지방은 적고 단백질이 풍부한 이유식에
딱 맞는 식재료예요. 100g당 단백질이 24g으로 고기와도 크게 차이가 나지
않는답니다. 새우에는 칼슘이 일반 생선의 3~4배, 고기의 7~8배에 달해서
아기들의 키 성장 발육에도 좋습니다. 게, 새우, 랍스터 같은 갑각류는
처음 줄 때 알레르기 테스트를 꼭 하세요.

🍳 미리 준비하기

★ 나무꼬치로 새우 등쪽에 있는 내장을 제거한 뒤, 머리는 떼고 껍질은 붙인 채 흐르
는 물에 씻어주세요(176p의 닭고기새우청경채 된죽 참고).

★ 새우는 중간 크기로 2개 정도 준비해주세요.

재료

100g씩
4회분

☐ 쌀 45g(3큰술) ☐ 퀵오트밀 15g(1큰술, 쌀로 대체 가능) ☐ 연두부 120g(⅔컵)
☐ 새우 15g(다진 것, 1큰술) ☐ 참깨 2g(½작은술) ☐ 물 360ml(2컵)

1. 용기에 씻은 쌀, 물 1컵(180ml)을 붓고 30분 이상 불려주세요.

2. 끓는 물에 껍질이 붙은 새우를 넣고 4~5분간 삶아서 그대로 식혀주세요. 완전히 식고 나서 껍질을 떼어주세요. 식을 때 껍질에서 살로 감칠맛이 옮겨가기 때문입니다.

3. 새우를 잘게 다져주세요.

4. 참깨를 절구에 빻아주세요.

5. 핸드블렌더로 불린 쌀을 쌀알 ½ 정도의 알갱이가 보이도록 3~4초 정도 갈아주세요.

6. 냄비에 간 쌀과 오트밀, 남은 물 1컵(180ml)을 넣고 강불로 해서 끓어오르면 약불로 줄이고 15~18분간 익힙니다. 눌어붙지 않게 가끔 바닥까지 긁으면서 저어주세요.

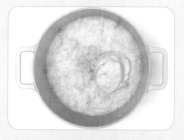

7. 쌀이 퍼지면 연두부와 다진 새우를 넣고 2~3분간 다시 익혀주세요.

8. 참깨를 뿌리고 강불에서 1분 더 끓인 후 불을 꺼주세요.

알아두기

★ 이유식에는 대부분 새우살을 사서 다져서 쓰지만 사실 새우의 깊은 맛은 껍질과 머리에 있어요. 삶을 때도 껍질째 삶으면 새우살로 감칠맛이 깊이 스며들어요.

★ 내장은 새우를 구부린 다음 꼬리에서 2~3번째 마디에 해당하는 등쪽에 이쑤시개를 넣어 빼면 쉽게 빠집니다.

아보카도연두부 수프

'숲속의 버터'인 아보카도와 '밭에서 나는 소고기'인 두부가 만나 보기에도 건강해보여요.
비타민 11종, 미네랄 14종에 몸에 좋은 식물성 지방이 16%나 함유된 아보카도는 세계에서 가장 영양가
높은 과일 중 하나예요. 아보카도는 후숙성 과일이라서 언제 먹어야 하는지를 잘 판단해야 해요.
껍질이 검은색에 가까운 짙은 녹색으로 변하고, 손가락으로 껍질을 눌러서 말랑한 느낌이 들 때가 바로
먹어야 할 시기랍니다.

🐰👨‍🍳 미리 준비하기

★ 아보카도는 세로로 칼날을 넣어 칼날이 씨에 닿으면 한 바퀴 돌립니다. 양손으로
아보카도 양 끝을 잡고 비틀면서 반으로 나눈 다음 칼날 안쪽 모서리로 씨를 쿡
눌러서 빼냅니다. 아보카도의 속살을 숟가락으로 파주세요.

70g씩
2회분

□ 아보카도 50g(⅓개)　□ 연두부 90g(½컵)

□ 분유 10g(4작은술, 모유로 대체 가능)　□ 물 90ml(½컵)

1. 용기에 연두부, 아보카도, 물 반 컵 (90ml)을 붓고 핸드블렌더로 곱게 갈아주세요.

2. 냄비에 1번을 붓고 강불로 해서 끓 어오르면 약불로 줄이고 5~8분간 익혀주세요. 눌어붙지 않게 가끔 바 닥까지 긁으면서 저어주세요.

3. 걸쭉해지면 분유 10g을 넣고 잘 저 으면서 1~2분 정도 끓이고 불을 끕 니다.

🥄 **알아두기**

★ 아보카도, 바나나같이 부드러운 과일은 익히지 않고 생으로 줘도 괜찮아요. 하지만 두부는 잘 상하기 때문에 이유식 에서는 한 번 더 익혀서 주는 것이 안전합니다.

오트밀타락죽

타락죽이란 임금님께 바치는 찹쌀로 만든 우유죽을 말해요. 여기서 '타락
(駝酪)'이란 우유의 옛말이랍니다. 『동의보감』에는 '타락죽은 신장과 폐를
튼튼하게 하고, 대장 운동을 도와주며 피부를 윤기 있고 부드럽게 해주어
어린아이나 노인, 환자의 보양식으로 좋다'라고 나와있어요.
다만 12개월 전의 타락죽에는 철분이 부족한 생우유 대신 분유와 모유를
넣어 영양과 소화 흡수를 더했어요.

재료

100g씩
3회분

☐ 찹쌀 45g(3큰술) ☐ 퀵오트밀 15g(3큰술)

☐ 분유 30g(4큰술, 모유로 대체 가능) ☐ 물 360ml(2컵)

1. 찹쌀을 씻은 다음 용기에 찹쌀과 물 1컵(180ml)을 붓고 30분 이상 불려 주세요.

2. 핸드블렌더로 불린 쌀을 쌀알 ½ 정도의 알갱이가 보이도록 3~4초 정도 갈아주세요.

3. 냄비에 간 찹쌀과 오트밀, 남은 물 1컵(180ml)을 붓고 강불로 해서 끓기 시작하면 약불로 줄이고 15~20분간 익힙니다. 찹쌀이 뭉치지 않게 거품기로 중간중간 잘 저어줍니다.

4. 찹쌀이 투명하게 익으면 분유 30g을 넣고 1~2분간 익힌 후 불을 꺼주세요.

알아두기

★ 찹쌀이 들어가는 이유식은 꼭 거품기를 사용해서 눌어붙지 않게 저어주세요. 찹쌀은 풀처럼 끈적끈적하기 때문에 주걱이나 숟가락보다는 거품기로 저어야 엉키지 않아요.

고소한 세 가지 찹쌀죽

(호두땅콩죽, 흑임자죽, 검은콩죽)

찹쌀은 위벽을 자극하지 않고 소화가 잘 되는 좋은 식재료로,

한의학적으로 볼 때 멥쌀(백미)에 비해 성질이 따뜻하고 달아 몸

에 대사를 촉진시킵니다. 신체의 기력을 불어 넣어주는 온화한

보양 식품이 될 수 있어요. 찹쌀죽을 베이스로 해서 호두, 검은깨,

검은콩을 넣어 고소하고 영양이 풍부한 이유식을 만들어보세요.

재료(호두땅콩죽)

100g씩 3회분	☐ 찹쌀 45g(3큰술, 멥쌀로 대체 가능)	☐ 퀵오트밀 15g(3큰술)	☐ 볶은 땅콩 15g(15개)
	☐ 호두 5g(½개)	☐ 물 360ml(2컵)	

미리 준비하기

★ 볶은 땅콩의 껍질을 까주세요.

1. 찹쌀을 깨끗하게 씻은 다음 용기에 찹쌀과 물 1컵(180ml)을 붓고 30분 이상 불려주세요.

2. 다른 용기에 땅콩과 호두, 물 1컵(180ml)을 붓고 30분 이상 불립니다. 통통하게 오래 불리면 불릴수록 곱게 갈려요.

3. 핸드블렌더로 불린 찹쌀을 쌀알의 ½ 정도가 될 때까지 3~4초 정도 갈아주세요.

4. 땅콩과 호두도 작은 입자가 될 때까지 핸드블렌더로 곱게 갈아줍니다.

5. 냄비에 간 찹쌀과 오트밀, 땅콩, 호두를 붓고 강불로 해서 끓기 시작하면 약불로 줄이고 15~20분간 익힙니다. 찹쌀이 들어가면 꼭 거품기로 눌어붙지 않게 저어주세요.

6. 찹쌀이 투명하게 익고 크림 수프처럼 약간 흐르는 정도의 농도가 되면 불을 꺼주세요.

알아두기

★ 호두에는 뇌 신경세포를 구성하는 불포화지방산, 기억력을 향상시키는 아연, 두뇌 발달을 돕는 DHA 전구체 등이 풍부해요.

★ 호두나 땅콩을 처음 먹이는 경우라면 꼭 알레르기 유무를 미리 체크해주세요.

★ 호두에 들어있는 오메가3 지방산도 잘못 먹으면 오히려 독이 됩니다. 오메가3는 공기에 오래 노출되면 쉽게 산패가 되어 과산화지질로 바뀝니다. 호두는 꼭 밀폐용기에 담아 냉동 보관해주세요.

| 100g씩 3회분 | □ 찹쌀 45g(3큰술, 멥쌀로 대체 가능) | □ 퀵오트밀 15g(3큰술) | □ 검은깨 15g(1큰술) | □ 물 360ml(2컵) |

1. 찹쌀을 깨끗하게 씻은 다음 용기에 찹쌀과 물 1컵(180ml)을 붓고 30분 이상 불려주세요.

2. 또 다른 용기에 검은깨와 물 반 컵 (90ml)을 넣고 핸드블랜더로 곱게 갈아주세요.

3. 1번에서 불린 찹쌀을 핸드블렌더로 쌀알의 ½ 정도가 될 때까지 3~4초 정도 갈아주세요.

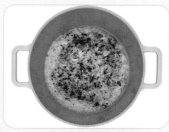

4. 냄비에 간 찹쌀과 검은깨, 오트밀, 남은 물 반 컵(90ml)을 붓고 강불로 해서 끓기 시작하면 약불로 줄이고 15~20분간 익힙니다. 꼭 거품기로 눌어붙지 않게 저어주세요.

5. 찹쌀이 투명하게 익고 크림 수프처 럼 약간 흐르는 정도의 농도가 되면 불을 꺼주세요.

알아두기

★ 검은깨는 레시틴이 일반 깨보다 풍부해서 뇌 기능 향상에 도움을 줘요.

★ 원래 흑임자죽은 찹쌀과 검은깨가 같은 양이 들어가야 구수하지만, 검은깨에는 지방이 많아 설사를 할 수도 있어서 이유식에서는 검은깨의 양을 대폭 줄였습니다.

재료(검은콩죽)

100g씩
3회분

- ☐ 찹쌀 45g(3큰술, 멥쌀로 대체 가능)
- ☐ 퀵오트밀 15g(3큰술)
- ☐ 볶은 검은콩가루 15g(1큰술)
- ☐ 물 360ml(2컵)

1. 찹쌀을 깨끗하게 씻은 다음 용기에 찹쌀과 물 1컵(180ml)을 붓고 30분 이상 불려주세요.

2. 핸드블렌더로 불린 찹쌀을 쌀알의 ½ 정도가 될 때까지 3~4초 정도 갈아주세요.

3. 냄비에 간 찹쌀과 오트밀, 검은콩가루, 남은 물 1컵(180ml)을 넣고 강불로 해서 끓기 시작하면 약불로 줄이고 15~20분간 익힙니다. 꼭 거품기로 눌어붙지 않게 저어주세요.

4. 찹쌀이 투명하게 익고 크림 수프처럼 약간 흐르는 정도의 농도가 되면 불을 꺼주세요.

알아두기

★ 검은콩은 노폐물 배출에 좋고 콩단백질을 보충할 수 있어요.

★ 검은콩(서리태)을 삶아서 갈아도 되지만 콩을 불리고 삶는 시간이 많이 걸려요. 그래서 볶은 검은콩가루를 추천해요. 쓰고 남은 콩가루는 핫케이크나 핑거푸드 같은 이유식 간식에 다양하게 이용할 수 있어요.

 32

바나나아보카도 퓨레

바나나, 고구마, 단호박은 이유식 삼총사라고 할 만큼 쓰임새가 많지요.

그중에서 바나나는 껍질만 벗기면 되니까 가장 간편하게 활용할 수 있어요.

 미리 준비하기

★ 바나나, 아보카도를 껍질째 베이킹소다로 깨끗하게 씻어줍니다.
★ 아보카도는 세로로 칼날을 넣어 칼날이 씨에 닿으면 한 바퀴 돌립니다. 양손으로 아보카
   도 양 끝을 잡고 비틀면서 반으로 나누고 칼날 안쪽 모서리로 씨를 쿡 눌러서 빼냅니다.
   아보카도의 속살을 숟가락으로 파주세요.

재료

50g씩
2회분

☐ 바나나 100g(중간 것, 1개) ☐ 아보카도 50g(½개) ☐ 물 45ml(3큰술)

1. 용기에 바나나, 아보카도, 물 3큰술 (45ml)을 넣고 핸드블렌더로 곱게 갈아주세요.

2. 냄비에 간 바나나, 아보카도를 넣고 강불로 해서 끓어오르면 바로 불을 꺼주세요(이 과정은 생략 가능합니다).

알아두기

★ 덜 익은 바나나는 상온에 두거나 사과와 함께 밀폐된 봉지에 넣어두면 잘 익어요. 사과의 에틸렌 가스가 과일을 빠르게 숙성시키기 때문이랍니다. 바나나는 저온에 약하므로 냉장 보관은 좋지 않아요. 대신 껍질을 벗겨서 랩으로 싼 다음 냉동 보관하면 오래 먹을 수 있어요.

★ 아보카도는 후숙성 과일이에요. 후숙성이란 수확하고 나서 익혀서 먹는다는 뜻입니다. 그래서 숙성시키는 방법과 숙성이 다 된 후에 언제 먹어야 할지를 판단할 줄 알아야 해요. 숙성은 서늘하고 그늘진 곳에서 하는 것이 좋아요. 온도도 중요하지만, 통풍이 잘되어야 곰팡이 없이 숙성이 잘됩니다. 껍질이 밝은 녹색에서 검은색에 가까운 짙은 녹색으로 변하고, 눌렀을 때 물컹한 것이 아니라 말랑말랑한 상태면 먹어야 할 시기입니다. 남은 아보카도는 껍질과 씨를 제거하고 냉동 큐브로 만들어주세요.

세 가지 연두부 퓨레

(연두부고구마 퓨레, 연두부단호박호두 퓨레, 연두부바나나검은깨 퓨레)

콩으로 만든 '두부'는 단백질이 많이 들어있고, 특히 연두부는
부드러운 식감 덕분에 이유식에 좋은 식재료입니다. 어떤 재료든
어울리는 담백한 맛 덕분에 다양한 식재료와 조화롭게 어울리며
다채로운 모습으로 변신할 수 있어요. 연두부를 이용한 여러 가지
이유식 중 아기가 좋아하는 것부터 만들어보세요.

70g씩
2회분 · · · · □ 고구마 100g(중간 것, ½개) □ 연두부 45g(3큰술)

👨‍🍳 미리 준비하기

★ 고구마는 껍질째 흐르는 물에 씻은 후 양 끝에 있는 심지를 1cm 정도만 잘라주세요. 전자레인지용 찜기에 고구
마와 물 1큰술을 넣고 뚜껑을 덮고 5~7분간 익혀주세요. 젓가락으로 찔렀을 때 쏙 들어가면 다 익은 거예요.

1. 익힌 고구마의 껍질을 벗겨주세요.

2. 냄비에 고구마, 연두부를 넣고 으깨
주세요.

3. 강불로 올린 뒤 끓어오르면 약불로
줄여서 1~2분간 익혀주세요.

🏷️ 알아두기

★ 고구마는 익힌 뒤에 껍질을 벗기는 것이 좋아요. 생고구마는 껍질을 벗기자마자 갈변하기 때문에 그런 고구마로 음
식을 만들면 어떤 요리도 깔끔하지 않답니다.

★ 면역력이 약한 아기들을 위해 퓨레를 만드는 마지막 요리 과정에 1~2분 정도 한 번 더 가열하는 과정을 넣어주세요.

70g씩
2회분 | ☐ 단호박 120g(삶은 것, ⅔컵) ☐ 연두부 45g(3큰술) ☐ 호두 3g(½개, 생략 가능)

미리 준비하기

★ 단호박은 깨끗하게 씻어서 전자레인지용 찜기에 물 1큰술과 같이 넣고 전자레인지에서 강으로 10~12분 돌려주세요. 단호박 냉동 큐브가 있으면 1시간 정도 냉장고에서 미리 해동해주세요.

1. 익힌 단호박을 반 잘라서 숟가락으로 씨를 파주세요. 8등분으로 잘라서 초록색 껍질을 참외 껍질 벗기듯이 제거해주세요.

2. 호두를 절구에 곱게 빻아주세요.

3. 냄비에 단호박, 연두부를 넣고 으깨주세요.

4. 빻은 호두를 넣고 강불로 올린 뒤 끓어오르면 약불로 줄여서 1~2분간 익혀주세요.

알아두기

★ 단호박이 일단 맛있어야 성공하는 요리예요. 색이 진하고 표면이 다소 울퉁불퉁하고 무거운 것을 구입하세요.

🧑‍🍳 미리 준비하기

★ 바나나를 껍질째 베이킹소다로 깨끗하게 씻어줍니다.

 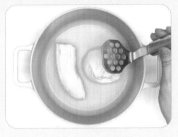 

1. 검은깨를 절구에 곱게 빻아주세요.

2. 냄비에 바나나와 연두부를 넣고 으깨주세요.

3. 검은깨를 넣고 강불로 올린 뒤 끓어오르면 약불로 줄여서 1~2분간 익혀주세요.

알아두기

★ 검은깨는 통째로 먹으면 장에서 흡수가 되지 않으므로 치아가 없는 아기용 이유식에는 꼭 곱게 빻아서 사용하세요.

검은깨는 지방이 많고 차가운 성질 때문에 설사할 수 있으므로 아기 상태에 따라 적절하게 양을 조절하세요.

ABC 퓨레

엄마와 아기가 함께 즐길 수 있는 ABC 건강 퓨레입니다. 사과의 A, 비트의 B,
당근의 C를 따서 ABC라고 하죠. 아기들은 과즙보다는 과육이 든 상태로 주는
것이 원칙이기 때문에 즙을 내지 말고 모두 통째로 갈아주세요.

🍳 미리 준비하기

★ 사과는 베이킹소다로 뽀득뽀득 씻어주세요. 세척되어 나온 사과라도 꼭 한 번 더 씻어주세요.
★ 당근은 깨끗하게 씻어서 껍질을 얇게 벗겨주세요. 당근 냉동 큐브가 있다면 미리 해동해주세요.
★ 비트는 씻어서 껍질을 조금 두툼하게 깎아주세요.

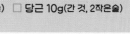

재료
70g씩
2회분

☐ 사과 100g(큰 것으로 ½개)   ☐ 비트 10g(간 것, 2작은술)   ☐ 당근 10g(간 것, 2작은술)

1. 사과는 껍질을 벗기고 강판에 갈아 주세요.

2. 당근과 비트도 강판에 갈아주세요.

3. 냄비에 사과, 비트, 당근을 넣고 강 불로 올린 뒤 끓어오르면 약불로 줄 여서 3~5분간 익혀주세요. 눌어붙 지 않게 바닥까지 잘 저어주세요.

4. 사과, 비트, 당근이 적당히 어우러 지면 불을 꺼주세요.

알아두기

★ 익힌 사과는 변비를 유발할 수 있어 비트와 당근으로 섬유질을 보충했어요.

★ 사과는 껍질에 좋은 것이 많아요. 펙틴이라는 식이섬유소도 껍질에 더 풍부합니다. 그러나 농약을 친 사과라면 껍질 을 벗겨주세요.

35

베이킹파우더가 안 들어간 바나나 팬케이크

달콤한 음식은 짠 나트륨과 거리가 멀다고 생각하면 큰 오산이에요. 쿠키나 빵에 들어가는 베이킹파우더에는 '짜지 않은 나트륨'이 많이 들어있답니다. 베이킹소다 1g에는 나트륨이 273.6mg, 베이킹파우더에는 106mg이나 들어있어요. 그래서 아기용 팬케이크는 베이킹파우더를 넣지 않고 엄마가 직접 만드는 것이 좋아요. 팬케이크는 재료 분량과 불 조절을 잘해야 실패하지 않으니, 이번에는 계량법을 정확하게 지켜주세요!

🍳 미리 준비하기

★ 바나나를 껍질째 베이킹소다로 깨끗하게 씻어줍니다.
★ 달걀은 작은 그릇에 깨뜨려서 담아주세요. 달걀 껍데기를 만진 손은 꼭 다시 비누로 씻어주세요.

재료
각 5cm
15~20개

☐ 바나나 50g(중간 것, ⅓개) ☐ 달걀 50g(1개) ☐ 분유 10g(4작은술)
☐ 통밀가루 60g(6큰술, 쌀가루로 대체 가능) ☐ 물 60ml(4큰술)

1. 용기에 바나나, 달걀, 분유 10g, 통밀가루, 물 4큰술(60ml)을 넣고 핸드블렌더로 꼼꼼하게 섞어주세요. 섞는 과정에서 공기가 많이 들어가야 팬케이크가 잘 부풀어집니다.

2. 약불에서 팬에 실리콘 붓(혹은 키친타월)으로 올리브유를 살짝 발라주세요. 기름이 많으면 부침개처럼 구워지므로 팬만 코팅한다는 느낌으로 아주 소량 발라주세요.

3. 반죽을 한 숟가락 떠서 직경 4~5cm 정도 되게 팬에 올립니다. 불은 약불로 해주세요.

4. 아래가 옅은 갈색이 나고 윗면에 뽀글뽀글 공기 방울이 생기면 뒤집어서 1분 정도 더 익혀주세요.

5. 식으면 소독된 부엌가위로 먹기 좋은 크기로 잘라주세요. 핑거푸드로 줘도 됩니다.

알아두기

★ 빵이나 간식 등 핑거푸드를 줄 때는 아기용 부엌가위와 집게가 있으면 편하고 위생적입니다.

★ 2020년 한국인 영양소 섭취 기준에 따르면 영유아의 하루 섭취 나트륨 권장량은 6~11개월은 370mg, 1~2세는 810mg입니다.

★ 중기부터는 기름, 무염버터를 소량 사용할 수 있어요.

떠먹는 통밀 크레이프

크레이프는 얇게 구운 프랑스 팬케이크입니다.
반죽만 있으면 만들기가 간단해요. 아기들은 씹는 힘이
약해서 얇게 구운 크레이프를 달걀지단처럼 썰어서
숟가락으로 떠먹어야 해요.
그래서 이름이 떠먹는 크레이프랍니다.

 미리 준비하기

★ 배를 껍질째 베이킹소다로 깨끗하게 씻어줍니다.
★ 얇은 크레이프를 뒤집기 위해서는 긴 나무꼬치가
  필요해요. 1회용 나무젓가락도 괜찮습니다.

재료

각 20cm
5개

☐ 배 50g(중간 것, ¼개) ☐ 통밀가루 60g(6큰술, 쌀가루로 대체 가능) ☐ 분유 10g(4작은술)
☐ 달걀 50g(1개) ☐ 물 60ml(4큰술)

1. 배를 강판에 갈아주세요.

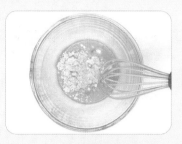

2. 그릇에 간 배, 통밀가루, 분유 10g, 달걀, 물 4큰술(60ml)을 넣고 거품기로 잘 저어 덩어리지지 않게 풀어주세요. 생각보다 물처럼 주룩 흐르는 묽은 반죽이 될 겁니다.

3. 약불에서 팬에 실리콘 붓(혹은 키친타월)으로 올리브유를 살짝 발라주세요. 기름이 많으면 부침개처럼 구워지므로 팬만 코팅한다는 느낌으로 아주 소량 발라주세요.

4. 반죽을 종이컵 반 컵 정도 붓고 팬을 들고 반죽을 팬 전체에 얇게 펴 바르는 것처럼 둘러주세요.

5. 끝부분만 살짝 뒤집어서 아래쪽이 옅은 갈색이 나면 뒤집을 거예요. 꼬치나 나무젓가락을 크레이프의 가장자리에 살살 넣은 다음 살짝 들어 뒤집어주세요.

6. 불을 끄고 남은 열로 뒤집은 면을 익히면 됩니다.

7. 크레이프가 한 김 식으면 깨끗한 도마에서 크레이프를 돌돌 말아서 가늘게 채썰어주세요.

알아두기

★ 크레이프 반죽을 하루 전에 만들어서 냉장고에서 숙성시킨 후에 만들면 더 쫄깃하면서 맛있어요.

★ 팬과 크레이프 사이로 꼬치를 통과시키면서 순식간에 뒤집어주세요. 뒤집기는 몇 번 연습하면 잘 될 거예요.

연두부땅콩버터 스프레드와 떡뻥

아기가 있는 집에 떡뻥은 항상 있죠. 떡뻥은 탄수화물
덩어리지만, 연두부의 단백질과 땅콩의 지방을 보충해주면
떡뻥도 아주 훌륭한 한 끼 식사로 변신할 수 있어요.
외출할 때 떡뻥 한 봉지와 연두부땅콩버터 스프레드 한 통을
가져가면 영양학적으로 훌륭한 아기 도시락이 되기도 해요.

👨‍🍳 미리 준비하기

★ 떡뻥을 아기가 먹기 좋게 옥수수알 크기로 잘라주세요.

재료

50g씩 2회

☐ 연두부 90g(½컵) ☐ 땅콩버터 30g(2큰술, 볶은 땅콩으로 대체 가능) ☐ 시판용 무첨가 떡뻥 5개

1. 냄비에 연두부, 땅콩버터를 넣고 으깨주세요.

2. 강불로 올린 뒤 끓어오르면 약불로 줄여서 3~5분간 익혀주세요.

3. 작게 부순 떡뻥과 연두부땅콩버터 스프레드를 같이 내어줍니다.

알아두기

★ 아기에게 떡뻥을 줄 때의 주의사항이에요.

　1. 떡뻥으로만 이유식을 대신하지는 말자.

　2. 첨가 당과 나트륨이 없는 것으로 꼼꼼하게 확인 후 구입하자.

　3. 가끔 아기 목에 걸릴 수 있으므로 보호자가 지켜보자.

　4. 충분한 물과 함께 먹이자.

★ 볶은 땅콩으로 만들 때는 껍질을 벗긴 땅콩을 분쇄기로 아주 곱게 갈아서 사용하세요.

팬케이크 시리얼

아기 입속에 쏙 들어갈 수 있는 크기로 미니 팬케이크를 구웠어요.
고사리 같은 작은 손으로 1개 집어서 오물거리면서 먹는 모습이
너무 귀여워요. 크게 몇 장 구워 잘라주는 게 편하지만 먹는
모습이 떠올라 자꾸 만들게 될거랍니다.

🧑‍🍳 미리 준비하기

★ 고구마는 껍질째 흐르는 물에 씻은 후 양 끝에 있는 심지를 1cm 정도만 잘라주세요. 전자
레인지용 찜기에 고구마와 물 1큰술을 넣고 뚜껑을 덮고 5~7분간 익혀주세요. 젓가락으로
찔렀을 때 쑥 들어가면 다 익은 거예요. 껍질을 벗겨주세요.

★ 달걀은 작은 그릇에 깨뜨려서 담아주세요. 껍데기 만진 손은 꼭 다시 비누로 씻어주세요.

★ 소스통을 준비해주세요. 팬케이크를 시리얼처럼 작게 만드는 데 편리합니다. 없으면 작은
숟가락 2개로 하세요.

재료

□ 고구마 50g(익힌 것, ¼개) □ 달걀 50g(1개) □ 분유 10g(4작은술)
□ 통밀가루 60g(6큰술, 쌀가루로 대체 가능) □ 물 60ml(4큰술)

1. 용기에 고구마, 달걀, 분유 10g, 통밀가루, 물 4큰술(60ml)을 넣고 핸드블렌더로 꼼꼼하게 갈아주세요. 섞는 과정에서 공기가 많이 들어가야 팬케이크가 잘 부풀어집니다.

2. 약불에서 팬에 실리콘 붓(혹은 키친타월)으로 올리브유를 살짝 발라주세요. 기름이 많으면 부침개처럼 구워지므로 팬만 코팅한다는 느낌으로 아주 소량 발라주세요.

3. 반죽을 소스통에 부어서 1cm 정도로 작게 팬에 올립니다. 불은 약불입니다.

4. 아래가 옅은 갈색이 나고 윗면에 공기 방울이 생기면 뒤집어서 1분 정도 더 익혀주세요.

후기 이유식

9+ 무른밥

	초기 이유식	중기 이유식	후기 이유식	완료기 및 초기 유아식
시기	6개월	7~8개월	9~11개월	12~24개월
먹는 양(한 끼)	50~100g	70~120g	120~150g	120~180g
먹는 횟수	이유식 1~3회	이유식 2~3회 간식 1~2회	이유식 3회 간식 2~3회	이유식 3회 간식 2~3회
이유식의 형태	묽은죽	된죽	무른밥	진밥 → 밥
알갱이의 크기와 굵기	곱게 다짐	곱게 다짐	3mm 정도	5mm 정도
쌀:물(컵)	1:8~10	1:5~7		
밥:물(컵)			1:2	1:0.5
모유(분유)량	700~900ml	500~800ml	500~700ml	400~500ml
붉은 고기량 (하루 기준)	10~20g	10~20g	20~30g	30~50g
달걀, 두부		주 1회	주 2~3회	주 2~3회
채소, 과일		매일	매일	매일

후기 이유식은 다양한 음식을 먹어보는 시기예요. 이제부터는 이유식 기본 원칙보다는 식재료에 대한 정보와 요리 상식이 필요하답니다. 이유식 정체기도 올 수 있어 색다른 요리 한두 가지를 할 줄 알면 안심이 되죠. 이 시기의 아기들은 소근육 발달이 왕성해져서 손으로 집어 먹는 핑거푸드를 좋아해요. 저도 이유식 숟가락만 보면 고개를 살랑살랑 돌리는 딸아이를 위해 핑거푸드용 미니 팬케이크를 이백 장 이상 구웠답니다. 그 덕분에 저는 미니 팬케이크와 애호박양배추 부침개의 달인이 되었고, 이런 음식들을 잘 이용해서 이유식 정체기를 극복할 수 있었어요.

소고기애호박표고버섯 무른밥

중기 이유식의 소고기애호박들깨 된죽에 표고버섯과 양파를
더했어요. 후기로 넘어왔다고 해서 요리 과정이 중기와 완전히
달라야 하나 걱정하지 않아도 돼요. 쌀을 밥으로 바꾸고,
물의 양을 줄이고, 식재료를 추가하는 것 이외에 나머지는
똑같아요. 이렇게 식재료와 물의 양만 조절하면 중기 이유식이
후기 이유식으로 변신할 수 있어요.

🍳 미리 준비하기

★ 소고기, 채소 냉동 큐브가 있으면 1시간 전에 미리 냉장고에서 해동해주세요.
★ 애호박은 깨끗이 씻고, 표고버섯은 기둥을 떼고 흐르는 물에 살짝만 씻어주세요.

재료

120g씩
3회분

☐ 5분도미 밥 120g(1컵, 쌀밥으로 대체 가능)   ☐ 소고기 20g(다진 것, 4작은술)

☐ 애호박 10g(다진 것, 2작은술)   ☐ 표고버섯 5g(다진 것, 1큰술)   ☐ 양파 15g(다진 것, 3작은술)

☐ 들깨 5g(1작은술)   ☐ 물 360ml(2컵)

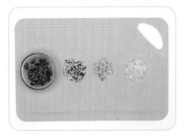

1. 소고기, 애호박, 표고버섯, 양파를 곱게 다져주세요.

2. 들깨는 절구에 빻아주세요.

3. 냄비에 밥 1컵(120g), 소고기, 애호박, 표고버섯, 양파, 물 2컵(360ml)을 넣어주세요. 거품기로 소고기를 살살 풀어주세요. 생략하면 소고기가 덩어리져 목에 걸릴 수 있어요.

4. 강불로 해서 끓어오르면 약불로 줄이고 15~20분간 익힙니다. 눌어붙지 않게 바닥까지 긁으면서 저어주세요.

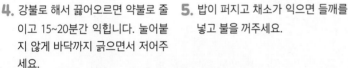

5. 밥이 퍼지고 채소가 익으면 들깨를 넣고 불을 꺼주세요.

알아두기

★ 현미와 백미를 1:1 분량으로 섞거나 5분도미로 밥을 지으면 50% 통곡물 밥이 됩니다. 미리 만들어서 종이컵 1컵(120g) 분량씩 냉동밥으로 보관했다가 그때그때 사용하면 편리합니다.

★ 보통 밥을 만들 때는 쌀의 1.2~1.3배 부피의 물을 부어서 짓지요. 그런데 무른밥을 만들 때는 물의 양을 다르게 해야 합니다. 쌀로 무른밥을 만들 때는 쌀의 3배 부피의 물을 붓고, 밥으로 무른밥을 만들 때는 밥의 2배 부피의 물을 부으면 거의 비슷한 질감이 된답니다.

★ 후기부터는 하루에 이유식 2개 메뉴를 하는 것을 추천해요. 예를 들어 아기가 한끼에 140g을 먹는다면, 두 가지 이유식을 70g씩 소분해서 담아주세요. 한끼에 다양한 음식을 먹을 수도 있고 물리지도 않아서 좋아요.

소고기숙주비트 무른밥

아기들은 색이 화려한 음식을 좋아해요. 아기들도 어른처럼
입으로 맛보기 전에 눈으로 먼저 먹나 봐요. 그래서 아기가
밥태기를 겪을 때 색의 변화를 주는 것도 좋은 방법이랍니다.
자주 먹는 소고기 이유식에 붉은 비트 색을 한번 입혀봤어요.

🍳 미리 준비하기

★ 소고기 냉동 큐브가 있으면 1시간 전에 미리 냉장고에서 해동해주세요.
★ 숙주나물은 깨끗하게 씻어주세요. 머리와 뿌리를 제거해주세요.
★ 비트는 깨끗하게 씻어서 껍질을 깎아주세요. 그다음 듬성듬성 크게 썰어 삶아주세요.

재료

120g씩
3회분

☐ 5분도미 밥 120g(1컵, 쌀밥으로 대체 가능)   ☐ 소고기 20g(다진 것, 4작은술)

☐ 숙주나물 10g(20개)   ☐ 비트 15g(삶은 것, 1×1×1cm, 3개)   ☐ 마늘 3g(½개, 생략 가능)

☐ 참깨 5g(1작은술, 생략 가능)   ☐ 물 360ml(2컵)

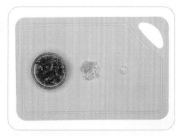

1. 소고기, 마늘을 곱게 다져주세요. 숙주나물 20개를 1cm 길이로 짧게 썰어둡니다.

2. 참깨는 절구에 곱게 빻아주세요.

3. 용기에 삶은 비트와 물 1컵(180ml)을 붓고 핸드블렌더로 곱게 갈아주세요.

4. 냄비에 밥 1컵(120g), 소고기, 숙주나물, 마늘, 간 비트, 남은 물 1컵(180ml)을 넣어주세요. 거품기로 소고기를 살살 풀어주세요. 생략하면 덩어리져 목에 걸릴 수 있어요.

5. 강불로 해서 끓어오르면 약불로 줄이고 15~20분간 익힙니다. 눌어붙지 않게 바닥까지 긁으면서 저어주세요.

6. 밥이 퍼지고 숙주가 물러지면 참깨를 넣고 불을 꺼주세요.

알아두기

★ 소고기, 숙주, 비트를 따로 먹는 것이 맛있을까요, 함께 끓여서 먹는 것이 맛있을까요? 답은 두 가지가 다른 맛이라는 거예요. 맛이란 식재료의 복잡한 물리적, 화학적 결합이기 때문에 같은 재료라도 어떻게 요리하느냐에 따라서 달라집니다. 반찬처럼 만들어 따로도 먹여보고 이 레시피처럼 함께도 먹여본 다음, 아기가 잘 먹는 것으로 선택하세요.

★ 숙주는 잘 상하기 때문에 그날 사온 것을 바로 요리해 먹는 게 좋아요.

3

소고기모둠채소김 우른밥

다양한 이유식을 만드는 저만의 비법이 있다면 한두 달에 한 번씩은

냉동실을 비운다는 거예요. 비워야 채울 수 있으니까요.

이 레시피는 후기 이유식으로 넘어갈 때나 후기 이유식 도중 '냉털(냉장고

털기)'하기에 딱 좋은 음식이에요. 소개한 재료 대신 평소 잘 먹지 않는

재료가 있다면 함께 넣어도 좋아요. 소금 간만 하면 어른이 먹어도 건강해지고

맛있는 이유식이랍니다.

미리 준비하기

★ 소고기, 채소 냉동 큐브가 있으면 1시간 전에 미리 냉장고에서 해동해주세요.

★ 자투리 채소와 버섯은 다듬어서 씻어주세요.

재료

120g씩
3회분

- ☐ 5분도미 밥 120g(1컵, 쌀밥으로 대체 가능)　☐ 소고기 20g(다진 것, 4작은술)
- ☐ 애호박 10g(다진 것, 2작은술)　☐ 당근 5g(다진 것, 1작은술)　☐ 양파 10g(다진 것, 2작은술)
- ☐ 표고버섯 5g(다진 것, 1큰술)　☐ 무조미 김가루 한 꼬집　☐ 물 360ml(2컵)

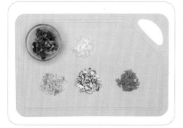

1. 소고기와 자투리 채소, 버섯을 곱게 다져주세요.

2. 냄비에 밥 1컵(120g), 소고기, 자투리 채소와 버섯, 물 2컵(360ml)을 넣어주세요. 거품기로 소고기를 살살 풀어주세요. 생략하면 소고기가 덩어리져 목에 걸릴 수 있어요.

3. 강불로 해서 끓어오르면 약불로 줄이고 15~20분간 익힙니다. 눌어붙지 않게 바닥까지 긁으면서 저어주세요. 밥알이 알맞게 퍼지고 채소가 푹 물러지면 다 된 거예요.

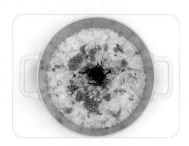

4. 김가루를 한 꼬집 넣고 살살 저은 후, 불을 꺼주세요.

알아두기

★ 다진 고기는 공기와의 접촉 면적이 많아서 냉동실 안에서도 제일 빨리 상합니다. 진공 포장하거나 뚜껑으로 밀폐를 철저히 하는 것이 좋아요. 냉동 큐브는 한두 달 안에 모두 소진하는 것이 안전해요.

★ 무조미 김을 기름을 두르지 않은 팬에 살짝 구운 다음 곱게 부셔서 뿌려주세요. 김의 입자가 크면 아기 입천장에 달라붙을 수 있으니 작게 자르는 것도 잊지 마세요!

소고기완두콩양파 무른밥

『동의보감』에서 완두는 '막힌 위(胃)를 시원하게 뚫어준다'라고 기록되어 있어요.

완두콩은 비타민B1과 식이섬유가 풍부해 '천연 소화제'라고 불릴 정도로 소화가 잘 되고

완두에 들어있는 단백질은 뇌 기능을 활발하게 만들어 집중력을 높이게 해요.

완두콩에는 구리와 아연 같은 미네랄도 들어있어 크기는 작지만 영양분은 알차답니다.

그냥 예쁜 색깔을 내기 위해 넣은 건 아니라는 말이죠!

미리 준비하기

★ 소고기, 양파 냉동 큐브가 있으면 1시간 전에 미리 냉장고에서 해동해주세요.

★ 완두콩을 흐르는 물에 깨끗이 씻어주세요. 냄비에 완두콩이 잠길 정도로 물을
붓고 10분 정도 삶아주세요. 한 김 식혀 손으로 비벼 껍질을 벗겨주세요.

재료

120g씩
3회분

☐ 5분도미 밥 120g(1컵, 쌀밥으로 대체 가능)　　☐ 소고기 20g(다진 것, 4작은술)

☐ 완두콩 30g(삶아서 으깬 것, 2큰술)　　☐ 양파 15g(다진 것, 1큰술)

☐ 참깨 5g(1작은술, 생략 가능)　　☐ 물 360ml(2컵)

1. 소고기, 양파를 곱게 다져주세요.

2. 참깨는 절구에 곱게 빻아주세요.

3. 절구를 씻지 말고 완두콩도 으깨주세요. 차가우면 겉돌아서 으깨기 힘드니 따뜻할 때 하면 좋아요.

4. 냄비에 밥 1컵(120g), 소고기, 완두콩, 양파, 물 2컵(360ml)을 넣어주세요. 거품기로 소고기를 살살 풀어주세요.

5. 강불로 해서 끓어오르면 약불로 줄이고 15~20분간 익힙니다. 눌어붙지 않게 바닥까지 긁으면서 저어주세요.

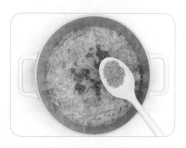

6. 밥알이 알맞게 퍼지면 참깨를 넣고 불을 꺼주세요.

알아두기

★ 푸른색 채소는 데치고 난 뒤 찬물에 빨리 헹구지만 완두콩은 찬물에 헹구면 쪼글쪼글해져요. 그러니 헹구지 말고 적당히 식혀서 껍질을 까세요.

★ 완두콩은 제철이 아니면 말린 거나 냉동을 사야 하는데 이유식에 쓸 거라면 말린 완두콩이 나아요. 말린 완두콩을 냉장 보관하면 1년 이상 안전하기 때문이랍니다.

★ 말린 완두콩을 불릴 때는 반드시 냉장고에서 불려야 해요. 실온에서 불리면 콩이 상할 수 있으므로 꼭 냉장고에서 24시간 불려주세요. 고기나 생선을 해동시킬 때 냉장고에서 해동시켜야 하는 이유와 같아요.

소고기새우감자 무른밥

새우의 감칠맛이 배어 있는 맛있는 밥이랍니다. 새우를 가열하면
예쁜 분홍색이 돼요. 껍질의 아스타크산틴이라는 색소가 배출되면서
붉은색으로 변하기 때문입니다. 그래서 새우 요리를 할 때 새우 껍질이
붉게 변하면 다 익었다는 신호예요. 껍질을 붉게 하는 아스타크산틴은
새우의 감칠맛을 풍부하게 하므로 새우를 삶을 때는 꼭 껍질을 까지
않은 채 삶는 것이 좋아요.

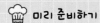 미리 준비하기

★ 소고기, 새우 냉동 큐브가 있으면 1시간 전에 미리 냉장고에서 해동해주세요.
★ 새우는 나무꼬치로 등쪽 내장을 제거하고 머리를 뗀 뒤 껍질이 붙은 채 흐르는 물에
  씻어주세요. 냉동 새우를 사용하려면 깨끗이 씻은 다음 체에 밭쳐 물기를 제거합니다.
★ 감자는 깨끗이 씻어 껍질을 벗겨주세요. 눈과 싹은 도려냅니다.
★ 청경채는 깨끗이 씻어 잎만 3장 준비합니다.

재료

120g씩
3회분

- ☐ 5분도미 밥 120g(1컵, 쌀밥으로 대체 가능) ☐ 소고기 20g(다진 것, 4작은술)
- ☐ 새우 15g(다진 것, 1큰술) ☐ 감자 15g(다진 것, 1큰술) ☐ 청경채 10g(다진 것, 2작은술)
- ☐ 참기름 3g(½작은술, 생략 가능) ☐ 물 360ml(2컵)

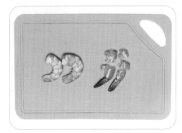

1. 끓는 물에 새우를 넣고 4~5분간 삶아 건져주세요. 완전히 식고 나면 껍질을 떼어주세요. 식을 때 껍질에서 살로 감칠맛이 옮겨가기 때문입니다.

2. 소고기, 감자, 청경채, 새우를 곱게 다져주세요.

3. 냄비에 밥 1컵(120g), 소고기, 새우, 감자, 청경채, 물 2컵(360ml)을 넣어주세요. 거품기로 소고기를 살살 풀어주세요.

4. 강불로 해서 끓어오르면 약불로 줄이고 15~20분간 익힙니다. 눌어붙지 않게 바닥까지 긁으면서 저어주세요.

5. 밥알이 알맞게 퍼지고 채소가 푹 물러지면, 참기름을 뿌린 뒤 강불에서 1분만 더 끓여주세요.

알아두기

★ 참기름같이 향을 살려야 하는 기름은 먹기 직전에 음식에 섞는 것이 좋아요. 하지만 아기들에게는 기름이 재료와 충분히 어울리지 못하면 사레 걸릴 수 있으므로 참기름을 넣고 1~2분 정도 다시 불에서 익혀주는 것이 좋아요.

6

소고기마늘김 무른밥

마늘은 써는 방법에 따라 맛이 달라져요. 마늘 특유의 향은 알리신이라는

성분 때문인데 이 알리신은 마늘 세포 안쪽에 담겨있어요. 마늘을 자르면

마늘 세포가 깨지면서 알리신이 생성되기 때문에 그냥 써는 것보다

으깨는 것이 마늘 향이 더 극대화된답니다. 하지만 으깬 마늘은 아기들에게

향이 너무 강할 수 있어 다지는 정도만으로 향을 내도 충분합니다.

🧑‍🍳 미리 준비하기

★ 소고기, 마늘 냉동 큐브가 있으면 1시간 전에 미리 냉장고에서 해동해주세요.

★ 생김을 기름 없는 팬에 가볍게 구운 다음 부셔주세요. 비닐봉지 안에서 부수면
김가루가 날리지 않아요.

재료

120g씩
3회분

- ☐ 5분도미 밥 120g(1컵, 쌀밥으로 대체 가능) ☐ 소고기 20g(다진 것, 4작은술)
- ☐ 마늘 5g(1개) ☐ 무조미 김 1장 ☐ 물 360ml(2컵)

1. 소고기를 곱게 다져주세요. 마늘은 얇게 편썰어서 다져주세요.

2. 달군 냄비에 올리브유를 두르고 마늘을 약불에서 2~3분간 볶아주세요. 소량이므로 타지 않게 주의하세요.

3. 불을 끄고 2번에 밥 1컵(120g), 소고기, 물 2컵(360ml)을 넣어주세요. 거품기로 소고기를 살살 풀어주세요.

4. 강불로 해서 끓어오르면 약불로 줄이고 중간중간 저어가며 15~20분간 익힙니다.

5. 밥알이 알맞게 퍼지면 불을 꺼주세요. 먹기 전에 김가루를 뿌려주세요.

알아두기

★ 올리브유는 생압착인 엑스트라버진을 작은 용량으로 구입하면 좋아요. 발연점이 높은 아보카도, 옥수수기름은 튀김 같은 고온 조리에, 발연점이 낮은 올리브유, 포도씨유는 볶음이나 베이킹 같은 저온 조리에 적합합니다.

소고기시금치단호박 무른밥

뽀빠이가 먹으면 힘이 나는 시금치로 만든 요리예요! 시금치에는 눈과 피부에
도움이 되는 비타민A와 비타민C, 적혈구 생성과 산소 운반에 필요한 철분,
식이섬유와 무기질 등이 풍부해요. 괜히 뽀빠이가 시금치 통조림만 먹으면
힘이 솟는 게 아니죠. 아기가 뽀빠이처럼 튼튼하게 자라길 바라는 마음으로
만들어볼까요?

 미리 준비하기

★ 소고기 냉동 큐브가 있으면 1시간 전에 미리 냉장고에서 해동해주세요.

★ 단호박을 껍질째 깨끗이 씻은 다음 전자레인지에서 5~8분 정도 돌려주세요. 너
  무 푹 익히지 말고 칼이 들어갈 정도면 적당합니다. 익었으면 반 잘라 속을 파내
  고 8등분해서 녹색 껍질을 제거해주세요.

★ 시금치는 밑동에 칼집을 넣어 뿌리를 작게 다듬은 후, 물에 10분 정도 담가주세
  요. 뿌리부터 살살 흔들어 씻으면 흙 제거가 잘됩니다. 잎 5~8장 정도면 돼요.

재료

120g씩
3회분

☐ 5분도미 밥 120g(1컵, 쌀밥으로 대체 가능)   ☐ 소고기 20g(다진 것, 4작은술)

☐ 시금치 15g(데쳐서 다진 것, 1큰술)   ☐ 단호박 15g(다진 것, 1큰술)   ☐ 참깨 3g(½작은술, 생략 가능)

☐ 물 360ml(2컵)

1. 시금치 잎은 끓는 물에 5초간 데치고 찬물에 여러 번 헹군 뒤 물기를 짜주세요.

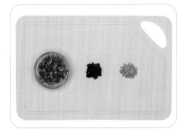

2. 소고기, 시금치, 단호박을 곱게 다져주세요.

3. 참깨를 절구에 곱게 빻아주세요.

4. 냄비에 밥 1컵(120g), 소고기, 시금치, 단호박, 물 2컵(360ml)을 넣어주세요. 거품기로 소고기를 살살 풀어주세요.

5. 강불로 해서 끓어오르면 약불로 줄이고 15~20분간 익힙니다. 눌어붙지 않게 바닥까지 긁으면서 저어주세요.

6. 밥알이 알맞게 퍼지고 채소가 푹 익으면 참깨를 넣고 불을 꺼주세요.

알아두기

★ 시금치는 1년 내내 만나볼 수 있는 식재료이지만, 찬바람이 불기 시작하면 단맛이 더 나기 시작해요. 시금치는 붉은 뿌리에 구리나 마그네슘이 풍부해서 뿌리까지 함께 먹는 것이 좋아요. 다만 아기에게는 뿌리가 너무 질길 수 있으므로 주의하세요.

★ 시금치를 이유식에 쓸 때는 데치는 것이 좋아요. 시금치에는 신장 결석을 만들 수 있다는 옥살산이 있기 때문이에요. 물론 소량으로는 큰 문제를 일으키지 않지만 그래도 아기에게 시금치를 줄 때는 옥살산을 제거하는 것이 좋아요. 방법은 아주 간단해요. 시금치를 끓는 물에 데치면 옥살산이 50% 이상 물에 녹아 빠져나가요.

8

소고기두부완자를 얹은 무른밥

맛있는 두부완자를 구워 밥 위에 올려놓고 반찬처럼 먹게 해주세요.
밥과 반찬으로 먹는 연습도 가끔 필요한 시기랍니다. 다진 소고기와
부드러운 두부가 어우러져서 한입에 쏙쏙 들어가는 작은 완자예요.
소고기두부완자에는 두부가 많이 들어가므로 두부가 신선해야 해요.
두부는 합성 소포제가 없는 것, 국내산 콩 100%인 것을 사는 것도
중요하지만 잘 상하기 때문에 제조 일자를 제대로 확인해야 하는 것이
제일 중요합니다.

 미리 준비하기

★ 소고기, 쪽파 냉동 큐브가 있으면 1시간 전에 미리 냉장고에서 해동해주세요.

★ 달걀을 작은 그릇에 깨뜨려 흰자와 노른자를 섞어주세요. 달걀을 만진 후에는 손
  을 다시 비누로 씻고 요리를 진행해야 교차 감염을 예방할 수 있어요.

★ 두부를 체에 밭쳐 물을 빼주세요. 칼등으로 으깬 다음 손으로 물기를 짜주세요.

한의사 엄마의 완밥 이유식 보감

재료

120g씩
3회분

☐ 5분도미 밥 120g(1컵, 쌀밥으로 대체 가능) ☐ 소고기 20g(다진 것, 4작은술)

☐ 두부 50g(3×3×3cm, 2개) ☐ 달걀 15g(1큰술) ☐ 통밀가루 10g(1큰술)

☐ 쪽파 5g(다진 것, 1개) ☐ 물 360ml(2컵) ☐ 후추 한 꼬집

1. 소고기, 쪽파를 곱게 다져주세요.

2. 냄비에 물 2큰술(30ml)을 붓고 다진 소고기 10g, 후추 한 꼬집을 넣은 다음 거품기로 살살 풀어주세요. 강불에서 3분간 저으면서 익혀주세요.

3. 소고기가 다 익으면 밥 1컵(120g), 물 2컵(360ml)을 넣어주세요. 강불로 해서 끓어오르면 약불로 줄이고 15~20분간 익힙니다. 눌어붙지 않게 중간중간 저어주세요.

4. 팬에 기름 없이 으깬 두부를 펼친 후 약불에서 5~8분 정도 구워 수분을 날려주세요.

5. 볼에 으깬 두부, 다진 소고기 10g, 쪽파, 달걀, 통밀가루를 넣고 재료가 서로 어우러질 정도로 섞어주세요. 은행보다 더 작은 크기로 완자를 만들어주세요.

6. 팬에 기름을 살짝 두르고 중불에서 완자를 5~8분간 익혀주세요. 완자가 익으면 3번의 소고기무른밥에 올려 같이 내어주세요.

알아두기

★ 완자는 기름을 살짝 두른 팬에 살살 흔들어가면서 구워주세요. 소고기가 완전히 익어야 하므로 중불에서 타지 않게 은은하게 구워주세요.

★ 소고기를 밥에 다 넣어 두부로만 완자를 만들어도 되고, 반대로 밥에는 넣지 않고 완자에만 넣어도 됩니다.

9

소고기오징어파프리카 무른밥

여러 가지 색깔의 파프리카를 한 소쿠리 담아서 아기 앞에 줘보세요. 분명히 더 좋아하는
색깔의 파프리카가 있답니다. 파프리카는 색깔별로 맛이 다르고 영양성분도 달라요.
빨간색 파프리카는 붉은색 색소인 '라이코펜'이 많아 세포에 스트레스를 주는 유해산소 생성을
막아주고, 주황색 파프리카는 피부미용에 좋아 멜라닌 색소를 억제하고 아토피에도 도움이
된답니다. 초록색 파프리카에는 철분이 많아 빈혈 예방에 좋고 다른 색에 비해서 당도가 없고
열량이 낮아요. 필요에 따라 파프리카를 골라서 요리하면 건강에 더 좋겠죠!

🧑‍🍳 미리 준비하기

★ 소고기, 오징어 냉동 큐브가 있으면 1시간 전에 미리 냉장고에서 해동해주세요.
★ 오징어는 몸통을 준비해 깨끗하게 씻어주세요. 도마에 놓고 몸통 아래쪽을
   0.5cm 잘라내세요. 잘라낸 쪽 껍질을 키친타월로 감싸 쥐고 단번에 벗겨주세요.
★ 파프리카는 어떤 색이든 좋아요. 반 잘라서 속을 파내고 4등분해주세요.

재료

120g씩
3회분

- ☐ 5분도미 밥 120g(1컵, 쌀밥으로 대체 가능)   ☐ 소고기 20g(다진 것, 4작은술)
- ☐ 오징어 15g(다진 것, 1큰술)   ☐ 파프리카 15g(다진 것, 1큰술)
- ☐ 참기름 3g(½작은술, 생략 가능)   ☐ 물 360ml(2컵)

1. 칼로 파프리카 껍질을 얇게 벗겨주
세요. 껍질째 요리해도 되지만 벗기
면 부드럽고 단맛이 증가됩니다.

2. 소고기, 오징어, 파프리카를 다져주
세요.

3. 냄비에 밥 1컵(120g), 소고기, 파프리
카, 물 2컵(360ml)을 넣어주세요. 거
품기로 소고기를 살살 풀어주세요.

4. 강불로 해서 끓어오르면 약불로 줄
이고 오징어를 넣고 15~20분간 익
힙니다. 눌어붙지 않게 바닥까지 긁
으면서 저어주세요.

5. 밥알이 알맞게 퍼지고 재료가 푹 익
으면 참기름을 두르고 강불에서 1분
만 더 끓여주세요.

알아두기

★ 오징어 손질이 어려우면 손질된 냉동 오징어 순살을 구입하는 것이 편해요.

★ 파프리카의 밑면을 보면 올록볼록하게 생겼는데 이 부분이 4개인 것이 3개인 것보다 더 달고 아삭하니 밑면을 보고
고르는 것도 좋아요.

10

소고기양송이브로콜리 수프

브로콜리를 특별히 싫어하는 아기가 있을까요?
쓴맛에 예민한 아기라면 그럴 수 있어요. 브로콜리는 쓴맛을 내는
효소를 가지고 있어서 쓴맛 수용체가 민감하게 발달된 아기라면
유달리 싫어할 수 있다고 해요. 그러나 너무 걱정하지는 마세요.
미각이 민감해도 즐거운 환경에서 반복적으로 먹는다면
그 음식을 즐길 수 있다고 하니 소고기와 양송이를 함께 넣은
구수한 이 수프로 브로콜리의 쓴맛을 극복해보세요.

 미리 준비하기

★ 소고기 냉동 큐브가 있으면 1시간 전에 미리 냉장고에서 해동해주세요.
★ 양송이버섯은 물이 묻은 키친타월로 닦은 다음 기둥을 떼주세요. 버섯 갓의 아래쪽 돌돌 말린
  부분을 살짝 들어올려 얇은 막을 벗기면 뽀얀 버섯의 속살이 나옵니다.
★ 브로콜리는 꽃봉오리를 떼어내서 식초 물에 10분 담근 후 흐르는 물에 헹굽니다. 작은 꽃봉오
  리 2개 정도 준비해주세요.
★ 캐슈너트 10알에 물 1컵(180ml)을 부어 1시간 이상 통통하게 불려주세요. 캐슈너트가 없다면
  분유나 모유로 대체 가능합니다.

재료

130g씩
3회분

- ☐ 5분도미 밥 120g(1컵, 쌀밥으로 대체 가능)
- ☐ 소고기 20g(다진 것, 4작은술)
- ☐ 양송이버섯 15g(다진 것, 1큰술)
- ☐ 브로콜리 15g(다진 것, 1큰술)
- ☐ 볶은 캐슈너트 10알(분유 2큰술로 대체 가능)
- ☐ 물 360ml(2컵)

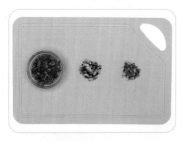

1. 소고기, 양송이버섯, 브로콜리를 곱게 다져주세요.

2. 캐슈너트 밀크를 만들 거예요. 용기에 불려놓은 캐슈너트와 불린 물을 붓고 핸드블렌더로 곱게 갈아주세요. 우유처럼 뽀얗고 크리미한 질감이 날 때까지 갈아줍니다.

3. 냄비에 밥 1컵(120g), 소고기, 양송이버섯, 2번의 캐슈너트밀크, 물 1컵(180ml)을 넣어주세요. 거품기로 소고기를 살살 풀어주세요.

4. 강불로 해서 끓어오르면 약불로 줄이고 15~20분간 익힙니다. 눌어붙지 않게 바닥까지 긁으면서 저어주세요.

5. 밥알이 알맞게 퍼지면 브로콜리를 넣고 2~3분 정도 더 익히고 불을 끕니다.

알아두기

★ 브로콜리는 짙은 초록빛을 띠면서 꽃이 피지 않고 가운데가 볼록 솟은 것이 신선한 거예요. 브로콜리에 풍부한 비타민C와 베타카로틴은 싱싱할 때 그 함량이 가장 높아서 싱싱한 브로콜리를 사는 것이 중요하답니다.

★ 버섯은 요리하기 전에 키친타월을 물에 묻혀 살짝 닦아주세요. 물에 씻으면 수용성 영양소가 빠져나가고 흐물흐물해져서 맛과 향이 떨어진답니다.

소고기양파오트밀 포타지

포타지는 서양의 걸쭉한 죽 같은 음식을 말합니다. 아기도 부드러운 통곡물
포타지를 즐길 수 있어요. 아기들의 통곡물 비율은 돌까지는 50%,
두 돌까지는 70%를 섞어주는 것을 권장해요. 이 레시피에는 통곡물인
오트밀이 들어가기 때문에 5분도미 밥에서 백미밥으로 밥을 바꿨어요.
5분도미는 50%의 통곡물이라고 생각해주세요.

🧑‍🍳 미리 준비하기

★ 소고기, 양파, 마늘 냉동 큐브가 있으면 1시간 전에 미리 냉장고에서 해동해주세요.
★ 양파는 껍질을 까서 씻고 가지는 깨끗하게 씻어주세요.

재료

120g씩
3회분

- [ ] 백미밥 60g(½컵) [ ] 오트밀 30g(6큰술) [ ] 소고기 20g(다진 것, 4작은술)
- [ ] 마늘 5g(1개) [ ] 양파 30g(다진 것, 2큰술)
- [ ] 분유 15g(2큰술) [ ] 물 360ml(2컵)

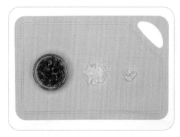

1. 소고기, 양파, 마늘을 곱게 다져주세요.

2. 달군 팬에 올리브유를 두르고 마늘, 양파를 연한 갈색이 되도록 중불에서 3~4분 정도 볶아주세요. 단맛이 올라와 풍미가 깊어집니다. 볶은 뒤 그릇에 담아주세요.

3. 팬을 씻지 말고 밥, 오트밀, 소고기, 분유 15g, 물 2컵(360ml)을 넣어주세요. 거품기로 소고기를 살살 풀어주세요.

4. 강불로 해서 끓어오르면 약불로 줄이고 10~15분간 익힙니다. 눌어붙지 않게 바닥까지 긁으면서 저어주세요.

5. 그릇에 담고 2번의 마늘양파볶음을 토핑해서 섞어가면서 먹이세요.

알아두기

★ 이 책에서는 초기·중기 이유식의 묽은죽·된죽과 후기·완료기 이유식의 죽을 차별화하기 위해 후기·완료기에서는 죽을 포타지라고 명했습니다.

★ 양파와 마늘을 함께 볶으면 한 가지만 넣는 것보다 풍미가 좋아져요.

★ 마늘양파볶음을 토핑으로 주면 한꺼번에 넣고 끓이는 것과 식감과 맛이 달라집니다. 같은 쌀로 만들지만 밥과 죽은 완전 다른 맛인 것처럼 식감은 맛을 결정하는 데 큰 역할을 해요.

소고기두부잡채와 퀴노아무른밥

퀴노아는 고대 잉카 문명에서부터 재배되어 온 좋은 먹거리랍니다.
쌀과 비슷한 모양과 식감 때문에 '곡물의 어머니'라고 불리지만,
원래 곡식이 아니고 씨앗이에요. 퀴노아는 비록 크기는 작지만 아기에게
꼭 필요한 단백질, 철분, 칼슘, 오메가3 지방이 쌀의 2배 이상 들어있어요.
이상 반응이 없거나 잘 먹으면 밥을 지을 때 소량씩 꾸준히 넣어주세요.

 미리 준비하기

★ 소고기, 당근, 마늘 냉동 큐브가 있으면 1시간 전에 미리 냉장고에서 해동해주세요.

★ 퀴노아를 고운 체에 넣어 흐르는 물에 비비면서 씻은 다음 30분 불려주세요.

★ 당면은 툭툭 분질러서 30분 정도 물에 불리고, 두부는 체에 받쳐 물을 빼주세요.

재료

140g씩
3회분

- ☐ 5분도미 밥 120g(1컵, 쌀밥으로 대체 가능)   ☐ 퀴노아 5g(1작은술)   ☐ 소고기 20g(다진 것, 4작은술)
- ☐ 두부 50g(3×3×3cm, 2개)   ☐ 당근 10g(다진 것, 2작은술)   ☐ 마늘 3g(½개)   ☐ 당면 30g(불린 것, 2큰술)
- ☐ 참깨 3g(½작은술)   ☐ 물 450ml(2½컵)

1. 냄비에 밥 1컵(120g), 불린 퀴노아, 물 2컵(360ml)을 넣어주세요. 강불로 해서 끓어오르면 약불로 줄이고 15~20분간 익힙니다. 다 된 무른밥은 덜어두세요.

2. 소고기, 두부, 당근, 마늘을 곱게 다져주세요. 불린 당면은 1cm 정도로 짧게 잘라주세요.

3. 참깨를 절구에 빻아주세요.

4. 냄비에 소고기, 당근, 마늘, 당면, 물 반 컵(90ml)을 넣고 거품기로 소고기를 살살 풀어주세요. 강불로 해서 끓어오르면 약불로 줄이고 4~6분간 익힙니다. 눌어붙지 않게 바닥까지 긁으면서 저어주세요.

5. 소고기가 푹 익으면 두부를 넣고 1~2분간 더 익혀줍니다.

6. 걸쭉해지면 참깨를 넣고 불을 끕니다. 1번의 퀴노아무른밥 위에 올려 내어주세요.

알아두기

★ 밥과 반찬을 한 그릇에 담아 간편하게 먹을 수 있는 요리를 일품요리라고 하죠. 초기, 중기의 이유식이 일품요리와 비슷했다면 후기부터는 반찬을 따로 먹는 이유식을 같이 시작해보는 것도 좋아요.

★ 퀴노아는 잘 씻는 것이 중요해요. 크기가 작아서 쌀과 함께 씻으면 물에 둥둥 떠서 배수구에 다 흘러 내려가버려요. 또 퀴노아 껍질에는 사포닌이 있어 깨끗하게 씻지 않으면 쓴맛이 날 수 있어요. 고운 체에 퀴노아만 담아서 거품이 나오지 않을 때까지 손가락으로 문질러 씻어주세요.

13

소고기구기자무 무른밥

『동의보감』에서 구기자는 인삼, 하수오와 함께 3대 명약으로
꼽힙니다. 한방에서 구기자는 뼈와 근육을 강하게 하고,
얼굴빛을 환하게 하며 눈을 맑게 해주는 약재로 사용하고 있어요.
구기자에는 비타민류와 폴리페놀의 함량이 높은데 그중에서
비타민C는 오렌지의 500배나 많아요. 비타민C가 철분 흡수율을
좋게 하니 소고기와 함께 먹으면 궁합이 아주 좋습니다.
다만 구기자에도 알레르기가 있을 수가 있으니 꼭 알레르기 테스트
이후 먹이세요.

 미리 준비하기

★ 소고기, 무, 마늘 냉동 큐브가 있으면 1시간 전에 미리 냉장고
  에서 해동해주세요.

★ 구기자를 잘 씻어주세요.

재료

120g씩 3회분

- ☐ 5분도미 밥 120g(1컵, 쌀밥으로 대체 가능)
- ☐ 소고기 20g(다진 것, 4작은술)
- ☐ 무 15g(다진 것, 1큰술)
- ☐ 마늘 3g(½개)
- ☐ 구기자 20g(30알)
- ☐ 참깨 3g(½작은술)
- ☐ 물 450ml(2½컵)

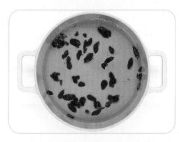

1. 냄비에 구기자를 넣고 물 2컵 반 (450ml)을 부어주세요. 강불로 해서 물이 끓으면 약불로 줄이고 10분간 끓인 뒤 불을 꺼주세요.

2. 10분간 뜸을 들인 뒤 구기자를 건져주세요. 이때 구기자 물 반 컵(90ml)은 따로 덜어두세요.

3. 구기자물이 담긴 냄비에 밥 1컵 (120g)을 넣고 강불로 해서 끓어오르면 약불로 줄이고 15~20분간 익힙니다. 무른밥 농도가 되면 불을 꺼주세요.

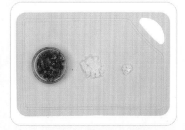

4. 소고기, 무, 마늘을 다져주세요.

5. 참깨를 절구에 빻아주세요.

6. 팬에 소고기, 무, 마늘, 덜어둔 구기자물 반 컵을 넣고 거품기로 소고기를 살살 풀어주세요. 강불로 해서 끓으면 약불로 해서 5~8분 끓여주세요.

7. 소고기와 무가 푹 익으면 참깨를 넣고 불을 끕니다. 3번의 구기자무른밥 위에 올려 내어주세요.

알아두기

★ 구기자는 성질이 차서 배가 차갑거나 설사하는 아기들은 조심하세요.

★ 국산 구기자는 검붉은 빛을 띠고 중국산 구기자는 선홍빛이나 주황색을 띠어요. 국산 구기자가 영양 면에서 더 우수한 품질을 가졌으니 여유가 되면 국내산을 구매하세요.

소고기소보로를 넣은 감자전

'지나치게 뜨거운 감자'는 몸에 나빠요. 감자를 120도 이상에서 요리하면 발암물질이 나오기 때문이에요. 감자는 고온에 굽거나 튀기기보다는 삶거나 찌는 조리법이 낫답니다. 그래서 감자전은 기름은 바르는 둥 마는 둥 하여 약불에서 은근히 익혀주세요.

 미리 준비하기

★ 소고기 냉동 큐브가 있으면 1시간 전에 미리 냉장고에서 해동해주세요.

★ 감자를 깨끗하게 씻어주세요. 껍질을 벗기고 눈을 제거해주세요. 갈변 방지를 위해 물에 담가주세요.

재료

각 5cm
6~8개

☐ 감자 100g(중간 것, 1개) ☐ 소고기 20g(다진 것, 4작은술) ☐ 후추 한 꼬집 ☐ 물 30ml(2큰술)

1. 소고기를 곱게 다져주세요.

2. 팬에 물 2큰술(30ml), 다진 소고기 20g, 후추 한 꼬집을 넣은 다음, 거품기로 살살 풀어주세요. 강불에서 3분간 저으면서 익혀주세요.

3. 물기 없이 포실포실해지면 불을 꺼주세요.

4. 감자를 강판에 간 뒤 2~3분 정도 그대로 두세요. 흰색 앙금은 가라앉고 그 위로 물이 생길 거예요.

5. 고인 물을 따라내고 남은 물도 숟가락으로 살살 눌러가며 걷어냅니다. 이렇게 하면 수분은 최대한 빠지고 전분만 남게 되어 쫄깃해져요.

6. 소고기를 간 감자에 섞어주세요.

7. 달군 팬에 올리브유를 아주 살짝 발라주세요. 5cm 정도의 탁구공 크기만 하게 감자 반죽을 올려주세요. 어른 밥숟가락으로 한 스푼 정도면 적당합니다.

8. 약불에서 노릇노릇하게 구워주세요. 윗부분은 투명해지고 아랫부분은 노릇노릇해지면 뒤집어 구워주세요.

알아두기

★ 감자를 강판으로 갈면 믹서기로 간 것보다 식감이 살아나서 더 맛있어요.

★ 감자는 갈면 바로 갈변하기 때문에 굽기 직전에 갈아야 해요.

★ 2번은 완료기에 자주 나오는 고기 소보로를 만드는 방법입니다. 소고기를 익혀서 넣으면 조리 시간이 단축됩니다.

돼지고기토마토두부 무른밥

중국식 두부요리인 마파두부를 응용했어요. 매운 고춧가루 대신에 토마토를 넣어 붉은색을
대신했어요. 한의학에서는 다섯 가지 색깔(청, 적, 황, 백, 흑)이 오장과 연결되어 있다고 해요.
이중에서 붉은색은 심장과 연결되어 있다고 보는데, 붉은색을 내는 라이코펜이 함유된
토마토는 심장과 혈관을 튼튼하게 해주는 대표 과일이랍니다. 강력한 항산화작용으로
활성산소를 제거하기 때문에 면역력 강화에 좋아요. 토마토로 식탁을 붉게 물들여보세요.

🍳 미리 준비하기

★ 돼지고기, 양파, 마늘 냉동 큐브가 있으면 1시간 전에 미리
  냉장고에서 해동해주세요.
★ 토마토는 깨끗이 씻은 다음 윗면에 십자로 칼집을 내고 끓
  는 물에 1분간 데쳐주세요.

재료

140g씩
3회분

- ☐ 5분도미 밥 120g(1컵, 쌀밥으로 대체 가능)   ☐ 돼지고기 20g(다진 것, 4작은술)
- ☐ 두부 50g(3×3×3cm, 2개)   ☐ 토마토 90g(다진 것, ½컵)   ☐ 양파 15g(다진 것, 1큰술)
- ☐ 마늘 3g(½개, 생략 가능)   ☐ 물 540ml(3컵)

1. 데친 토마토가 한 김 식으면 칼집을 낸 부위부터 껍질을 벗겨주세요. 듬성듬성 잘라서 토마토 씨를 제거해주세요.

2. 돼지고기, 토마토, 양파, 마늘을 곱게 다져주세요. 두부는 옥수수알 크기로 작게 썰어주세요.

3. 냄비에 밥 1컵(120g), 물 2컵(360ml)을 넣어주세요. 강불로 해서 끓어오르면 약불로 줄이고 15~20분간 익힙니다. 눌어붙지 않게 가끔 저으면 무른밥 완성이에요.

4. 달군 팬에 올리브유를 두르고 마늘, 양파를 넣고 약불에서 노릇노릇 볶아주세요.

5. 3번에 돼지고기, 토마토, 물 1컵(180ml)을 넣고 거품기로 돼지고기를 살살 풀어주세요. 강불로 해서 끓으면 약불에서 5~8분 익힙니다.

6. 물이 졸아들면 두부를 넣고 2~3분 정도 더 익힙니다. 3번의 무른밥과 함께 내어주세요.

알아두기

★ 토마토는 너무 큰 것보다는 1개에 200g 정도, 어른 주먹만 한 크기가 가장 맛있어요.

★ 토마토는 가열하면 토마토 속에 들어있는 라이코펜이 세포벽 밖으로 빠져나와서 소화 흡수가 증가되기 때문에 생것으로 그냥 먹는 것보다는 한 번 익혀서 먹는 것이 좋아요. 토마토의 얇은 껍질과 씨는 제거해주세요.

돼지고기달걀부추 무른밥

부추는 고기 중에서도 돼지고기와 궁합이 좋아요. 부추는 따뜻한 성질을
가지고 있어 돼지고기의 냉한 성질을 보하면서도 소화를 도와요.
반대로 소고기와 부추는 궁합이 좋지 않아요. 소고기와 부추 모두 따뜻한
성질을 가졌기 때문에 같이 먹으면 위의 점막을 자극해 소화불량이나 설사
증상이 나타날 수 있어요. 사람과 사람 사이에도 궁합이 있듯이
음식 간에도 맞는 궁합이 있다는 점 기억하세요!

👨‍🍳 미리 준비하기

★ 돼지고기, 표고버섯 냉동 큐브가 있으면 1시간 전에 미리 냉장고에서 해동해주세요.

★ 달걀을 작은 그릇에 깨뜨려 흰자와 노른자를 섞어주세요. 꼭 손을 씻어주세요.

★ 부추는 5~7가닥 준비해주세요. 흰 부분은 손가락으로 살살 비비며 깨끗이 씻어주세요.

★ 표고버섯은 기둥을 제거하고 갓을 흐르는 물에 살짝만 씻어주세요.

재료

140g씩
3회분

☐ 5분도미 밥 120g(1컵, 쌀밥으로 대체 가능)   ☐ 돼지고기 20g(다진 것, 4작은술)

☐ 달걀 50g(1개)   ☐ 부추 15g(다진 것, 1큰술)   ☐ 표고버섯 5g(다진 것, 1큰술)

☐ 참깨 2g(½큰술, 생략 가능)   ☐ 물 360ml(2컵)

1. 돼지고기, 부추, 표고버섯을 곱게 다져주세요.

2. 참깨를 절구에 곱게 빻아주세요.

3. 달걀에 다진 부추를 넣고 섞어주세요.

4. 냄비에 밥 1컵(120g), 돼지고기, 표고버섯, 물 2컵(360ml)을 붓고 거품기로 돼지고기를 살살 풀어주세요. 강불로 해서 끓어오르면 약불로 줄이고 중간중간 저어가며 15~18분 정도 익힙니다.

5. 밥알이 알맞게 퍼지면 3번의 부추 달걀물을 넣고 약불에서 2~3분 정도 저으며 익힙니다. 달걀은 약불로 익혀야 부드럽답니다.

6. 살균 목적으로 다시 강불에서 1분 정도 저으면서 끓인 후, 참깨를 뿌리고 불을 끕니다.

알아두기

★ 달걀은 거의 모든 영양소를 함유한 완전식품이지만 비타민C와 식이섬유는 거의 없답니다. 그래서 달걀은 채소나 과일과 함께 먹는 것이 좋아요.

★ 부추의 매운맛을 내는 황화알릴 성분은 돼지고기에 풍부한 비타민B1과 만나 알리티아민을 형성해요. 알리티아민은 천연 피로회복제로, 비타민B1의 흡수를 10~20배 높여줘 신진대사를 활발하게 하고 면역력을 증진시키는 데 도움을 준답니다.

돼지고기감자아욱 무른밥

'가을 아욱국은 사립문 닫고 먹는다'라는 속담이 있을 정도로
아욱은 맛과 영양이 뛰어난 채소예요. 단백질과 칼슘의
함유량이 시금치보다 2배나 많아 아기들의 골격 형성과 뼈
성장에 도움을 준답니다. 명나라 때 한의학서인
『본초강목』에서는 '식욕이 끊기면 밥을 먹기 전에 아욱국부터
먹어 속을 다스린 후 식사를 하라'는 처방이 남아 있을
정도랍니다. 이 아욱, 아기한테도 맛있게 먹여볼까요?

🍳 미리 준비하기

★ 돼지고기, 마늘 냉동 큐브가 있으면 1시간 전에 미리 냉장고에서 해동해주세요.

★ 감자는 깨끗하게 씻어서 껍질을 벗겨주세요. 싹과 눈은 도려냅니다.

★ 아욱은 1~2장을 준비해주세요. 줄기를 손으로 꺾으면 얇은 껍질이 분리되어 쉽게 벗겨
   집니다. 너무 억센 줄기는 제거해주세요.

★ 달걀을 작은 그릇에 깨뜨려서 흰자와 노른자를 섞어주세요. 꼭 손을 씻어주세요.

재료

120g씩
3회분

☐ 5분도미 밥 120g(1컵, 쌀밥으로 대체 가능)   ☐ 돼지고기 20g(다진 것, 4작은술)

☐ 감자 15g(다진 것, 1큰술)   ☐ 아욱 15g(데쳐서 다진 것, 1큰술)   ☐ 마늘 3g(½개, 생략 가능)

☐ 들깨 2g(½작은술, 생략 가능)   ☐ 물 360ml(2컵)

1. 아욱 잎을 싱크대에서 푸른색 물이 나올 때까지 빨래 빨듯이 주물러줍니다. 미끌거리는 물이 안 나올 때까지 찬물에 헹궈주세요.

2. 돼지고기, 감자, 아욱 잎, 마늘을 곱게 다져주세요.

3. 들깨를 절구에 곱게 빻아주세요.

4. 냄비에 밥 1컵(120g), 돼지고기, 감자, 아욱, 마늘, 물 2컵(360ml)을 붓고 거품기로 돼지고기를 살살 풀어주세요. 강불로 해서 끓어오르면 약불로 줄이고 저어가며 15~20분 정도 익힙니다.

5. 밥알이 알맞게 퍼지고 채소가 물러지면 들깨를 뿌리고 불을 꺼주세요.

알아두기

★ 아욱 잎은 생각보다 두껍고 거칠어서 손질하는 방법이 시금치처럼 부드러운 채소하고는 달라요. 하지만 손질만 제대로 하면 아기에게도 부드럽게 먹일 수 있답니다.

돼지고기연두부연근 무른밥

두부는 크게 모두부, 연두부, 순두부 세 종류가 있어요. 찌개나 부침용으로 쓰이는 일반적인 두부가 바로 모두부예요. 모두부는 콩물에서 수분을 빼기 위해서 압착을 해서 만든 것이라 단단하죠. 모두부의 수분을 많이 빼면 부침용, 적게 빼면 부드러운 찌개용이 됩니다.

연두부와 순두부는 콩물에서 수분을 전혀 빼지 않은 두부예요. 네모난 플라스틱 통에 넣으면 연두부, 비닐백에 넣으면 순두부라고 한답니다. 이유식의 질감에 맞게 다양하게 응용해보세요!

🧑‍🍳 미리 준비하기

★ 돼지고기, 마늘 냉동 큐브가 있으면 1시간 전에 미리 냉장고에서 해동해주세요.

★ 연근은 흙을 씻어내고 껍질은 조금 두껍게 벗깁니다. 5cm 정도 한 토막 썰어주세요. 갈변 방지를 위해 식초 물에 담가주세요.

재료

140g씩
3회분

☐ 5분도미 밥 120g(1컵, 쌀밥으로 대체 가능) ☐ 돼지고기 20g(다진 것, 4작은술)

☐ 연두부 45g(3큰술) ☐ 연근 15g(간 것, 1큰술) ☐ 들깨 2g(½작은술, 생략 가능) ☐ 물 360ml(2컵)

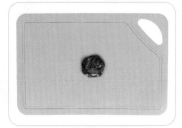

1. 돼지고기를 곱게 다져주세요.

2. 들깨를 절구에 곱게 빻아주세요.

3. 연근은 미리 갈아두면 갈변하므로 냄비에 넣기 직전에 강판에 갑니다.

4. 냄비에 밥 1컵(120g), 돼지고기, 연근, 물 2컵(360ml)을 붓고 거품기로 돼지고기를 살살 풀어주세요. 강불로 해서 끓어오르면 약불로 줄이고 저어가며 15~18분 정도 익힙니다.

5. 밥알이 알맞게 퍼지면 연두부를 넣고 2~3분 정도 더 익혀주세요. 눌어붙지 않게 잘 저어주세요.

6. 들깨를 뿌리고 불을 꺼주세요.

알아두기

★ 연근을 갈고 남은 것은 냉동 큐브로 만들어두세요.

★ 연근은 흙이 묻은 것을 구입하세요. 손질한 연근의 갈변을 막기 위해 아황산 처리를 하는 경우도 있으니 껍질째 사는 것이 건강에 좋아요.

삼색소보로 덮밥

다진 고기를 익히는 방법은 많아요. 팬에 기름을 두르고 달달 볶기도 하고 고기를 작은 체에

담아 끓는 물에서 살살 흔들며 삶아내기도 합니다. 이 레시피에서는 고기를 삶은 물을 육수로

사용하는 방법을 소개했어요. 채소뿐 아니라 고기도 데쳐서 사용할 수 있답니다.

데치는 것이 기름에 볶는 것보다 훨씬 더 부드러워요.

🍳 미리 준비하기

★ 돼지고기 냉동 큐브가 있으면 1시간 전에 미리 냉장고에서 해동해주세요.

★ 시금치는 밑동에 칼집을 넣어 다듬은 후, 물에 10분 정도 담가주세요. 뿌리부터 흔들어 씻으면 흙 제거가 잘돼요. 끓는 물에 5초간 데치고 찬물에 헹군 뒤 물기를 짜주세요.

★ 달걀을 작은 그릇에 깨뜨리고 물 ½컵(90ml)을 넣고 섞어서 달걀물을 만들어주세요. 달걀을 만진 후 손을 비누로 씻어주세요.

🍳재료

120g씩
3회분

☐ 5분도미 밥 120g(1컵, 쌀밥으로 대체 가능)   ☐ 돼지고기 20g(다진 것, 4작은술)

☐ 달걀 50g(1개)   ☐ 시금치 잎 15g(5~8장, 데쳐서 다진 것, 1큰술)   ☐ 후추 한 꼬집(생략 가능)

☐ 참깨 3g(½작은술, 생략 가능)   ☐ 물 360ml(2컵)

1. 돼지고기, 시금치를 곱게 다져주세요.

2. 참깨를 절구에 곱게 빻아주세요.

3. 냄비에 물 2컵(360ml)을 넣고 끓여주세요. 작은 체에 돼지고기를 담고 끓는 물에 담가 젓가락으로 살살 풀면서 3~5분간 익혀주세요. 돼지고기 삶은 물은 무른밥 만드는 육수로 사용합니다.

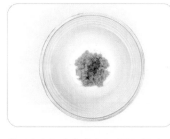

4. 체에서 건진 돼지고기를 그릇에 담고 후추 한 꼬집을 뿌려줍니다. 이것이 데쳐서 만드는 돼지고기소보로예요.

5. 3번의 육수에 밥 1컵(120g)을 넣고 강불로 해서 끓어오르면 약불로 줄이고 15~20분간 익힙니다. 눌어붙지 않게 중간중간 저어주세요.

6. 달군 팬에 올리브유를 아주 약간 두르고 달걀물을 부어주세요. 약불에서 젓가락으로 재빨리 저어가며 익혀주세요.

7. 달걀이 포실포실하게 익으면 그릇에 따로 담아주세요.

8. 팬을 씻지 말고 다진 시금치를 넣고 참깨를 뿌린 뒤 1분 정도 볶아주세요. 시금치도 7번의 그릇에 함께 담아두세요.

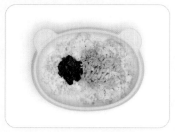

9. 무른밥 위에 돼지고기, 달걀, 시금치를 예쁘게 담아주세요.

20

돼지고기무양파 포타지

옛말에 '무를 많이 먹으면 속병이 없다'라는 말이 있어요. 무에는 전분을 분해하는 디아스타아제라는 효소가 많아 소화를 도와주기 때문이에요. 또 한의학에서는 흰색을 호흡기의 기능과 관련 있다고 봅니다. 실제로 도라지, 무, 콩나물, 양파 등의 흰색 식품은 환절기 감기를 예방하고 호흡기가 약한 사람에게 도움을 준답니다. 감기 걸려 소화도 안 되고 기침, 콧물이 날 때 무, 양파가 듬뿍 든 따뜻한 포타지 한 그릇 만들어 먹여주세요.

🍳 미리 준비하기

★ 돼지고기, 양파, 무 냉동 큐브가 있으면 1시간 전에 미리 냉장고 에서 해동해주세요.
★ 무 윗부분을 준비해서 깨끗하게 씻고 껍질을 벗겨주세요. 무는 윗부분이 맛있어요.

재료

120g씩
3회분

☐ 백미밥 60g(½컵) ☐ 오트밀 30g(4큰술) ☐ 돼지고기 20g(다진 것, 4작은술)

☐ 무 15g(다진 것, 1큰술) ☐ 양파 15g(다진 것, 1큰술) ☐ 들깨 5g(1작은술)

☐ 분유 15g(2큰술) ☐ 물 360ml(2컵)

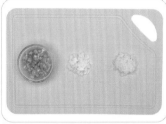

1. 돼지고기, 양파, 무를 곱게 다져주세요.

2. 들깨를 절구에 곱게 빻아주세요.

3. 달군 팬에 올리브유를 두르고 양파를 연한 갈색이 되도록 중불에서 3~4분 정도 볶아주세요. 단맛이 올라와 풍미가 깊어집니다.

4. 3번에 밥½컵(60g), 오트밀, 돼지고기, 무, 들깨, 분유, 물 2컵(360ml)을 넣고 거품기로 돼지고기를 살살 풀어주세요. 강불로 해서 끓어오르면 약불로 줄이고 15~20분 정도 익힙니다.

5. 밥알이 알맞게 퍼지고 걸쭉해지면 불을 꺼주세요.

알아두기

★ 양파는 뿌리가 붙어있으면서 껍질이 얇아 잘 찢어지는 것이 신선한 거예요.

★ 양파에 많은 케르세틴은 열을 가하면 함량이 증가되고 흡수도 잘됩니다. 양파 매운맛을 없애기 위해 찬물에 담가놓으면 수용성 비타민, 알리신, 케세르틴이 모두 녹아버리므로 조심하세요.

21

돼지고기버섯 리소토

리소토란 이탈리아 요리 중의 하나로 쌀을 주재료로 만들어요.

원래 리소토는 쌀을 기름에 볶아서 만들지만 이유식에서는

밥을 이용해서 부드럽게 변형시켜봤어요.

돌 전에는 우유는 먹지 않는 것이 원칙이라 리소토나

포타지 레시피에는 분유나 모유를 넣는답니다.

 미리 준비하기

★ 돼지고기, 표고버섯, 양파 냉동 큐브가 있으면 1시간 전에 미리 냉장고에서 해동해주세요.

★ 표고버섯은 기둥을 떼고 갓은 살짝 씻어주세요. 요리하기 전에 햇볕을 30분 정도 쬐면
   비타민D가 풍부해져요.

재료

120g씩
3회분

☐ 5분도미 밥 120g(1컵, 쌀밥으로 대체 가능) ☐ 돼지고기 20g(다진 것, 4작은술) ☐ 양파 15g(다진 것, 1큰술)

☐ 표고버섯 10g(다진 것, 2큰술) ☐ 마늘 3g(½개, 생략 가능)

☐ 무염버터 5g(1작은술, 올리브유로 대체 가능) ☐ 분유 15g(2큰술, 모유로 대체 가능)

☐ 후추 한 꼬집 ☐ 물 360ml(2컵)

1. 돼지고기, 표고버섯, 양파, 마늘을 곱게 다져주세요.

2. 냄비에 버터를 녹인 후, 마늘과 양파를 타지 않게 약불에서 2~3분간 볶아주세요.

3. 양파가 투명해지면 표고버섯을 넣고 수분을 날리면서 냄비가 살짝 눋은 면이 생기기 시작할 때까지 볶아줍니다.

4. 3번에 밥 1컵(120g), 돼지고기, 분유 15g, 물 2컵(360ml)을 붓고 거품기로 돼지고기를 살살 풀어주세요. 강불로 해서 끓어오르면 약불로 줄이고 저어가며 15~20분 익힙니다.

5. 돼지고기가 익으면 볶아둔 양파와 표고버섯을 넣어주세요.

6. 물이 졸아들고 걸쭉해지면 후추 한 꼬집을 뿌리고 불을 꺼주세요.

알아두기

★ 건표고버섯을 사용할 때는 물에 살짝 씻은 뒤 물 2컵 이상을 붓고 최소 1시간 동안은 불려 사용하세요. 이때 불린 물은 버리지 말고 육수로 사용하면 됩니다.

22

돼지고기감자 수프

돼지고기 하면 삼겹살부터 떠오르죠. 그래서 이유식에서는 돼지고기를 꺼리기도 하는데 살코기만 사용하면 소고기와 같이 철분과 단백질을 공급할 수 있어요. 특히 돼지고기에는 탄수화물이 체내에서 에너지를 낼 때 꼭 필요한 영양소인 비타민B1이 소고기보다 6배 많아서 소고기와 돼지고기를 번갈아가면서 먹이는 게 좋은 방법이에요.

🍳 **미리 준비하기**

★ 돼지고기, 양파 냉동 큐브가 있으면 1시간 전에 미리 냉장고에서 해동해주세요.

★ 감자는 씻은 후 껍질을 벗기고 싹과 눈은 도려냅니다.

★ 청경채는 씻은 후 잎만 3~4장 준비해주세요.

★ 캐슈너트 10알에 물 1컵(180ml)을 부어 1시간 이상 불려주세요. 분유나 모유로 대체 가능합니다.

재료

120g씩
3회분

☐ 5분도미 밥 120g(1컵, 쌀밥으로 대체 가능) ☐ 돼지고기 20g(다진 것, 4작은술)

☐ 양파 15g(다진 것, 1큰술) ☐ 감자 15g(다진 것, 1큰술) ☐ 청경채잎 15g(데쳐서 다진 것, 1큰술)

☐ 볶은 캐슈너트 10알(분유 2큰술로 대체 가능) ☐ 물 360ml(2컵)

1. 돼지고기, 양파, 감자, 청경채잎을 곱게 다져주세요.

2. 캐슈너트 밀크를 만듭니다. 용기에 불린 캐슈너트와 불린 물을 붓고 핸드블렌더로 곱게 갈아주세요. 우유처럼 뽀얗고 크리미한 질감이 날 때까지 싹 갈아줍니다.

3. 냄비에 밥 1컵(120g), 돼지고기, 양파, 감자, 2번의 캐슈너트밀크, 남은 물 1컵(180ml)을 넣어주세요. 거품기로 돼지고기를 살살 풀어주세요.

4. 강불로 해서 끓어오르면 약불로 줄이고 15~20분간 익힙니다. 눌어붙지 않게 바닥까지 긁으면서 저어주세요.

5. 밥알이 알맞게 퍼지면 다진 청경채잎을 넣고 2~3분 정도 더 익히고 불을 끕니다.

알아두기

★ 이유식용 돼지고기는 지방이 적고 단백질이 많은 앞다리살, 뒷다리살, 갈매기살을 구입하는 것이 좋아요.

23

돼지고기콜리플라워 수프

콜리플라워는 양배추, 브로콜리와 같은 십자화과 채소예요.
브로콜리와 손질법, 요리 방법 등이 모두 비슷해요.
흰색 콜리플라워는 초록색 브로콜리보다 좀 더 아삭하고
풋내는 좀 덜해서 아기와 함께 두 개를 비교하는 시간을
가져도 재밌답니다. 콜리플라워에도 비타민C가 매우
풍부해서 고기와 함께 먹으면 철분의 소화흡수율을
증가시켜요.

미리 준비하기

★ 돼지고기, 양파, 마늘 냉동 큐브가 있으면 1시간 전에 미리 냉장고에서 해동해주세요.
★ 콜리플라워는 꽃봉오리를 작게 떼어내서 식초 물에 10분 정도 담가주세요. 다시 흐르는
  물에 깨끗이 씻어 작은 꽃봉오리 3~4개를 준비해주세요.

재료

120g씩
3회분

☐ 백미밥 120g(1컵)　☐ 돼지고기 20g(다진 것, 4작은술)

☐ 양파 15g(다진 것, 1큰술)　☐ 마늘 3g(½개, 생략 가능)　☐ 콜리플라워 20g(다진 것, 4작은술)

☐ 분유 15g(2큰술)　☐ 물 360ml(2컵)

1. 돼지고기, 양파, 마늘, 콜리플라워 꽃봉오리를 곱게 다져주세요.

2. 냄비에 올리브유를 두른 뒤 양파와 마늘을 약불에서 달달 볶아주세요.

3. 불을 끄고 밥 1컵(120g), 돼지고기, 콜리플라워, 분유 15g, 물 2컵 (360ml)을 넣어주세요. 거품기로 돼지고기를 살살 풀어주세요.

4. 강불로 해서 끓어오르면 약불로 줄이고 15~20분간 익힙니다. 눌어붙지 않게 바닥까지 긁으면서 저어주세요.

알아두기

★ 현미와 백미 중 어느 것이 몸에 더 좋을까요? 경우에 따라 달라요. 백미는 소화 흡수가 잘되고 무게당 단백질 비율은 현미보다 많아요. 한 가지만 고집하는 것보다는 아기의 컨디션에 따라 그때그때 다르게 먹이세요.

★ 콜리플라워가 많이 들어가는 수프라서 5분도미 밥까지 들어가면 식이섬유 과다로 복통을 유발할 수 있어요. 이 레시피는 그래서 백미밥으로 만들어요.

★ 진한 수프를 원하면 달걀 노른자를 넣어보세요. 노른자를 넣으면 버터를 넣은 것처럼 수프가 더 고소해져요.

돼지고기 녹두전

녹두가 싹을 내면 숙주가 되죠. 녹두는 콩류답게 단백질이 많지만,
메티오닌과 트립토판과 같은 필수아미노산이 부족해요. 그래서
돼지고기를 함께 넣어 영양분을 보완했답니다. 『동의보감』에는
녹두를 '맛이 달며 독은 없지만, 성질이 차서 열을 내려 준다'라고
했어요. 녹두전에 숙주까지 넣어 아삭거리는 맛도 잡았답니다.

🍳 미리 준비하기

★ 돼지고기, 쪽파, 마늘 냉동 큐브가 있으면 1시간 전에 미리 냉장고에서 해동해주세요.

★ 깐녹두를 비벼가면서 2~3번 씻어주세요. 물 2컵(360ml)을 붓고 3시간 이상 불려주세요.
　하루 전날 냉장고에서 불려두면 더 부드럽고 편리해요.

★ 숙주 20개 정도의 머리와 뿌리를 제거하고 씻어주세요.

★ 쪽파는 1~2가닥 씻어주세요.

재료

각 5cm
15~20개

- ☐ 껍질 깐 녹두 60g(⅓컵) ☐ 돼지고기 20g(다진 것, 4작은술)
- ☐ 숙주 30g(다진 것, 1큰술, 생략 가능) ☐ 마늘 3g(½개, 생략 가능) ☐ 쪽파 3g(½작은술)
- ☐ 통밀가루 15g(2큰술) ☐ 물 90ml(½컵) ☐ 후추 한 꼬집

1. 돼지고기, 숙주, 쪽파, 마늘을 곱게 다져주세요.

2. 돼지고기소보로를 만들어주세요. 팬에 돼지고기, 물 2큰술, 마늘을 넣고 강불로 3분간 저어가면서 익힙니다. 물이 졸아지면 후추 한 꼬집을 넣고 불을 꺼주세요.

3. 용기에 불린 녹두, 물 반 컵(90ml)을 붓고 핸드블렌더로 곱게 갈아주세요.

4. 같은 용기에 통밀가루, 돼지고기소보로, 숙주, 쪽파를 넣고 골고루 섞어주세요. 반죽이 너무 묽지 않아야 합니다.

5. 달군 팬에 올리브유를 두르고 탁구공만 한 크기로 녹두 반죽을 놓습니다. 약불에서 노릇노릇하게 구워주세요.

6. 윗면이 익고 아랫면은 노릇노릇해지면 뒤집어주세요. 돼지고기는 한 번 익혔으므로 채소와 반죽만 익히면 됩니다.

알아두기

★ 깐 녹두가 없으면 하루 정도 냉장고에서 녹두를 불린 다음 20~30분 삶아 완두콩 껍질 벗기듯이 비벼서 벗겨주세요.

★ 숙주는 잘 상하니 그날 사온 것이 아니면 사용하지 마세요.

닭고기더덕들깨 무른밥

쌉싸름한 더덕은 '산에서 나는 고기'라고 할 만큼 영양가가 높아요. 입에 쓴 것이 몸에는 더 좋다고 하지요. 이유식에는 아주 조금 넣기 때문에 더덕죽이 쓰지는 않을 거예요. 더덕에 들어있는 사포닌이라는 성분은 미세먼지나 황사로 인한 호흡기 질환을 예방해준다고 하니 일기예보에 '미세먼지 주의'가 나오면 아기에게도 더덕 요리를 해주세요!

 미리 준비하기

★ 닭고기 냉동 큐브가 있으면 1시간 전에 미리 냉장고에서 해동해주세요.

★ 더덕은 껍질을 제거하기 힘들어요. 한 뿌리를 깨끗하게 씻은 다음 끓는 물에서 30초 데치고 찬물에 헹궈주세요. 그다음 껍질을 칼로 살살 벗겨주세요.

- ☐ 5분도미 밥 120g(1컵, 쌀밥으로 대체 가능) ☐ 닭고기 20g(다진 것, 4작은술)
- ☐ 더덕 15g(간 것, 1큰술) ☐ 들깨 5g(1작은술, 생략 가능) ☐ 물 360ml(2컵)

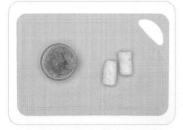

1. 닭고기를 곱게 다져주세요. 껍질을 깐 더덕은 듬성듬성 썰어주세요.

2. 용기에 더덕과 물 1컵(180ml)을 넣고 핸드블렌더로 아주 곱게 갈아주세요.

3. 들깨를 절구에 곱게 빻아주세요.

4. 냄비에 간 더덕과 밥 1컵(120g), 닭고기, 남은 물 1컵(180ml)을 붓고 거품기로 닭고기를 살살 풀어주세요. 강불로 해서 끓어오르면 약불로 줄이고 중간중간 저어가며 4~6분 정도 익힙니다.

5. 밥알이 알맞게 퍼지면 들깨를 뿌리고 불을 꺼주세요.

알아두기

★ 한방에서 더덕은 성질이 차가운 음식입니다. 더덕이 인후염이나 편도선염 등의 염증을 줄이고 열을 내려주는 역할을 하는 것도 이 찬 성질 덕분이랍니다. 하지만 과하게 섭취하면 설사나 복통이 있을 수 있기 때문에 향이 날 정도의 소량만 넣어주세요.

★ 더덕은 너무 굵지 않고 향이 강한 국내산이 좋아요. 가운데 심이 없고 부드럽고 푸석하지 않은 것일수록 맛있답니다.

닭고기연두부브로콜리 무른밥

26

같은 단백질 식품이라도 닭가슴살은 두부보다 단백질이 3배나 더 많아요. 그 대신 두부에는 닭가슴살에 없는 지방과 섬유질이 있어요. 또 브로콜리는 비타민A, C, U 등이 풍부해서 면역력 강화에 도움을 준답니다. 이 세 가지를 섞어서 요리하면 재미난 음식이 탄생됩니다.

미리 준비하기

★ 닭고기 냉동 큐브가 있으면 1시간 전에 미리 냉장고에서 해동해주세요.

★ 브로콜리는 작은 꽃봉오리 3~4개 정도 준비해주세요. 식초 물에 10분 정도 담근 후 다시 흐르는 물에 깨끗이 씻어주세요.

재료

120g씩
3회분

- ☐ 5분도미 밥 120g(1컵, 쌀밥으로 대체 가능) ☐ 닭고기 20g(다진 것, 4작은술)
- ☐ 연두부 45g(3큰술) ☐ 브로콜리 15g(다진 것, 1큰술) ☐ 참깨 2g(½작은술, 생략 가능)
- ☐ 물 360ml(2컵)

1. 닭고기, 브로콜리를 곱게 다져주세요.

2. 참깨를 절구에 곱게 빻아주세요.

3. 냄비에 닭고기, 물 1큰술을 넣고 거품기로 살살 풀어주세요. 강불에서 3분 정도 포실포실 익혀주세요.

4. 3번에 밥 1컵(120g), 물 2컵(360ml)을 붓고 강불로 해서 끓어오르면 약불로 줄이고 중간중간 저어가며 15~18분 정도 익힙니다.

5. 밥알이 알맞게 퍼지면 연두부와 브로콜리를 넣고 2~3분 더 익혀주세요. 눌어붙지 않게 잘 저어주세요.

6. 참깨를 뿌리고 불을 꺼주세요.

알아두기

★ 브로콜리의 영양소는 대부분이 물에 잘 녹는 수용성이므로 아주 살짝만 데치거나 기름에 볶아서 먹는 것이 좋아요. 오래 가열해도 파괴되기 쉬우므로 가능한 한 요리의 마지막에 넣어서 짧게 익히세요.

닭안심숙주볶음과 무조이김

김 없으면 아기 밥 먹이기가 힘들다는 말이 있듯이 김은 이유식에서
빠지면 안 되죠. 이런 김에는 아기들의 뇌, 신경계 발달에 도움이 되는
요오드가 풍부하지만 과다 섭취 시에는 갑상샘에 영향을 줄 수 있답니다.
우리나라 사람들 70%는 요오드 권장량의 3~5배를 먹는다는 연구 결과가
있으니 어릴 때부터 적당히 먹는 습관을 들이는 것이 좋아요.

🧑‍🍳 미리 준비하기

★ 닭고기 냉동 큐브가 있으면 1시간 전에 미리 냉장고에서 해동해주세요.
★ 숙주는 20개 정도 머리와 뿌리를 떼고 깨끗이 씻어줍니다. 끓는 물에 10초 데친 다음 찬
 물에 헹구고 물기를 짜주세요.

재료

120g씩
3회분

☐ 5분도미 밥 120g(1컵, 쌀밥으로 대체 가능) ☐ 닭고기 20g(다진 것, 4작은술)
☐ 숙주나물 15g(20개) ☐ 무조미김 1장(10x10cm, 3장) ☐ 참깨 2g(½작은술) ☐ 물 360ml(2컵)

1. 닭고기, 데친 숙주나물을 곱게 다져 주세요.

2. 참깨를 절구에 곱게 빻아주세요.

3. 김을 기름을 두르지 않은 팬에 살짝 구워주세요. 은행 크기만큼 작게 잘 라줍니다. 소독된 아기용 부엌가위 가 있으면 편해요.

4. 냄비에 물 2컵(360ml)을 넣어 끓여 주세요. 체에 닭고기를 담고 끓는 물에 담가 젓가락으로 살살 풀면서 3~5분간 익혀주세요. 삶은 육수는 버리지 말고 무른밥 만드는 육수로 사용합니다.

5. 닭육수가 담긴 냄비에 밥 1컵 (120g)을 넣고 강불로 해서 끓어오 르면 약불로 줄이고 15~20분간 익 힙니다. 눌어붙지 않게 중간중간 저 어주세요.

6. 물 1작은술을 팬에 두르고 닭고기 소보로와 다진 숙주나물을 1~2분 간 중불에서 익혀주세요.

7. 참깨를 닭안심숙주볶음 위에 뿌린 후 불을 끕니다. 김과 같이 싸서 먹 이면 돼요.

알아두기

★ 0~11개월 아기의 요오드 하루 권장량은 130~170㎍, 1~2세는 80~90㎍입니다. 김밥 김 반 장에는 요오드가 65㎍ 정도이지만 아기들이 잘 먹는 우유, 달걀, 새우, 흰살생선에도 요오드가 많으니 매일 밥상에 김을 올리면 요오드 과 잉이 될 수 있어요. 주의하세요.

28
흑미닭고기영양 무른밥

검은쌀(흑미), 검은깨(흑임자), 검은콩(서리태)는 대표적인 3대 블랙푸드예요. 한방에서 검은색은 음양오행의 수(水)에 속하며 신장을 좋게 한답니다. 실제로 흑미에 포함되어 있는 안토시아닌은 면역력을 향상시키고 각종 질병을 예방하는 효과가 있어요. 안토시아닌은 수용성이라 흑미를 물에 담그면 검은 물이 빠져나옵니다. 그 물에 안토시아닌 성분이 녹아 있으니 검은 물을 버리지 말고 꼭 밥물로 사용하세요.

미리 준비하기

★ 닭고기, 채소 냉동 큐브가 있으면 1시간 전에 미리 냉장고에서 해동해주세요.

★ 애호박은 깨끗이 씻어주세요. 당근은 씻고 칼등으로 얇게 껍질을 제거합니다.

★ 흑미밥은 쌀과 흑미를 5:1 비율로 해서 밥을 지어주세요. 흑미 즉석밥을 이용해도 괜찮아요.

재료

120g씩
3회분

□ 흑미밥 120g(1컵, 쌀밥으로 대체 가능) □ 닭고기 20g(다진 것, 4작은술)

□ 양파 10g(다진 것, 2작은술) □ 애호박 10g(다진 것, 2작은술) □ 당근 10g(다진 것, 2작은술)

□ 시판용 익힌 밤 10g(다진 것, 2작은술) □ 들깨 2g(½작은술, 생략 가능) □ 물 360ml(2컵)

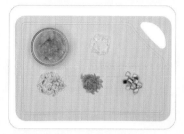

1. 닭고기, 양파, 애호박, 당근, 알밤을 곱게 다져주세요.

2. 들깨 1큰술을 절구에 곱게 빻아주세요.

3. 냄비에 흑미밥 1컵(120g), 닭고기, 양파, 애호박, 당근, 알밤, 물 2컵(360ml)을 넣어주세요. 거품기로 닭고기를 살살 풀어주세요.

4. 강불로 해서 끓어오르면 약불로 줄이고 15~20분간 익힙니다. 눌어붙지 않게 바닥까지 긁으면서 저어주세요.

5. 밥이 적당히 물러지면 빻은 들깨를 뿌리고 불을 꺼주세요.

알아두기

★ 닭고기는 소고기나 돼지고기보다 훨씬 빨리 부패하기 때문에 수입산보다는 유통 과정이 짧은 국내산 냉장육을 선택하세요. 이유식으로는 안심이나 가슴살, 기름을 제거한 다릿살을 사용하면 좋아요.

29

떡뻥닭고기시금치) 수프

이유식을 하다 보면 유달리 떡뻥을 많이 달라는 시기가 있어요.

그럴 때는 너무 걱정하지 말고 흰 쌀밥을 줄여보세요. 아기는 다양한 이유식을
경험하면서 떡뻥을 자연스럽게 멀리하게 된답니다. 떡뻥으로 크루통을 만들어
사각거리는 식감을 만들었고 감자로 탄수화물을 보충했어요. 닭고기와 분유로
단백질, 참깨로 지방, 시금치와 양파로는 비타민과 미네랄을 듬뿍 채웠습니다.
이 정도면 우리 아기 건강해지겠죠?

🧑‍🍳 미리 준비하기

★ 닭고기, 양파 냉동 큐브가 있으면 1시간 전에 미리 냉장고에서 해동해주세요.

★ 감자는 씻은 후 껍질을 벗기고 싹과 눈은 도려냅니다. 찜기에 담아 물 1큰술을 넣고 전자레인지에
   서 10~12분 돌려주세요. 젓가락이 쏙 들어갈 정도로 푹 익혀주세요.

★ 시금치는 물에 담가 씻은 후 3~4장 준비해주세요. 뿌리나 줄기가 억세면 잎만 준비해도 됩니다.

재료

120g씩
3회분

- ☐ 닭고기 20g(다진 것, 4작은술) ☐ 감자 100g(중간 것, 1개) ☐ 시금치 15g(데쳐서 다진 것, 1큰술)
- ☐ 양파 15g(다진 것, 1큰술) ☐ 분유 15g(2큰술) ☐ 참깨 2g(½작은술)
- ☐ 물 270ml(1½컵) ☐ 시판용 무첨가 떡뻥 3개

1. 시금치를 끓는 물에서 20초간 데치고(잎만 데칠 때는 5초) 찬물에 헹구어 물기를 짜주세요.

2. 닭고기, 양파, 시금치를 곱게 다져주세요.

3. 참깨를 절구에 빻아주세요.

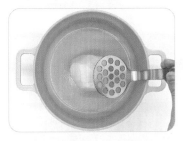

4. 냄비에 감자를 넣고 으깨주세요.

5. 용기에 데친 시금치잎, 물 반 컵(90ml)을 넣고 핸드블렌더로 곱게 갈아주세요.

6. 4번에 닭고기, 양파, 시금치 간 물, 물 1컵(180ml)을 넣어주세요. 거품기로 닭고기를 살살 풀어주세요.

7. 강불로 해서 끓어오르면 약불로 줄이고 10~12분간 익힙니다. 눌어붙지 않게 바닥까지 긁으면서 저어주세요.

8. 농도가 걸쭉해지면 분유 15g, 참깨를 넣고 2~3분 더 익힌 다음 불을 꺼주세요.

9. 떡뻥을 옥수수알 크기로 부셔서 먹기 직전에 수프 위에 뿌려주세요.

알아두기

★ 떡뻥을 살 때는 첨가당이나 나트륨 함량을 꼭 확인하세요!

30

북어미역들깨 무른밥

들깨로 만들 수 있는 색다른 요리랍니다. 이때까지는 들깨를 빻아서
뿌려줬다면 이번에는 들깨가루로 우유처럼 뽀얀 들깨물을 만들어볼
거예요. 요리 과정이 하나 더 들어가면 손은 많이 가지만 음식 맛은 더
있어요. 들깨물로 미역국을 만들면 들깨가루보다 부드럽고 구수해
까칠한 식감 때문에 들깨를 싫어하는 아기도 잘 먹을 수 있답니다.

🧑‍🍳 미리 준비하기

★ 뼈를 제거한 북어포를 분쇄기에 넣고 갈아주세요. 갈아진 북어포를 체에 넣고 톡톡 치
면 부드러운 북어 보푸라기 가루가 떨어집니다(192p의 북어달걀무들깨 된죽 참고).

★ 건조 미역 2g을 30분 이상 불립니다. 불린 미역을 여러 번 씻어서 소금과 잡내를 제
거해주세요. 체에 밭쳐서 물기를 빼주세요.

★ 들깨물을 만들 요리용 면 주머니를 준비해주세요.

재료

120g씩
3회분

☐ 5분도미 밥 120g(1컵, 쌀밥으로 대체 가능)   ☐ 북어 보푸라기 10g(2큰술)

☐ 불린 미역 10g(다진 것, 2작은술)   ☐ 들깨 30g(2큰술)   ☐ 물 360ml(2컵)

1. 불린 미역을 곱게 다져주세요.

2. 들깨를 곱게 빻아주세요.

3. 들깨물을 만들게요. 면 주머니 안에 들깨가루를 넣어주세요. 물 2컵(360ml)을 용기에 담고 들깨가루 넣은 면 주머니를 넣고 주물러주세요. 빨래 빨듯이 주무르면 뽀얀 들깨물이 나옵니다.

4. 냄비에 밥 1컵(120g), 북어 보푸라기, 미역, 3번의 들깨물을 붓고 강불로 해서 끓어오르면 약불로 줄이고 중간중간 저어가며 15~20분 정도 익힙니다.

5. 밥알이 퍼지면 불을 꺼주세요.

알아두기

★ 북어는 콩나물 외에 미역하고도 잘 어울립니다. 소고기 대신에 북어미역국도 유명하잖아요. 중기 이유식의 북어죽 만들 때 쓰고 남은 북어 보푸라기를 사용하면 편리해요.

완두콩감자옥수수치즈 무른밥

이유식에 치즈 한 조각을 넣어보세요. 하루가 다르게 쑥쑥 커가는 아기들에게는
고소한 맛과 더불어 영양까지 풍부한 식재료랍니다. 돌 전에 생우유는
금기지만, 우유를 발효한 요거트나 치즈는 먹어도 됩니다. 그렇지만 설탕이나
소금이 첨가되지 않은 것으로 꼼꼼하게 골라야 해요. 다른 식품처럼 치즈도
처음 먹일 때는 이상 반응 유무를 꼭 체크해주세요.

🧑‍🍳 미리 준비하기

★ 완두콩을 깨끗이 씻어주세요. 20알 정도 필요해요.

★ 옥수수 껍질과 수염을 제거한 후 씻어서 냄비에서 15~20분 삶아주세요. 식힌 후 과도를 이
용해서 옆면을 긁어내듯이 옥수수 알을 떼주세요. 20알 정도 필요해요.

★ 감자는 씻어서 껍질을 벗겨주세요. 싹과 눈은 도려냅니다.

★ 무염 코티지치즈를 준비해주세요. 무첨가 그릭요거트로 대체 가능합니다(코티지치즈 만드
는 법은 316p 참고).

재료

140g씩 3회분

- ☐ 5분도미 밥 120g(1컵, 쌀밥으로 대체 가능) ☐ 완두콩 15g(삶아 으깬 것, 1큰술)
- ☐ 옥수수 15g(다진 것, 1큰술) ☐ 감자 15g(다진 것, 1큰술) ☐ 코티지치즈(그릭요거트로 대체 가능)
- ☐ 물 360ml(2컵)

1. 냄비에 완두콩이 잠길 정도로 물을 붓고 15~20분 정도 삶아주세요. 완두콩은 삶은 뒤 한 김 식혀 손으로 비벼서 속껍질을 벗겨주세요.

2. 삶은 완두콩은 절구에 빻아주세요.

3. 삶은 옥수수알, 감자를 다져주세요.

4. 냄비에 밥 1컵(120g), 으깬 완두콩, 감자, 옥수수, 물 2컵(360ml)을 붓고 강불로 해서 끓어오르면 약불로 줄이고 중간중간 저어가며 15~20분 정도 익힙니다.

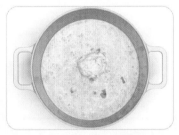

5. 밥알이 알맞게 퍼지면 코티지치즈를 얹고 불을 꺼주세요.

알아두기

★ 부득이하게 옥수수 통조림을 사용해야 한다면 끓는 물에 옥수수를 데친 후 담금액의 성분과 첨가물을 제거한 뒤에 사용하세요.

★ 우리가 쉽게 구할 수 있는 슬라이스 형태의 치즈는 유화제, 산도조절제, 소금 등을 첨가한 가공 치즈가 대부분이랍니다. 가공 치즈를 구입할 때는 나트륨 함량과 산도 조절제 등을 확인해주세요. 가공 치즈에 들어가는 산도조절제는 식감을 좋게 하고 보존성을 높입니다. 하지만 산도조절제로 많이 사용하는 인산염은 칼슘의 흡수를 방해하고 아토피를 유발할 수 있기 때문에 인산염 유무를 꼭 확인하세요.

★ 알려진 치즈 종류만 해도 2,000여 가지가 넘고 소금이 들어있는 것이 대부분이라 아기에게 어떤 치즈를 먹여야 할지 항상 고민하게 됩니다. 그럴 때는 316p의 코티지치즈 레시피를 참고해주세요.

32

대구살연두부파 무른밥

명태보다 담백하고 시원한 맛을 내는 생선인 대구는 비린내가 거의 없어
아기도 거부감 없이 즐길 수 있어요. 지방이 적은 고단백 식품으로 칼슘,
철분, 비타민, 미네랄이 골고루 들어있어 이유식으로 안성맞춤이랍니다.

👨‍🍳 미리 준비하기

★ 대구살은 포 뜬 것이라도 반드시 손으로 만져서 잔뼈를 발라주세요. 냉동된 생선이라면 해
　동 후에 만지세요.
★ 쪽파 1~2개를 깨끗하게 씻어주세요. 뿌리 쪽은 손가락으로 살살 비벼가면서 씻으면 이물질
　이 잘 제거됩니다. 쪽파 냉동 큐브가 있다면 1시간 전에 냉장고에서 해동해주세요.

재료

140g씩
3회분

☐ 5분도미 밥 120g(1컵, 쌀밥으로 대체 가능) ☐ 대구살 15g(포 뜬 것, 중간 크기 1장)

☐ 연두부 120g(⅔컵) ☐ 쪽파 5g(1작은술) ☐ 참기름 3g(½작은술, 생략 가능)

☐ 물 360ml(2컵)

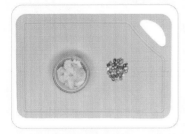

1. 대구살과 쪽파를 잘게 다져주세요.

2. 다진 대구살에 참기름을 발라줍니다. 생선 비린내 제거에 좋아요.

3. 냄비에 밥 1컵(120g), 대구살, 물 2컵(360ml)을 붓고 대구살을 살살 풀어주세요. 강불로 해서 끓어오르면 약불로 줄이고 중간중간 저어가며 15~18분 정도 익힙니다.

4. 밥알이 알맞게 퍼지면 연두부와 쪽파를 넣고 2~3분 정도 저어가면서 더 익혀주세요.

알아두기

★ 생선은 크게 흰살생선과 붉은살생선으로 구분해요. 흰살생선은 해저에서 살고 지방이 5% 이하라서 비린 맛이 적고 맛이 담백해요. 대표적인 고단백 저지방 식품으로 어린이, 노인, 환자식으로 아주 적합해요. 특히 흰살생선에 많은 타우린은 뇌신경을 활성화하여 인지 기능 향상에 효과적이니 아기들에게 꼭 필요한 식품이랍니다.

★ 생선의 맛과 품질은 신선도가 좌우해요. 생선은 잡는 순간부터 부패가 진행되므로 유통 과정이 굉장히 중요해요. 반드시 냉장, 급랭된 것을 사야 하고 생선 용기에 물이 많이 고여있거나 냉동 생선에 김이 서린 것은 온도 관리가 잘못되었을 가능성이 높으니 피해야 해요.

★ 생선은 비린내가 날 수 있어요. 참기름을 앞뒤로 살짝만 발라두었다가 요리하면 비린내가 잡혀요.

새우애호박마늘 무른밥

새우와 애호박은 늘 친구처럼 붙어 다녀요. 영양학적으로도 서로 보완을 해주니

이 둘은 찰떡궁합이랍니다. 새우젓애호박볶음, 새우애호박전, 새우애호박볶음밥,

새우애호박파스타 등등 응용할 수 있는 요리가 무궁무진해요.

사랑스런 아기에게도 이 두 재료를 함께 넣은 맛있는 이유식을 만들어주세요.

🍳 미리 준비하기

★ 새우, 애호박 냉동 큐브가 있으면 1시간 전에 미리 냉장고에서 해동해주세요.

★ 새우 2~3마리를 나무꼬치로 등쪽에 있는 내장을 제거한 뒤, 머리는 떼고 껍질은 붙인 채
흐르는 물에 씻습니다. 껍질이 없는 냉동 새우는 씻어서 체에 받쳐 물기를 제거해주세요.

재료

120g씩
3회분

- ☐ 5분도미 밥 120g(1컵, 쌀밥으로 대체 가능) ☐ 새우 15g(다진 것, 1큰술)
- ☐ 애호박 15g(다진 것, 1큰술) ☐ 마늘 3g(½개, 생략 가능) ☐ 들깨 2g(½작은술, 생략 가능)
- ☐ 물 360ml(2컵)

1. 끓는 물에 새우를 넣고 4~5분간 삶아서 건진 다음 그대로 식혀주세요. 식을 때 껍질에서 살로 감칠맛이 옮겨가기 때문에 완전히 식기를 기다렸다가 껍질을 벗겨냅니다.

2. 새우, 애호박, 마늘을 곱게 다져주세요.

3. 들깨를 절구에 빻아주세요.

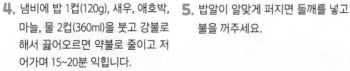

4. 냄비에 밥 1컵(120g), 새우, 애호박, 마늘, 물 2컵(360ml)을 붓고 강불로 해서 끓어오르면 약불로 줄이고 저어가며 15~20분 익힙니다.

5. 밥알이 알맞게 퍼지면 들깨를 넣고 불을 꺼주세요.

알아두기

★ 호박에는 애호박, 단호박, 늙은 호박 크게 세 가지 종류가 있어요. 늙은 호박과 애호박은 종 자체가 다르기 때문에 애호박을 아무리 오래 두어도 늙은 호박으로 변하지는 않아요.

★ 애호박을 냉동 큐브로 만들 때는 들쭉날쭉 다지는 것보다는 채썰어서 다시 알맞은 크기로 잘라주는 것이 식감이 더 좋아요. 채소는 자르는 방향에 따라서 맛과 식감이 바뀌기 때문입니다.

두부브로콜리새우 무른밥

건강 가득한 이유식이에요. 영양학적으로는 단백질과 칼슘이 풍부한 두부와 새우, 슈퍼푸드로 선정된 브로콜리 그리고 통곡물 50%가 포함된 탄수화물이 들어있답니다. 아무리 좋은 음식이라도 맛이 없으면 곤란한데 이 식단은 남녀노소 누가 먹어도 맛있답니다.

🧑‍🍳 미리 준비하기

★ 새우 냉동 큐브가 있으면 1시간 정도 냉장고에서 해동해주세요.

★ 새우 2~3마리를 나무꼬치로 등쪽에 있는 내장을 제거한 뒤, 머리는 떼고 껍질은 붙인 채 흐르는 물에 씻습니다. 껍질이 없는 냉동 새우는 씻어서 체에 밭쳐 물기를 제거해주세요.

★ 브로콜리는 줄기를 자른 다음 식초 물에 10분 정도 담가놓으세요. 다시 흐르는 물에 깨끗이 씻어주세요. 작은 꽃봉오리 2~3개를 준비합니다.

재료

140g씩
3회분

- ☐ 5분도미 밥 120g(1컵, 쌀밥으로 대체 가능)   ☐ 두부 50g(3x3x3cm, 2개)
- ☐ 브로콜리 10g(다진 것, 2작은술)   ☐ 새우 15g(다진 것, 1큰술)   ☐ 마늘 3g(½개, 생략 가능)
- ☐ 후추 한 꼬집   ☐ 물 360ml(2컵)

1. 끓는 물에 껍질이 붙은 새우를 넣고 4~5분간 삶아서 그대로 식혀주세요. 완전히 식고 나서 껍질을 떼어주세요. 식을 때 껍질에서 살로 감칠맛이 옮겨가기 때문입니다.

2. 새우, 마늘, 브로콜리 꽃봉오리를 곱게 다져주세요. 두부는 옥수수알 크기로 썰어주세요.

3. 냄비에 밥 1컵(120g), 새우, 마늘, 물 2컵(360ml)을 넣고 강불로 해서 끓어오르면 약불로 줄이고 15~18분 정도 익힙니다. 눌어붙지 않게 바닥까지 긁으면서 저어주세요.

4. 밥이 퍼지면 두부, 브로콜리를 넣고 2~3분 더 익힙니다.

5. 후추 한 꼬집을 넣고 불을 꺼줍니다.

알아두기

★ 두부는 잘 상해요. 그때그때 신선한 것을 사용하세요. 남은 두부를 냉동시키면 두부 속의 물이 얼어버려서 다시 해동했을 때 두부의 고형 성분만 남게 됩니다. 그래서 얼었다 녹은 두부는 쫄깃해진답니다. 쫄깃한 식감 때문에 더 맛있다고 하는 사람도 있지만, 이유식 재료로는 적합하지 않아요. 질식의 위험도 있고 소화도 느리기 때문이에요.

두부달걀채소찜

달걀 요리는 단순하지만 의외로 까다롭죠.

이유식으로 달걀 요리를 할 때는 세 가지 정도는 기억해주세요!

1. 달걀을 만지고 나서는 반드시 손을 비누로 30초 이상 씻어주세요.

2. 달걀은 주 3회 정도 먹이는 게 적당해요. 만약 추가로 달걀을 꼭 넣어야 하는 요리가

생기면 달걀 흰자만 쓰세요.

3. 달걀찜은 달걀 1개당 달걀 부피 30ml의 3배인 90ml를 넣으면 부드러워요.

 미리 준비하기

★ 양파, 당근, 애호박 냉동 큐브가 있으면 1시간 전에 냉장고에서 해동해주세요.

★ 달걀을 작은 그릇에 깨뜨려 흰자와 노른자를 섞어주세요. 꼭 비누로 손을 씻
   어주세요.

★ 당근은 칼등으로 껍질을 얇게 벗기고 껍질 쪽으로 준비해주세요. 애호박은
   씨가 크면 가운데는 도려내세요.

재료

140g씩
2회분

☐ 두부 120g(5×5×5cm, 1개) ☐ 달걀 50g(1개) ☐ 양파 5g(다진 것, 1작은술)
☐ 당근 5g(다진 것, 1작은술) ☐ 애호박 5g(다진 것, 1작은술) ☐ 물 90ml(½컵)

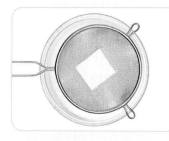

1. 두부를 굵은 체에 내려서 곱게 으깨
주세요.

2. 그 체를 씻지 말고 그대로 달걀도
체에 내려주세요. 알끈을 제거하면
더 부드러운 찜이 돼요.

3. 양파, 당근, 애호박을 곱게 다져주
세요. 아주 소량 필요합니다.

4. 뚜껑이 있는 찜기에 두부, 달걀, 양
파, 당근, 애호박, 물 반 컵(90ml)을
담고 골고루 섞어주세요. 찜기 뚜껑
을 덮어주세요.

5. 찜통에 김이 오르면 4번의 찜기를
넣고 12~15분 정도 중불에서 익혀
주세요. 젓가락으로 찔러봐서 묻어
나오는 것이 없으면 불을 꺼주세요.

알아두기

★ 달걀물을 섞을 때 거품이 많이 일면 공기가 들어가서 찜을 하고 난 다음 표면에 굴껍질처럼 잔 기포 자국이 남아서
딱딱해집니다. 그러니 흰자와 노른자를 섞을 때는 거품이 나지 않게 살살 섞어주세요.

두부달걀땅콩 콩국수

콩를 갈아 직접 콩물을 만들어 먹으면 훨씬 맛있지만, 손이 참 많이 가지요.

달걀, 땅콩을 두부에 넣어서 다시 갈면 마치 집에서 만든 콩물처럼 구수해집니다.

이 레시피에 달걀은 그대로 하고 다른 재료를 5배 분량으로 하면 엄마용 콩국수가 돼요.

아기와 똑같은 음식을 먹을 수 있다는 공감대를 느껴보세요.

엄마의 콩국수에는 소금 간 하는 것, 잊지 마시고요!

🧑‍🍳 미리 준비하기

★ 볶음 땅콩의 껍질을 벗겨주세요. 5알 정도 준비해주세요.

★ 달걀을 완숙으로 삶아주세요. 반드시 이유식에는 완숙으로 해야 해요. 달걀을 냉장고에서 1시간 정도 미리 꺼내뒀다가 삶으면 잘 터지지 않아요.

★ 애호박은 냉동 큐브가 있다면 1시간 전에 냉장고에서 해동해주세요.

★ 무조미 김을 기름을 두르지 않은 팬에 살짝 구워 김가루를 만들어주세요. 가위로 잘게 잘라도 되고 비닐봉지에 넣고 비비면 쉽게 김가루를 만들 수 있어요.

재료

120g씩
1회분

- ☐ 엔젤헤어 스파게티면 10g(30개, 무염국수로 대체 가능)   ☐ 두부 50g(3×3×3cm, 2개, 무염 콩물로 대체 가능)
- ☐ 달걀 25g(완숙, ½개)   ☐ 볶은 땅콩 5g(다진 것, 1작은술)   ☐ 애호박 15g(나신 것, 1큰술, 생략 가능)
- ☐ 무조미 김가루 두 꼬집   ☐ 물 720ml(4컵)

1. 냄비에 물 3컵(540ml)을 붓고 엔젤헤어 스파게티 면을 4~5분 정도 삶아주세요. 체에 밭쳐 식혀주세요. 올리브유 한 방울을 면에 떨어뜨려서 발라주세요.

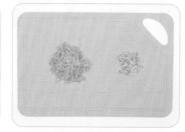

2. 애호박을 다져주세요. 스파게티 면은 1cm 정도로 짧게 자릅니다.

3. 땅콩을 절구에 곱게 빻아주세요.

4. 용기에 땅콩, 두부, 삶은 달걀 반개, 물 1컵(180ml)을 넣고 핸드블렌더로 갈아주세요.

5. 냄비에 4번의 두부로 만든 콩물을 붓고 살균의 의미로 강불에서 1~2분간 끓여주세요.

6. 달군 팬에 올리브유를 약간 두르고 애호박을 살짝 볶아주세요.

7. 그릇에 2번의 스파게티 면을 담고, 4번의 두부로 만든 콩물을 부어주세요. 애호박과 김가루를 올려요.

알아두기

★ 스파게티 면은 국수처럼 찬물에 헹구면 안 됩니다.

★ 스파게티 면에는 소금이 들어있지 않아요. 엔젤헤어라는 스파게티 면은 천사의 머리카락처럼 가는 면을 말한답니다. 국수에는 대부분 소금이 들어가서 스파게티 면을 사용했어요.

아보카도바나나오트밀 포타지

달콤한 디저트 같은 한 끼 이유식이랍니다.

아보카도는 단백질, 불포화지방산, 비타민B와 C, 뼈 형성에 관여하는 비타민K 등이

많고, 바나나에는 숙면에 좋은 트립토판, 변비에 좋은 펙틴이 많이 들어있어요.

식감과 영양을 모두 잡은 특별 레시피입니다.

🧑‍🍳 미리 준비하기

★ 아보카도는 껍질째 베이킹소다나 과일 전용세제로 씻고 가운데 씨를 중심으로 둥글게 칼집을 넣어주세요. 아보카도를 두 손바닥으로 밀착해서 잡고 칼집 넣은 곳을 밀착해서 돌리면 씨를 중심으로 반이 잘라집니다. 씨도 제거해주세요.

★ 바나나를 껍질째 베이킹소다나 과일 전용세제로 씻어주세요.

재료

140g씩
3회분

☐ 백미밥 60g(½컵)　☐ 퀵오트밀 30g(4큰술)　☐ 아보카도 50g(½개)　☐ 바나나 100g(½개)

☐ 양파 30g(다진 것, 2큰술)　☐ 분유 15g(2큰술)　☐ 호두나 땅콩 약간(생략 가능)

☐ 물 450ml(2½컵)

1. 토핑할 호두나 땅콩을 아주 곱게 빻아주세요.

2. 냄비에 아보카도와 바나나를 넣고 곱게 으깨주세요.

3. 2번에 밥 ½컵, 오트밀, 분유 15g, 양파, 빻은 견과류, 물 2컵 반(450ml)을 넣어주세요. 강불에서 끓어오르면 약불로 10~15분 익혀주세요. 가끔 바닥까지 긁으면서 저어주세요.

4. 밥알과 오트밀이 푹 퍼지고 걸쭉해지면 불을 꺼주세요.

알아두기

★ 덜 익은 아보카도는 실온에서 숙성시켜야 해요. 호일에 싸서 사과나 바나나와 함께 두면 사과 등에서 나오는 에틸렌 가스 때문에 빨리 숙성이 된답니다. 숙성의 마지막은 부패로 이어지기 때문에 아보카도가 완숙되면 빨리 사과나 바나나를 치우고 냉장고에 보관해야 해요. 3일 이내 먹을 수 없으면 껍질과 씨를 제거하고 밀봉해서 냉동 보관하세요.

검은깨연근두부 포타지

블랙푸드로 든든하게 즐기는 이유식이에요.

검은깨에는 뇌 기능에 좋은 레시틴 성분이 풍부하고,

두부에는 골격을 만들어주는 단백질, 오트밀에는 통곡물에 많이 들어있는

베타글루칸이 풍부하거든요!

🍳 미리 준비하기

★ 연근을 잘 씻어서 껍질을 두껍게 깎아주세요. 갈변 방지를 위해 식초 물에 담가주세요. 5cm
  정도 작은 토막 1개면 충분합니다.

재료

70g씩
6개

- ☐ 백미밥 60g(½컵) ☐ 퀵오트밀 30g(4큰술) ☐ 연두부 120g(⅔컵, 순두부로 대체 가능)
- ☐ 연근 15g(간 것, 1큰술) ☐ 검은깨 5g(1작은술) ☐ 분유 15g(2큰술) ☐ 물 360ml(2컵)

1. 검은깨를 절구에 곱게 빻아주세요.

2. 연근을 강판에 갈아주세요.

3. 냄비에 밥 반 컵, 오트밀, 분유 15g, 연근 간 것, 검은깨, 연두부, 물 2컵(360ml)을 넣어주세요. 강불에서 끓어오르면 약불로 10~15분 익혀주세요. 가끔 바닥까지 긁으면서 저어주세요.

4. 밥알과 오트밀이 푹 퍼지고 걸쭉해지면 불을 꺼주세요.

알아두기

★ 포타지와 리소토 레시피에 들어가는 분유나 모유는 돌이 지나면 생우유로 대체 가능합니다.

★ 원래 포타지는 프랑스식 수프의 종류를 뜻하지만 이 책에서의 포타지는 걸쭉한 죽에 가까운 질감의 음식을 말해요. 초기와 중기 이유식의 묽은죽·된죽과 헷갈릴까봐 후기와 완료기 이유식의 죽과 같은 질감의 음식은 '포타지'로 통일했어요.

 39

토실토실 알밤 리소토

사랑이란 뜨거울 때보다는 한 김 식었을 때 그 가치가 드러납니다.

알밤 리소토가 그래요. 뜨거울 때 후후 불면서 먹어도 맛나지만, 차가울 때

더 달달하고 구수하지요. 밤은 달아서 칼로리가 높을 것 같지만 비만을

유발하는 식재료는 아닙니다. 혈당지수가 58로 오히려 84인 흰쌀밥보다

훨씬 낮아요. 엄마의 다이어트 식단으로도 최고입니다.

가을 냄새가 솔솔 나는 알밤으로 엄마의 사랑도 전하고 몸매도 가꾸세요.

 미리 준비하기

★ 양파, 당근, 애호박 냉동 큐브가 있으면 1시간 전에 냉장고에서 미리 해동해주세요.

★ 당근은 깨끗이 씻고 칼등으로 얇게 껍질을 벗겨주세요.

재료

120g씩
3회

☐ 5분도미 밥 60g(½컵) ☐ 시판용 익힌 밤 60g(½컵) ☐ 당근 15g(다진 것, 1큰술)
☐ 양파 15g(다진 것, 1큰술) ☐ 분유 15g(2큰술) ☐ 물 360ml(2컵, 캐슈너트 밀크로 대체 가능)

1. 양파, 당근을 곱게 다져주세요. 밤을 옥수수알 크기보다 작게 다져주세요.

2. 중불로 달군 팬에 올리브유를 두르고 양파와 당근을 2~3분 볶아주세요.

3. 2번에 밥 반 컵, 알밤을 넣고 2~3분간 약불에서 더 볶아주세요.

4. 3번에 밥이 잠기게 분유 15g, 물 2컵(360ml)을 붓고 강불에서 끓어오르면 약불에서 15~20분간 익혀주세요. 재료가 눌어붙지 않도록 저어주세요.

5. 밥알과 밤이 알맞게 퍼지면 불을 꺼주세요.

알아두기

★ 밥 대신에 불린 쌀을 사용해도 좋아요. 대신 시간이 2배 이상 걸리니 여유가 있을 때 하면 좋아요. 죽이나 리소토는 밥보다 불린 쌀로 만드는 것이 더 맛있기는 합니다.

★ 후기 이유식부터는 당근을 기름에 볶아서 줘도 됩니다. 사실 생당근을 먹으면 겨우 10%만 흡수되지만 기름에 익히면 50%로 흡수율이 높아진답니다. 그러니까 소량이라도 당근은 기름에 볶아서 먹는 것이 좋아요. 당근을 많이 먹으면 피부가 노랗게 될 수도 있으니 아기들은 소량만 주세요.

핑거푸드 부침개

(무전, 애호박전, 고구마전, 양배추전, 전유어)

핑거푸드를 줄 때는 아기 손을 깨끗이 씻어줘야 한다는 것과 목에 걸리지 않는 재료를 사용해야

한다는 점을 기억하세요. 저는 핑거푸드로 부침개와 팬케이크를 많이 했어요.

특히 양배추와 애호박을 섞어서 해주면 신나서 몸을 흔들면서 먹을 거예요!

미리 준비하기

★ 채소, 생선 냉동 큐브가 있으면 1시간 전에 미리 냉장고에서 해동해주세요.

★ 달걀을 작은 그릇에 깨뜨려서 섞어주세요. 손을 꼭 다시 비누로 씻어주세요.

각 5cm
10~15개

☐ 통밀가루 30g(3큰술) ☐ 분유 10g(4작은술, 통밀가루로 대체 가능) ☐ 달걀 25g(½개 또는 흰자만)

☐ 물 45~60ml(3~4큰술) ☐ 무 30g(다진 것, 2큰술)

*무 대신에 넣는 재료 · 애호박 30g(다진 것, 2큰술) · 고구마 30g(으깬 것, 2큰술)

· 양배추 30g(다진 것, 2큰술) · 흰살생선 30g(다진 것, 2큰술)

1. 무를 곱게 다져주세요. 다른 재료 사용 시 고구마는 전자레인지에 푹 익히고, 양배추와 애호박, 흰살생선 은 곱게 다져주세요.

2. 반죽물을 만들어주세요. 통밀가루, 분유 10g, 달걀 반 개, 물 4큰술을 볼에 넣고 가루를 풀어주세요. 다진 무를 섞어주세요. 반죽이 되면 부침 개가 딱딱해지고 묽으면 부침개가 다 부서집니다.

3. 달군 팬에 실리콘 붓(혹은 키친타 월)으로 올리브유를 팬을 코팅하는 느낌으로 아주 조금 발라주세요. 그 래야 맛이 깔끔해요.

4. 약불로 줄이고 어른 밥숟가락으로 한 숟가락 떠서 반죽을 올립니다. 탁구공만 한 크기로 부치면 뒤집기 도 쉽고 아기가 먹기가 쉬워요.

5. 윗면이 꾸덕꾸덕하게 되면 뒤집을 신호예요. 반만 뒤집어서 밑면이 노 릇노릇하면 뒤집어서 마저 익혀주 세요.

6. 부침개가 식으면 적당한 크기로 잘 라주세요.

알아두기

★ 부침개, 계란 지단, 팬케이크, 크레이프같이 팬에 굽는 이유식은 다음 순서로 진행해보세요. 기름이 많으면 우둘투둘 부풀어 오르고 기름기가 질척거린답니다.

팬에 불을 올린다. → 기름을 소량 바른다. → 키친타월로 닦아낸다. → 반죽을 붓는다.

뽈뽀 샐러드

뽈뽀(POLPO)는 이탈리아어로 문어라는 뜻이에요.

뽈뽀샐러드는 익힌 문어와 감자에 올리브유를 끼얹어서 먹는 저만의 다이어트

요리이기도 합니다. 이유식 때부터 다양한 맛과 질감을 경험해보면 커서도

새로운 맛을 즐길 수 있다고 해요. 그런 의미에서 익숙한 맛의 이유식 대신

색다른 이유식 뽈뽀를 만들어줬어요.

👨‍🍳 미리 준비하기

⭐ 데친 문어를 구입해 슬라이스한 것 2조각 정도 준비해주세요.

⭐ 감자를 씻어서 눈과 싹을 도려내고 껍질을 깎아주세요.

⭐ 청경채는 깨끗이 씻어 잎만 1장 준비합니다. 쑥갓, 부추 등 푸른 채소로 대체 가능해요.

⭐ 파프리카는 씻어서 반 잘라 씨를 제거해주세요. 과도로 속껍질을 대충 벗겨주세요.

재료

30g씩
1회

- ☐ 데친 문어 5g(다진 것, 1작은술)
- ☐ 감자 15g(다진 것, 1큰술)
- ☐ 청경채 잎 5g(다진 것, 1작은술)
- ☐ 빨간 파프리카 10g(다진 것, 2작은술)
- ☐ 양파 10g(다진 것, 2작은술)

1. 데친 문어, 감자, 청경채, 빨간 파프리카, 양파를 곱게 다져주세요.

2. 다진 감자는 전자레인지 용기에 담아 전자레인지에서 3~5분간 익혀주세요.

3. 팬에 올리브유를 소량 두른 후 중불에서 3-5분간 양파를 먼저 볶아주세요.

4. 양파가 투명해지고 갈색빛이 돌면 빨간 파프리카를 넣고 볶아주세요.

5. 빨간 파프리카가 흐물흐물해지면 청경채를 넣고 한 번 더 볶습니다.

6. 마지막으로 문어를 넣어 중불에서 1~3분간 살짝 볶아주세요.

7. 감자가 담긴 전자레인지 용기에 문어, 양파, 빨간 파프리카, 청경채를 함께 버무려주세요.

알아두기

★ 문어가 처음 나오는 레시피이므로 알레르기를 주의 깊게 관찰해주세요.

★ 문어는 소화가 힘들 수 있으므로 아주 곱게 다져주세요.

잣소스를 곁들인 감자닭가슴살

으깬 감자와 부드럽게 삶은 닭가슴살에는 양질의 탄수화물과 단백질이 가득해요.
여기에 고소한 잣소스를 살짝 뿌려서 먹으면 각종 미네랄과 불포화지방까지
한꺼번에 섭취할 수 있어요. 이처럼 아기는 이유식 한 그릇에도 여러 가지 영양소를
담아줄 수 있는 세심한 엄마의 손길이 필요하답니다.

미리 준비하기

★ 감자를 씻어서 눈과 싹을 도려내고 껍질을 벗겨주세요.

★ 잣의 끝부분에는 까칠한 부분이 있어요. 손으로 떼어 10~15개 정도 준비해주세요.
잣은 캐슈너트나 땅콩으로 대체 가능합니다.

★ 달걀을 끓는 물에 10분 이상 삶아주세요. 반드시 이유식에는 완숙으로 해야 해요.

재료

70g씩
2회

☐ 감자 50g(익힌 것, ½개)　☐ 달걀 50g(완숙, 1개)　☐ 후추 한 꼬집　☐ 닭가슴살 30g(다진 것, 2큰술)

☐ 잣 5g(빻은 것, 2작은술)　☐ 분유 10g(4작은술)　☐ 물 30ml(2큰술)

1. 닭가슴살, 양파는 다져주세요. 감자
는 듬성듬성 썰어주세요. 완숙 달걀
은 껍질을 벗겨주세요.

2. 전자레인지용 찜기에 감자를 넣고
전자레인지에서 5~8분 돌려서 익
혀주세요.

3. 찜기에서 감자와 완숙 달걀을 매셔
로 으깨주세요.

4. 팬에 닭고기, 후추, 물 1큰술을 넣고
거품기로 풀어서 익혀주세요.

5. 잣소스를 만들게요. 잣을 절구에 아
주 곱게 빻아주세요.

6. 용기에 빻은 잣과 분유 10g, 물 2큰
술(30ml)을 넣고 핸드블렌더로 갈
아주세요.

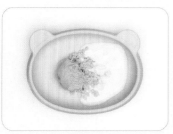

7. 그릇에 감자달걀 매셔를 깔고 닭고
기소보로를 얹어주세요. 잣소스를
곁들입니다.

알아두기

★ 감자를 요리할 때 알아두면 좋은 사항은 다음과 같아요.

① 싹이 난 부분과 푸르게 변한 껍질은 두툼하게 오려내요.

② 120℃ 이상의 고온에서 조리하지 말아요.

③ 냉동할 때는 생것보다는 익혀서 해요. 생으로 냉동하면 아크릴아마이드가 증가해요.

고구마당근 퓨레 &
자색고구마땅콩버터 퓨레

당근을 고구마와 함께 갈아주세요. 구수한 고구마가 당근의 풋내를

감싸준답니다. 고구마당근 퓨레에 분유를 넣으면 수프로도 먹을 수 있어요.

요즘 고구마는 여러 가지 색으로 변신해요. 보라색을 띠는 자색고구마는

일반 고구마보다 덜 달고 몸에 좋은 안토시아닌이 풍부하답니다.

컬러 푸드로 아기의 건강을 지켜주세요.

🧑‍🍳 미리 준비하기

고구마당근 퓨레
★ 고구마는 깨끗이 씻고 위아래 꼭지에 있는 심을 1cm 정도 제거해주세요. 물 1큰술을 붓고
   전자레인지에서 5~7분 정도 익혀주세요(자색고구마도 동일).
★ 당근은 깨끗하게 씻어서 껍질을 얇게 벗겨주세요.
자색고구마땅콩버터 퓨레
★ 무첨가 땅콩버터는 볶은 땅콩으로 대체 가능합니다. 볶은 땅콩 10개를 껍질 까서 절구에 곱
   게 빻아주세요.

재료(고구마당근 퓨레)

60g씩 2회

☐ 고구마 100g(중간 것, ½개) ☐ 당근 30g(간 것, 2작은술) ☐ 물 90ml(½컵)

1. 고구마의 껍질을 벗겨주세요. 당근을 강판에 곱게 갈아주세요.

2. 냄비에 고구마, 당근을 넣고 으깨주세요.

3. 2번에 물 반 컵(90ml)을 부어주세요. 강불로 올린 뒤 끓어오르면 약불로 줄이고 눌어붙지 않게 바닥까지 저으면서 3~5분간 익혀주세요.

재료(자색고구마땅콩버터 퓨레)

60g씩 2회

☐ 자색고구마 100g(중간 것, ½개) ☐ 무첨가 땅콩버터 10g(2작은술, 볶은 땅콩으로 대체 가능)
☐ 물 90ml(½컵)

1. 익힌 자색고구마의 껍질을 벗겨주세요.

2. 냄비에 자색고구마, 땅콩버터를 넣고 으깨주세요.

3. 2번에 물 반 컵(90ml)을 부어주세요. 강불로 올린 뒤 끓어오르면 약불로 줄이고 눌어붙지 않게 바닥까지 저으면서 3~5분간 익혀주세요.

알아두기

★ 고구마나 감자, 완두콩 등을 으깰 때는 따뜻할 때 해야 포실포실 잘 으깨집니다.

★ 자색고구마는 마트에서 흔히 팔지 않아 온라인으로 구입하는 것이 쉬워요. 자색고구마를 씻기 위해 물에 오래 담가 두면 수용성인 안토시아닌이 물에 녹아 보라색 물이 되죠. 그래서 삶는 방법 대신에 찜통에 찌거나 전자레인지로 익히거나 찌는 방법으로 조리하면 영양소 손실을 막을 수 있어요.

떠먹는 고구마오트밀 파이

파이라고 했지만 파이 껍질은 없어요. 그래도 고구마파이 맛이 잘 납니다.

여러 개 만들어 온 가족이 함께 먹어도 될 만큼 한 끼 식사로 손색이 없는

이유식 파이, 만들어볼까요?

🍳 미리 준비하기

★ 고구마는 깨끗이 씻고, 위아래 꼭지에 있는 심을 1cm 정도 잘라주세요. 전자레인지용 용기
에 물 1큰술을 넣고 전자레인지에서 5~7분 정도 완전히 익혀주세요.

재료		
70g씩 3회	☐ 퀵오트밀 15g(1큰술) ☐ 볶은 귀리가루 15g(1큰술, 분유로 대체 가능) ☐ 분유 15g(2큰술) ☐ 고구마 100g(중간 것, ½개) ☐ 플레인요거트 50g(그릭요거트로 대체 가능) ☐ 물 90ml(½컵)	

1. 익힌 고구마의 껍질을 벗겨주세요.

2. 냄비에 고구마를 넣고 으깨주세요.

3. 2번에 오트밀, 귀리가루, 분유 15g, 물 반 컵(90ml)을 넣고 가루를 잘 풀어주세요.

4. 강불로 올린 뒤 끓어오르면 약불로 줄여서 3~5분간 익혀주세요. 눌어붙지 않게 바닥까지 잘 저어주세요.

5. 깊이가 있는 그릇에 3번의 고구마와 오트밀 익힌 것 → 플레인요거트 순으로 올려주세요.

알아두기

★ 고구마오트밀 파이를 전날에 만들어서 냉장고에 뒀다가 약간 차갑게 해서 먹여보세요. 음식의 맛은 미각뿐만 아니라 후각, 시각, 청각, 온도까지 환경의 영향을 받는답니다. 아기가 식사량이 줄고 밥 먹는 것을 유달리 힘들어한다면 이유식 레시피와 함께 식사할 때의 여러 가지 환경적인 요소들을 체크해보는 것도 좋은 방법이에요.

3 색 팬케이크

팬케이크에 색깔을 입혀보세요.

색깔별로 만들어주면 아기가 먼저 손이 가는 색이 반드시 있어요.

벌써 좋아하는 색이 있다니, 우리 아기가 무럭무럭 크고 있다는 사실에

새삼 뿌듯할 거예요!

미리 준비하기

★ 바나나를 껍질째 베이킹소다로 깨끗하게 씻어줍니다.

★ 달걀을 작은 그릇에 깨뜨려서 담습니다. 손을 꼭 다시 비누로 씻어주세요.

★ 시금치는 뿌리부터 살살 흔들어 씻어주세요. 10~12장 정도 잎으로 준비합니다.

★ 파프리카를 씻고 반을 잘라서 속을 파내세요. 과도로 파프리카의 껍질을 얇게 깎아주세요.

★ 단호박은 전자레인지에서 15~20분간 가열하여 푹 익힙니다. 익힌 단호박은 반 잘라서 씨를 파주세요. 8등분해서 껍질을 참외 껍질 벗기듯이 제거하세요.

재료

각 5cm
15~20개

☐ 시금치 15g(다진 것, 1큰술)

＊시금치를 대체하는 식재료 ·빨간 파프리카 15g(다진 것, 1큰술) ·단호박 15g(으깬 것, 1큰술)

☐ 바나나 50g(중간 것, ½개)   ☐ 달걀 50g(1개)   ☐ 분유 10g(4작은술)

☐ 통밀가루 60g(6큰술, 쌀가루로 대체 가능)   ☐ 물 90ml(½컵)

1. 시금치를 끓는 물에서 20초간 데치고(잎만 데칠 때는 5초) 찬물에 여러 번 헹군 뒤 물기를 꼭 짜주세요. 듬성듬성 썰어줍니다.

2. 용기에 시금치(혹은 빨간 파프리카, 단호박), 물 반 컵(90ml)을 넣고 핸드블렌더로 갈아주세요.

3. 같은 용기에 바나나, 달걀, 분유 10g, 통밀가루를 넣고 핸드블렌더로 섞어줍니다. 베이킹파우더를 넣지 않기 때문에 섞는 과정에서 공기가 많이 들어가야 잘 부풀어지므로 많이 섞어주세요.

4. 팬을 약불로 올리고 실리콘 붓(혹은 키친타월)으로 올리브유를 살짝 발라주세요. 기름이 많으면 부침개처럼 구워지므로 팬만 코팅한다는 느낌으로 아주 소량 발라주세요.

5. 반죽을 어른 밥숟가락으로 한 숟가락 떠서 탁구공만 한 크기로 올립니다. 약불에서 구워주세요.

6. 윗면이 꾸덕꾸덕하게 익으면 살짝 반만 뒤집어 아랫면이 옅은 갈색이 나면 뒤집어주세요. 1분 더 익히고, 한 김 식으면 먹기 좋게 잘라주세요.

알아두기

★ 모든 날달걀에 살모넬라균이 있는 것은 아니지만, 어떤 달걀이 감염되었는지는 확인할 수가 없어요. 그래서 날달걀을 만지고는 손을 비누로 꼭 씻어야 해요. 참고로 살모넬라균은 75℃에서 15초간 가열하면 사멸합니다.

★ 후기 이유식을 할 즈음에는 본격적으로 손가락으로 음식을 집어 먹을 수 있기 때문에 핑거푸드를 자주 해주세요. 핑거푸드는 소근육 발달, 두뇌 발달을 좋게 한답니다. 핑거푸드는 잘 삼킬 수 있는 음식으로 해주는 것이 중요해요. 아직은 잘게 씹어 먹을 수는 없으므로 덩어리가 크거나 찰떡이나 젤리처럼 달라붙는 음식은 주지 마세요.

감자빵 & 고구마빵

요즘 진짜 감자나 고구마보다 더 리얼한 감자빵과
고구마빵이 유행이죠. 아기도 예쁘고 신기한
음식을 좋아할 시기라 핫한 감자빵과 고구마빵을
핑거푸드로 만들어보면 어떨까요?

👨‍🍳 미리 준비하기

감자빵

★ 감자를 깨끗하게 씻은 뒤 껍질을 깎아주세요. 눈과 싹을 제거한 뒤 물 1큰술을
넣고 전자레인지에서 5분 정도 익혀주세요.

고구마빵

★ 고구마를 씻은 뒤 위, 아래 심을 1cm 정도 잘라주세요. 물 1큰술을 넣고 전자
레인지에서 5~8분간 익혀주세요.

재료(감자빵)

각 5g
7~10개 ☐ 감자 100g(중간 것, 1개) ☐ 분유 10g(4작은술) ☐ 볶은 귀리가루 30g(2큰술) ☐ 검은깨 10g(2작은술)

1. 볼에 익힌 감자를 담고 매셔로 으깨주세요.

2. 검은깨를 절구에 곱게 빻아주세요.

3. 요리용 장갑을 끼고 감자에 분유를 넣고 주물러주세요.

4. 은행알만 한 크기로 동그랗게 만들어주세요.

5. 넓은 접시에 귀리가루와 검은깨를 얇게 펴놓고, 감자빵을 굴려주세요. 젓가락으로 콕콕 찔러서 감자 눈을 만들어주세요.

재료(고구마빵)

각 5g
7~10개 ☐ 고구마 100g(중간 것, ½개) ☐ 분유 10g(4작은술) ☐ 자색고구마 가루 30g(2큰술)

1. 고구마의 껍질을 벗겨서 볼에 담고 매셔로 으깨주세요.

2. 요리용 장갑을 끼고 고구마에 분유를 넣고 주물러주세요.

3. 은행만 한 크기로 동그랗게 만들어주세요. 넓은 접시에 자색 고구마가루를 얇게 펴고, 고구마빵을 굴려주세요.

코티지치즈

치즈는 '흰 고기'라고 할 만큼 단백질이 풍부해요. 하지만 2살까지 무염 식단을
해야 하는 아기들에게는 치즈에 첨가되는 소금이 늘 걸림돌이 됩니다.
이럴 때는 고민하지 마시고 무염치즈를 직접 만들어보세요.
우유의 카제인이라는 단백질을 레몬의 산으로 응고시킨 무염 코티지치즈는
생각보다 만드는 과정이 쉽답니다. 한두 번만 해 보면 아기가 크는 내내 신선하고
건강한 무염치즈를 만들어줄 수 있어요.

 미리 준비하기

★ 레몬을 베이킹소다에 깨끗하게 씻어주세요. 1개 준비해주세요.
★ 요리용 면주머니를 준비해주세요.

재료

95g

□ 우유 500ml   □ 레몬즙 30ml(2큰술, 시판용 레몬즙으로 대체 가능)

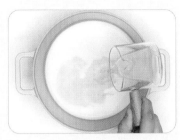

1. 레몬을 통째로 도마 위에서 누르면 서 굴려주세요. 그럼 즙이 잘 나옵 니다. 그다음 반으로 잘라 즙을 짜 주세요.

2. 냄비에 우유를 붓고 강불로 올려주 세요. 끓어오르기 직전에 약불로 줄 이고 레몬즙 2큰술을 넣어주세요.

3. 5번 정도 저으면 우유가 응고되기 시작하는데 더 젓지 말고 약불에서 4~5분 정도 더 끓입니다.

4. 불을 끄고 5분 정도 식혔다가 면주 머니를 깐 체에 부어주세요. 냉장고 에서 30분 동안 물이 충분히 빠지 도록 그대로 두세요.

5. 용기에 담아서 만든 날짜를 쓰고 3 일 이내 사용하도록 합니다.

알아두기

★ 4번 과정에서 나오는 노란 물이 유청이에요. 이 유청을 너무 많이 제거하면 치즈가 퍽퍽해지므로 응고된 치즈가 촉 촉할 정도로 제거해주세요. 코티지치즈의 보존 기간은 3일 정도예요. 그러니 한꺼번에 너무 만들지는 마세요. 남았 다고 냉동시키면 식감이 더 나빠져서 냉동 보관은 추천하지 않습니다.

건포도치즈를 곁들인 통밀 크레이프

건포도에는 철분과 비타민B군, 무기질, 식이섬유가 많아
아기들에게 좋아요. 단맛이 강해서 이유식 정체기에 활용하면
도움을 줄 수 있어요. 건포도는 그냥 먹기보다 쪄서 먹으면
통통해지면서 단맛도 약해지고 잡내도 사라지면서
부드러워진답니다.

🍳 미리 준비하기

★ 얇은 크레이프를 뒤집기 위해서는 뒤집개보다 산적 만들 때 쓰는 긴 나무꼬치
  가 필요해요. 없으면 1회용 나무젓가락도 괜찮습니다.
★ 건포도를 체에 담아 흐르는 물에 씻어주세요.

재료

각 20cm
5개

☐ 건포도 15g(13~15개) ☐ 코티지치즈 30g(2큰술) ☐ 통밀가루 60g(½컵, 쌀가루로 대체 가능)

☐ 분유 10g(4작은술) ☐ 달걀 50g(1개) ☐ 물 120ml(⅔컵)

1. 건포도를 찜기에 15분간 통통하게 쪄주세요.

2. 찐 건포도를 다져주세요.

3. 코티지치즈에 건포도를 섞어주세요.

4. 그릇에 통밀가루, 분유, 달걀, 물 ⅔컵 (120ml)을 넣고 거품기로 잘 저어 덩어리지지 않게 풀어주세요. 팬케이크 반죽보다는 묽은 반죽이 될 거예요.

5. 팬을 약불로 올리고 실리콘 붓(혹은 키친타월)으로 올리브유를 살짝 발라주세요. 기름이 많으면 부침개처럼 구워지므로 팬만 코팅한다는 느낌으로 아주 소량 발라주세요.

6. 약불 상태에서 반죽을 종이컵 반 컵 정도 붓고 반죽을 팬 전체에 얇게 펴 바르는 것처럼 둘러주세요.

7. 끝부분만 살짝 뒤집어서 아래쪽이 옅은 갈색이 나면 꼬치나 나무젓가락을 크레이프의 가장자리에 넣은 다음 살짝 들어서 뒤집어주세요.

8. 팬의 불을 끄고 남은 열로 뒤집은 면을 익히면 됩니다.

9. 크레이프가 한 김 식으면 달걀지단처럼 생긴 크레이프를 돌돌 말아서 가늘게 채썰어주세요. 건포도치즈를 올려 먹으면 됩니다.

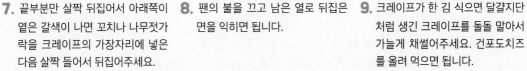

알아두기

★ 통밀가루란 밀 껍질을 벗기지 않고 만든 통곡물 밀가루예요. 백미와 현미 차이라고 생각하면 쉬워요. 현미는 몇 분 도미라고 적혀 있지만 통밀가루는 통밀이 몇 퍼센트인지 안 적힌 경우가 많아요. 확인하고 구입하는 것이 좋습니다. 통밀을 약간 섞어도 통밀가루라고 판매하는 경우가 많기 때문이랍니다.

베이비후무스

후무스란 병아리콩으로 만든 중동 지방의 마요네즈 같은 거예요.
콩을 삶아서 갈아낸 요리이기 때문에 소화 흡수가 잘 되고, 식이섬유가
풍부해 건강한 장 환경을 만들어준답니다. 콩에는 단백질이
풍부하지만 그중에서도 병아리콩이 제일 많아요.
완두콩 100g에는 5.8g이 들어있지만, 병아리콩에는 19.3g이나
들어있어요. 기본에 충실한 오리지널 후무스를 배워서
다양하게 응용해봐요!

미리 준비하기

★ 생병아리콩 100g 정도를 흐르는 물에 2~3번 깨끗이 씻어주세요. 물을 충분히 붓고 압력밥솥에
서 잡곡밥 코스로 삶아주세요. 압력밥솥이 없다고 해서 걱정하지는 마세요. 전날 물을 같이 받아
냉장고에서 충분히 불리면 됩니다. 이 경우 통통하게 불어난 콩을 냄비에 넣고 콩이 잠길 만큼
물을 부은 뒤 중불에서 50분 정도 삶아주세요. 끓어오르며 생기는 거품은 중간중간 걷어줍니다.
★ 병아리콩을 잘 삶는 것이 제일 중요하니 쫀쫀하고 무르게 푹 삶아주세요. 손가락으로 살짝 눌렀
을 때 쉽게 부서지면 다 삶아진 겁니다.
★ 레몬은 베이킹소다로 깨끗이 씻어서 반 갈라 즙을 짜주세요. 3ml 계량해두세요.

재료

50g씩
2회

☐ 삶은 병아리콩 75g(½컵) ☐ 물 60ml(⅓컵) ☐ 참깨 5g(1작은술)
☐ 레몬즙 3ml(½작은술) ☐ 올리브유 약간

1. 참깨를 절구에 빻아주세요.

2. 용기에 삶은 병아리콩, 물 ⅓컵(60ml), 참깨, 레몬즙을 넣고 핸드블랜더로 갈아주세요. 땅콩버터 같은 질감이 되게 해주세요. 혹시 너무 되직하다 싶으면 물을 조금 더 넣어도 됩니다. 이게 바로 후무스의 기본 베이스입니다.

3. 삶은 병아리콩 간 것, 올리브유 한 두 방울을 냄비에 넣고 강불에서 1분 더 끓입니다. 살균하는 과정입니다. 중간중간 주걱으로 팬의 바닥까지 긁으면서 섞이도록 합니다.

알아두기

★ 어른들이 먹을 거라면 삶은 뒤 갈아서 냉장고에 보관했다 먹으면 되지만, 이유식용은 꼭 한 번 더 끓이세요.

★ 남은 후무스 베이스는 소분해서 냉동해뒀다가 다른 재료를 첨가한 응용 후무스를 만들 때 쓰면 됩니다. 냉동 후무스를 다시 쓸 때는 물을 조금 붓고 강불에서 1~2분간 팔팔 끓여주세요.

★ 병아리콩은 훌륭한 식재료이지만 섬유질이 풍부하기 때문에 과다 섭취할 경우 설사나 복통, 복부 팽만 같은 소화장애를 일으킬 수 있어요. 아기가 잘 먹더라도 한꺼번에 너무 많이는 주지 마세요!

완료기 이유식과 초기 유아식

12+

	초기 이유식	중기 이유식	후기 이유식	완료기 및 초기 유아식
시기	6개월	7~8개월	9~11개월	12~24개월
먹는 양(한 끼)	50~100g	70~120g	120~150g	120~180g
먹는 횟수	이유식 1~3회	이유식 2~3회 간식 1~2회	이유식 3회 간식 2~3회	이유식 3회 간식 2~3회
이유식의 형태	묽은죽	된죽	무른밥	진밥 → 밥
알갱이의 크기와 굵기	곱게 다짐	곱게 다짐	3mm 정도	5mm 정도
쌀:물(컵)	1:8~10	1:5~7		
밥:물(컵)			1:2	1:0.5
모유(분유)량	700~900ml	500~800ml	500~700ml	400~500ml
붉은 고기량 (하루 기준)	10~20g	10~20g	20~30g	30~50g
달걀, 두부		주 1회	주 2~3회	주 2~3회
채소, 과일		매일	매일	매일

완료기는 드디어 밥을 먹을 수 있는 시기예요. 이제부터는 이유식이 주식이고 수유가 간식입니다. 이유식으로 모든 영양을 채워야 하니, 육아의 중심은 '아기 밥상 차리기'가 되죠. 아기가 아침에 밥을 남기면 점심은 무엇을 해야 할지 걱정이 늘어납니다. 그래서 완료기 식단은 조금 화려하고 다양하게 소개했어요.
그렇다고 완료기 식단 중의 하나인 '평양식 소고기 온반이나 블루베리 치즈케이크를 과연 만들 수 있을까?'라고 미리 겁먹지는 마세요. 어느덧 이유식 만들기가 쉬워진 것처럼 완료기 이유식도 몇 번만 해 보면 금방 익숙해진답니다. 그리고 두 돌까지는 무염 식단을 유지해야 한다는 이유식 원칙도 잊지 마세요!

추천 메뉴

소고기소보로 & 시금치)땅콩무침)

완료기에서 가장 숙지해야 할 조리법은 고기 소보로를 만드는 방법이에요. 고기 소보로는 기름에 볶는 법, 물에 볶는 법, 물에 데치는 법 등 여러 가지 방법이 있지만, 이 책에서는 영양 손실이 적고 고기가 부드러워지는 물에 볶는 법을 소개합니다. 물에 볶는 법은 '333'을 기억하면 쉬워요. 고기 30g에, 물 30ml, 강불에서 3분이랍니다.

 미리 준비하기

★ 소고기 냉동 큐브가 있으면 1시간 전에 미리 냉장고에서 해동해주세요.
★ 시금치는 잎만 3~4장 정도 준비해서 살살 흔들어 씻은 뒤 끓는 물에 5초
간 데쳐서 물기를 짜주세요.

재료(소고기소보로)

2~3회분 : ☐ 5분도미 진밥 120g(1컵, 쌀밥으로 대체 가능) ☐ 소고기 30g(다진 것, 2큰술) ☐ 후추 한 꼬집

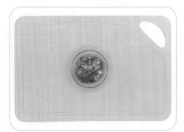

1. 소고기를 곱게 다져주세요.

2. 소고기소보로를 만들게요. 팬을 씻지 말고 소고기, 후추 한 꼬집, 물 2큰술을 넣고 소고기를 거품기로 살살 풀어주세요. 강불에서 3분간 익혀주세요.

재료(시금치땅콩무침)

2~3회분 : ☐ 시금치 15g(다진 것, 1큰술) ☐ 무첨가 땅콩버터 5g(1작은술, 볶은 땅콩으로 대체 가능)

1. 시금치를 곱게 다져주세요.

2. 팬에 시금치, 땅콩버터를 넣고 조물조물 무친 다음 중불에서 2~3분간 볶아주세요. 데쳐서 무친 나물은 위생 문제로 인해 한 번 볶는 것이 안전해요. 오목한 그릇에 옮겨 담아주세요.

3. 만들어둔 소고기소보로와 시금치땅콩무침은 진밥에 비벼 먹어도 되고 따로 먹어도 됩니다.

알아두기

★ 시금치는 보통 참기름, 참깨, 소금이나 간장에 무쳐 먹지만, 중국식으로 땅콩을 넣어도 맛있어요.

★ 아기들은 매일 20~30g의 고기를 먹는데 한 달이면 거의 900g 이상이랍니다. 그래서 고기를 다루는 일에 익숙해지는 것이 중요해요. 어른이 먹을 고기는 육즙을 가두기 위해서 센 불에서 요리하지만, 이유식용으로는 낮은 온도에서 서서히 익혀야 고기가 부드럽고 감칠맛도 풍부해진답니다.

소고기소보로 & 당근볶음 & 무조미김

담백한 소고기 소보로는 기름에 살짝 볶은 빨간색
당근하고도 무척 잘 어울려요.
김에다 소고기, 당근을 올려서 돌돌 싸줘도 좋고
잘라서 스스로 집어 먹게도 할 수 있어요.

 미리 준비하기

★ 소고기, 당근 냉동 큐브가 있으면 1시간 전에 미리
   냉장고에서 해동해주세요.
★ 당근은 깨끗이 씻고 껍질을 얇게 벗겨주세요.

재료

2~3회분

☐ 5분도미 진밥 120g(1컵, 쌀밥으로 대체 가능)   ☐ 소고기 20g(다진 것, 4작은술)
☐ 당근 15g(다진 것, 1큰술)   ☐ 김 1장   ☐ 참깨 3g(½작은술, 생략 가능)   ☐ 올리브유 약간   ☐ 후추 한 꼬집

1. 소고기, 당근을 곱게 다져주세요.

2. 참깨는 절구에 빻아주세요.

3. 김은 기름을 두르지 않은 팬에 살짝 구운 뒤 한입 크기로 작게 잘라주세요. 소독된 아기용 부엌가위가 있으면 편해요.

4. 먼저 당근볶음을 만들게요. 팬에 올리브유를 살짝 두르고 당근을 2~3분간 볶아주세요. 타지 않게 조심하세요.

5. 참깨를 넣고 한 번 더 볶아주세요.

6. 소고기소보로를 만들어주세요. 팬을 씻지 말고 소고기, 후추 한 꼬집, 물 2큰술을 넣고 소고기를 거품기로 살살 풀어주세요. 강불에서 3분간 익혀주세요.

7. 진밥 위에 소고기소보로, 당근볶음, 구운 김을 올려서 비빔밥처럼 비벼 먹어도 되고, 따로 반찬으로 먹여도 됩니다.

알아두기

★ 당근, 빨강 파프리카, 토마토같이 붉은 색깔 음식은 그냥 먹는 것보다 기름에 살짝 익혀서 먹는 것이 영양분 흡수가 좋아요. 붉은 채소는 불에 익힌다, 기억하세요!

돼지고기콩나물 진밥

돼지고기는 소고기와 마찬가지로 고단백 식품으로, 철분 흡수율이 높은
식품이에요. 돼지고기에는 탄수화물을 에너지로 바꾸는 데 필요한
비타민B1이 다른 육류에 비해 6~10배나 많이 들어있어 피로 회복에도 좋답니다.
아기가 지쳤을 때는 돼지고기로 피로를 회복시켜주세요!

🍳 미리 준비하기

★ 돼지고기, 무 냉동 큐브가 있으면 1시간 전에 미리 냉장고에서 해동해주세요.
★ 콩나물은 씻어주세요. 건더기용과 채수용 콩나물을 따로 준비합니다.

재료

1회분

- ☐ 5분도미 진밥 120g(1컵, 쌀밥으로 대체 가능) ☐ 돼지고기 20g(다진 것, 4작은술)
- ☐ 콩나물 100g(손바닥으로 2줌) ☐ 무 15g(다진 것, 1큰술) ☐ 마늘 3g(½개, 생략 가능)
- ☐ 참깨 3g(½작은술, 생략 가능) ☐ 물 360ml(2컵)

1. 건더기로 사용할 콩나물 20개의 머리와 뿌리를 제거해주세요. 채수용 콩나물은 머리와 뿌리를 그대로 둡니다.

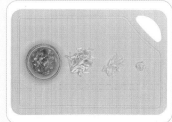

2. 돼지고기, 무, 마늘을 곱게 다져주세요. 건더기용 콩나물은 1cm 길이로 짧게 썰어주세요.

3. 참깨는 절구에 빻아주세요.

4. 냄비에 채수용 콩나물과 물 2컵(360ml)을 붓고 뚜껑을 덮고 중불에서 5~8분간 끓인 다음 불을 끕니다. 물이 식으면 콩나물을 건져내고 채수는 냄비에 남겨두세요.

5. 같은 냄비에 진밥 1컵, 돼지고기, 무, 콩나물, 마늘을 넣어주세요. 돼지고기를 거품기로 살살 풀어주세요. 강불로 해서 끓어오르면 약불로 줄이고 10~12분간 익혀주세요.

6. 물이 졸면 불을 끄고 참깨를 뿌려주세요.

알아두기

★ 돼지고기는 부위에 따라 지방 함량이 매우 달라요. 그래서 돼지고기를 살 때는 용도에 알맞은 부위를 알고 있어야 해요. 우리나라 사람들이 가장 즐겨 먹는 돼지고기는 삼겹살이죠. 삼겹살 100g당 지방 함량은 28.4g으로 목살이나 등심보다 3~5배가 많아요. 이유식에는 지방이 없는 살코기가 좋으니 삼겹살보다는 앞다리살, 뒷다리살, 갈매기살을 덩어리째 구입해 직접 다져서 사용하세요.

평양식 소고기 온반

온반(溫飯)은 북한의 전통음식으로 밥에 뜨거운 고깃국을 얹는 장국밥을 말해요. 원래 평양식 온반에는 녹두전이 고명으로 올라가는데 만들기 간편한 애호박전으로 대신했어요. 따뜻한 국물이 그리운 날, 아기와 함께 드셔보세요. 아기는 마지근한 국물로 해주는 것 잊지 마시고요!

 미리 준비하기

★ 소고기, 표고버섯, 애호박, 마늘 냉동 큐브가 있으면 1시간 전에 미리 냉장고에서 해동해주세요.
★ 달걀은 흰자와 노른자를 섞어서 멍울진 것이 없도록 체에 걸러주세요.
★ 표고버섯은 햇빛을 30분 정도 쪼이세요. 비타민D가 배로 많아집니다. 기둥을 떼고 갓만 살짝 씻어주세요.

재료

1회분

☐ 5분도미 진밥 120g(1컵, 쌀밥으로 대체 가능) ☐ 소고기 20g(다진 것, 4작은술)

☐ 표고버섯 15g(다진 것, 2큰술, 느타리버섯으로 대체 가능) ☐ 달걀 25g(½개)

☐ 마늘 3g(½개, 생략 가능) ☐ 후추 한 꼬집 ☐ 물 190ml(1컵과 2작은술)

☐ 애호박 30g(다진 것, 2큰술) ☐ 통밀가루 10g(1큰술) ☐ 달걀 25g(½개)

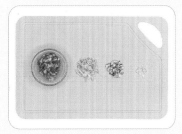
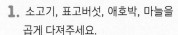

1. 소고기, 표고버섯, 애호박, 마늘을 곱게 다져주세요.

2. 그릇에 다진 애호박, 통밀가루, 달걀, 물 2작은술(10ml)을 넣고 반죽을 만들어주세요.

3. 달군 팬에 올리브유를 조금 두르고 어른 밥숟가락으로 한 숟가락 떠서 애호박전을 구워주세요.

4. 체에 내린 달걀로 얇게 지단을 부쳐주세요. 팬에 기름이 너무 많으면 지단이 우둘투둘 부풀어 오르니까 주의하세요.

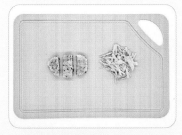

5. 식으면 애호박전은 한입 크기로, 달걀지단은 돌돌 말아서 가늘게 채를 썰어주세요. 길면 1cm 길이로 먹기 좋게 잘라주세요.

6. 소고기소보로를 만들게요. 냄비에 소고기, 후추 한 꼬집, 물 2큰술을 넣고 소고기를 거품기로 살살 풀어주세요. 강불로 3분간 익혀주세요.

7. 6번에 진밥 1컵, 표고버섯, 마늘, 물 1컵(180ml)을 넣고 끓어오르면 약불로 줄이고 10~12분 더 익힌 후 물이 반 컵 정도 줄면 불을 꺼주세요. 장국처럼 물이 많아야 해요.

8. 오목한 그릇에 7번의 온반을 담고, 달걀지단과 애호박전을 얹어주세요. 진밥과 같이 먹으면 돼요.

알아두기

★ 물 대신 양지머리 삶은 육수를 넣어도 됩니다.

소고기감자조림

학교 다닐 때 도시락반찬으로 많이 먹던 음식이에요.

감자에 소고기 맛이 쏙쏙 박혀있답니다.

그냥 감자조림보다 훨씬 맛있어 국물까지 남김없이 먹을 수 있어요.

🍳 미리 준비하기

★ 소고기, 쪽파 냉동 큐브가 있으면 1시간 전에 미리 냉장고에서 해동해주세요.

★ 감자를 씻어서 껍질을 벗겨주세요. 감자 눈은 도려냅니다.

★ 쪽파는 1~2가닥 씻어주세요.

재료

2~3회분

- ☐ 5분도미 진밥 120g(1컵, 쌀밥으로 대체 가능) ☐ 소고기 30g(다진 것, 2큰술)
- ☐ 감자 30g(다진 것, 2큰술) ☐ 참기름 약간 ☐ 후추 한 꼬집
- ☐ 쪽파 3g(½작은술, 생략 가능) ☐ 물 60ml(4큰술)

1. 소고기, 감자, 쪽파를 다져주세요.

2. 소고기소보로를 만들어주세요. 팬에 소고기, 후추 한 꼬집, 물 2큰술을 넣고 소고기를 거품기로 살살 풀어주세요. 강불에서 3분간 포슬하게 익혀주세요.

3. 물기가 다 졸아 소고기가 익으면 참기름을 뿌리고 1~2분 더 익힌 후 불을 꺼주세요. 참기름을 뿌려두면 고기가 식어도 뻣뻣하지 않고 부드러워요. 그릇에 따로 담아둡니다.

4. 팬을 씻지 말고 감자, 물 4큰술(60ml)을 넣고 강불에서 끓고 나면 약불에서 5~8분간 졸여주세요.

5. 국물이 자작하게 다 졸아들면 쪽파를 넣고 버무리면서 약불에서 1~2분간 더 익혀줍니다.

6. 익힌 소고기와 졸인 감자를 섞어 밥과 함께 내어주세요.

알아두기

★ 껍질이 녹색으로 변한 감자는 이유식 재료로는 적합하지 않아요. 녹색으로 변한 감자에 들어있는 솔라닌이라는 독성은 아기에게는 20~40mg만 먹여도 위험하기 때문이에요. 참고로 녹색으로 변한 감자 500g에는 솔라닌이 10~65mg 들어있어요.

★ 소고기, 감자를 같이 졸여도 되지만 익는 속도가 달라서 고기와 야채를 따로 익히는 것이 맛있어요.

소고기표고들깨볶음 & 북어달걀국 & 고구마전

소고기, 표고, 들깨를 따로 먹는 것과 같이 볶아서 먹는 것은
맛이 많이 다르죠. 함께 볶는 과정에서 풍미를 생기게 하는
새로운 조합이 음식의 또 다른 깊은 맛을 만들어낸답니다.
아기한테 같은 재료로도 새로운 맛을 낼 수 있다는
경험을 알려주세요!

🧑‍🍳 미리 준비하기

★ 소고기, 표고버섯, 마늘, 쪽파 냉동 큐브가 있으면 1시간 전에 미리 냉장고에서 해동해주세요.

★ 달걀을 그릇에 깨뜨려서 흰자와 노른자를 섞어주세요. 손을 비누로 꼭 씻어주세요.

★ 뼈를 제거한 북어포를 분쇄기에 곱게 갈아 체에 걸러주세요(192p의 북어달걀무들깨 된죽 참고).

★ 고구마를 깨끗하게 씻은 다음 껍질을 필러로 벗겨서 물에 담가주세요.

재료

2~3회분

☐ 5분도미 진밥 120g(1컵, 쌀밥으로 대체 가능)   ☐ 소고기 30g(다진 것, 2큰술)

☐ 표고버섯 15g(다진 것, 1큰술)   ☐ 들깨 3g(½작은술)   ☐ 마늘 3g(½개, 생략 가능)

☐ 북어 보푸라기 5g(1작은술)   ☐ 달걀 50g(1개)   ☐ 쪽파 3g(½작은술, 생략 가능)

☐ 참기름 약간   ☐ 물 120ml(⅔컵)   ☐ 고구마 100g(중간 것, ½개)   ☐ 통밀가루 30g(3큰술)

☐ 분유 10g(4작은술, 통밀로 대체 가능)

1. 소고기, 표고버섯, 마늘, 쪽파를 다져주세요.

2. 들깨는 절구에 빻아주세요.

3. 소고기소보로를 만들게요. 팬에 소고기, 표고버섯, 마늘, 물 2큰술을 넣고 거품기로 살살 풀어주세요. 강불에서 3분간 익혀주세요.

4. 물기가 다 졸아 소고기와 표고버섯이 포슬포슬 익으면 들깨를 뿌리고 불을 꺼주세요.

5. 북어달걀국을 만들게요. 냄비에 북어 보푸라기, 물 반 컵(90ml)을 넣고 끓어오르면 약불로 줄여 달걀 반개 분량을 넣어주세요. 골고루 저어주세요.

6. 쪽파와 참기름을 넣고 강불에서 1분 더 익힌 다음 불을 꺼주세요.

7. 껍질을 벗긴 고구마를 둥글게 썰어서 전자레인지 용기에 담아 전자레인지에서 3분간 익혀주세요.

8. 볼에 남은 달걀, 통밀가루, 분유 10g, 물 2큰술을 넣어 반죽물을 만들고 고구마를 넣어주세요.

9. 팬에 올리브유를 약간 두르고 고구마전을 노릇노릇하게 구워주세요.

7

소고기흰살생선 솥밥

요즘 유행하는 솥밥 요리와 원팬 요리를 해본 적 있으세요?

간편하면서도 맛있어요. 이유식도 원팬 이유식,

솥밥 이유식이 가능하답니다.

무쇠솥이 없으면 뚜껑 있는 냄비로 해보세요!

🧑‍🍳 미리 준비하기

★ 소고기, 무, 당근, 애호박, 쪽파 냉동 큐브가 있으면 1시간 전에 미리 냉장고에서 해동해주세요.

★ 대구, 명태, 가자미 등 비린내가 덜 나는 흰살생선으로 준비해주세요. 포 뜬 것 1~2장이 필요해요. 손으로 만져서 잔뼈를 제거하고, 씻지 말고 키친타월로 이물질을 닦아주세요.

재료

1회분

- ☐ 5분도미 진밥 120g(1컵, 쌀밥으로 대체 가능) ☐ 소고기 20g(다진 것, 4작은술)
- ☐ 무 15g(다진 것, 1큰술) ☐ 당근 15g(다진 것, 1큰술) ☐ 애호박 15g(다진 것, 1큰술)
- ☐ 흰살생선 15g(다진 것, 2큰술) ☐ 후추 두 꼬집 ☐ 통밀가루 5g(1작은술) ☐ 참기름 약간
- ☐ 쪽파 5g(1작은술) ☐ 물 90ml(½컵)

1. 소고기, 생선, 애호박, 무, 당근, 쪽파를 곱게 다져주세요.

2. 생선에 후추 한 꼬집과 참기름을 바르고 통밀가루를 골고루 묻혀주세요.

3. 소고기소보로를 만들게요. 무쇠솥(혹은 냄비)에 소고기, 후추 한 꼬집, 물 2큰술을 넣고 소고기를 거품기로 살살 풀어주세요. 강불에서 3분간 포슬하게 익혀주세요. 그릇에 따로 덜어둡니다.

4. 무쇠솥(혹은 냄비)에 밥 1컵(120g)을 넣고 그 위에 소고기소보로, 생선, 무, 당근, 애호박을 얹고 물 반 컵(90ml)을 솥 안으로 흘러내리게 부어주세요. 강불로 해서 끓기 시작하면 솥뚜껑을 덮어주세요. 약불로 5~8분 익혀줍니다.

5. 쪽파를 얹고 참기름을 두른 후 2분 있다가 불을 꺼주세요. 5분간 뜸을 들입니다.

알아두기

★ 생선에 밀가루를 묻혀서 요리하면 비린내도 잡으면서 살도 부서지지 않아요.

소고기흰목이버섯마늘 솥밥

흰목이버섯은 말캉말캉해서 젤리 같은 독특한 식감이 있어 아기들이 좋아해요.

한방에서는 흰목이버섯을 은이(銀耳)버섯이라고도 하는데 한의서인 『본초강목』에도 '은이는

폐와 신장을 보호하고 뼈를 튼튼하게 한다'라고 나와있어요. 실제로 흰목이버섯은

비타민D의 황제라고 할 만큼 비타민D가 많아요. 말린 표고버섯의 58배, 연어의 60배나

들어있다고 하니 성장기 어린이나 골다공증이 걱정되는

여성에게 좋은 식품이랍니다. 흰목이버섯이 가득 든

솥밥으로 아기 키를 쑥쑥 키워볼까요!

🍳 미리 준비하기

⭐ 소고기, 무, 당근, 애호박, 마늘, 쪽파 냉동 큐브가 있으면 1시간 전에 미리 냉장고에서 해동해주세요.

⭐ 말린 흰목이버섯은 30분 전에 물에 불려주세요. 생흰목이버섯은 불리는 과정 없이 밑동을 잘라서 물 묻힌 키친타월로 골고루 닦아주세요.

⭐ 달걀을 그릇에 깨뜨려 흰자와 노른자를 섞어주세요. 손을 비누로 씻어주세요.

재료

1회분

☐ 5분도미 진밥 120g(1컵, 쌀밥으로 대체 가능)   ☐ 소고기 20g(다진 것, 4작은술)

☐ 흰목이버섯 15g(다진 것, 2큰술)   ☐ 당근 15g(다진 것, 1큰술)   ☐ 애호박 15g(다진 것, 1큰술)

☐ 무 15g(다진 것, 1큰술)   ☐ 달걀 25g(½개)   ☐ 마늘 3g(½개, 생략 가능)   ☐ 쪽파 5g(½개, 생략 가능)

☐ 참기름 3g(½작은술, 생략 가능)   ☐ 물 90ml(½컵)   ☐ 후추 한 꼬집

1. 소고기, 흰목이버섯, 당근, 무, 애호박, 쪽파, 마늘을 다져주세요.

2. 소고기소보로를 만들게요. 무쇠솥(혹은 냄비)에 소고기, 후추 한 꼬집, 물 2큰술을 넣고 소고기를 거품기로 살살 풀어주세요. 강불에서 3분간 포슬하게 익혀주세요. 그릇에 따로 덜어둡니다.

3. 무쇠솥(혹은 냄비)에 밥 1컵(120g)을 넣고 그 위에 소고기소보로, 흰목이버섯, 무, 당근, 애호박, 마늘을 얹은 뒤 물 반 컵(90ml)을 솥 안으로 흘러내리게 부어주세요. 강불로 해서 끓기 시작하면 솥뚜껑을 덮어주세요. 약불에서 5~8분 익힙니다.

4. 뚜껑을 살짝 열어 밥물이 졸아들면 달걀 푼 것을 골고루 끼얹고 쪽파를 얹고 다시 뚜껑을 덮고 2~3분 익혀주세요.

5. 참기름을 두른 후 불을 꺼주세요. 5분간 뜸을 들입니다.

알아두기

★ 불린 흰목이버섯이나 생흰목이버섯은 냉장고에 보관해도 잘 상해요. 남은 것은 바로 냉동 큐브로 만드세요.

돼지고기콩비지찌개

콩비지와 비지는 좀 달라요. 콩비지는 콩을 걸쭉하게 갈아서 만든 것이고,
비지는 두부용 콩물을 제거하고 남은 것이랍니다. 아기에게는 비지보다는
콩비지를 주는 것이 영양가도 높고 더 고소하기 때문에 더 잘 먹을 수 있어요.
콩비지는 살짝 볶아 수분을 날리고 요리를 해야 질척질척한 식감이 좋아져요.

미리 준비하기

★ 돼지고기 냉동 큐브가 있으면 1시간 전에 미리 냉장고에서 해동해주세요. 핏물
은 키친타월로 누르면서 가볍게 제거해주세요.

★ 부추는 3~5가닥 준비해주세요. 이물질이 달라붙어 있으면 손가락으로 살살
비벼서 씻으면 잘 떨어집니다.

★ 당근은 흙을 씻어내고 칼등으로 껍질을 아주 얇게 제거합니다. 껍질 쪽이 맛과
영양이 풍부해요.

재료

2~3회분

□ 5분도미 진밥 120g(1컵, 쌀밥으로 대체 가능) □ 돼지고기 30g(다진 것, 2큰술)

□ 시판용 콩비지 120g(⅔컵) □ 부추 15g(다진 것, 1큰술) □ 당근 10g(다진 것, 1작은술, 생략 가능)

□ 마늘 3g(½개, 생략 가능) □ 물 180ml(1컵)

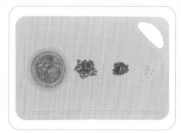

1. 돼지고기, 부추, 당근, 마늘을 다져 주세요.

2. 콩비지소보로를 만들게요. 팬에 기름을 두르지 않고 콩비지를 넣고 약불에서 8~10분 볶아주세요. 보슬보슬해지면 불을 꺼주세요.

3. 냄비에 돼지고기, 당근, 마늘, 물 1컵(180ml)을 넣고 돼지고기를 거품기로 살살 풀어주세요. 강불로 해서 끓어오르면 약불로 줄이고 5~8분간 익혀주세요. 가끔 바닥까지 저어주세요.

4. 4번에 콩비지소보로와 부추를 넣고 저으면서 2~3분간 더 끓여주세요.

알아두기

★ 콩비지, 두부, 콩국물류는 냉장고에 보관해도 상하기 쉬워요. 아기에게는 그날 사온 것만 주는 것이 안전하답니다.

⑩

스크램블에그 비빔밥

재료가 없을 때 달걀말이는 귀찮고
계란프라이는 질린다면 해줄 수 있는 이유식이에요.
아기용 팬케이크에 발라먹어도 괜찮고 만들기도
너무너무 간편하죠. 스크램블에그를 반숙하면
더 부드럽지만 아기에게 반숙은 곤란해요.
꼼꼼하게 익혀주세요!

🍳 미리 준비하기

★ 달걀을 작은 그릇에 깨뜨려서 흰자, 노른자를 섞어주세요. 부드러운 것이 좋으
면 체에 내려주세요.

재료

1회분 ☐ 5분도미 진밥 120g(1컵, 쌀밥으로 대체 가능) ☐ 달걀 50g(1개) ☐ 우유 60ml(⅓컵, 분유와 물로 대체 가능)

1. 그릇에 달걀, 우유를 골고루 섞어주세요.

2. 달군 팬에 달걀물을 부은 뒤 젓가락으로 저어주세요.

3. 처음에 중불로 해서 몽글몽글 익기 시작하면 약불로 해서 8~10분 저으면서 부드러운 스크램블에그를 만들어주세요.

4. 마지막에 강불에서 1분 더 익힌 후 불을 꺼주세요. 스크램블에그와 진밥을 함께 내어주세요.

알아두기

★ 센불에서 기름을 많이 두르면 달걀지단처럼 딱딱하게 되므로 주의하세요.

★ 아침에 시간도 없고 입맛도 없을 때 간단하게 해먹을 수 있는 이유식입니다.

소고기오방색 비빔밥

전통 비빔밥에는 색색의 고명들이 올라와 있어요. 청(靑), 적(赤), 황(黃), 백(白), 흑(黑) 다섯 가지 색깔이 우리 신체 기관과 연결되어 있어 오색음식을 먹으면 오장육부의 조화로움을 준다는 한의학 이론이 전통 음식에 스며든 거랍니다. 요즘 유행하는 컬러 푸드도 옛 선조의 오색 음식에 이미 있었던 거죠. 이유식 한 그릇에도 오색을 담아 한국 엄마의 마음을 담아보면 어떨까요?

 미리 준비하기

★ 소고기, 애호박, 당근, 무, 표고버섯 냉동 큐브가 있으면 1시간 전에 미리 냉장고에서 해동해주세요.

★ 달걀을 작은 그릇에 깨뜨려 흰자, 노른자를 섞어주세요. 체에 내려 알끈을 제거해주세요.

★ 당근, 무는 씻고 난 뒤 껍질을 벗겨주세요. 표고버섯은 기둥을 떼고 갓만 살짝 씻어주세요.

1. 소고기, 애호박, 당근, 표고버섯, 무를 곱게 다져주세요.

2. 참깨를 절구에 빻아주세요.

3. 달군 팬에 올리브유를 살짝 두르고 달걀 물을 붓고 얇게 지단을 부쳐주세요.

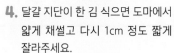

4. 달걀 지단이 한 김 식으면 도마에서 얇게 채썰고 다시 1cm 정도 짧게 잘라주세요.

5. 같은 팬에 올리브유를 두르고 무, 애호박, 당근, 표고버섯 순으로 따로따로 볶아주세요. 소량이므로 타지 않게 조심하세요.

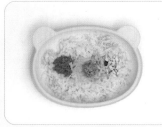

6. 팬에 소고기, 후추 한 꼬집, 물 2큰술을 넣고 소고기를 거품기로 살살 풀어주세요. 강불에서 3분간 저어가며 익혀주세요. 물이 졸면 불을 꺼주세요.

7. 진밥을 그릇에 담고 그 위에 소고기, 무, 애호박, 당근, 표고버섯을 색깔별로 예쁘게 담아주세요. 빻아둔 참깨를 뿌려주세요.

알아두기

★ 고기는 찬물에서 서서히 익히는 것이 부드러워요. 갑자기 고기에 열을 가하면 바깥쪽만 딱딱하게 익어버린답니다. 마치 갑옷을 입은 고기처럼 속은 설익고 겉만 딱딱해지죠.

소고기양파달걀 덮밥

덮밥은 만들기도 빠르고 먹기도 무척 간편한 요리예요.
그러면서 건강까지 챙긴 음식이라서 바쁜 날, 엄마들이 즐겨 하기에
좋은 메뉴랍니다. 달달한 양파와 고소한 소고기가 만난 덮밥을
만들어봐요.

👨‍🍳 미리 준비하기

★ 소고기, 양파, 쪽파 냉동 큐브가 있으면 1시간 전에 냉장고에서 해동해주세요.
★ 달걀을 그릇에 깨뜨려서 흰자와 노른자를 섞어주세요. 달걀 만진 손은 비누로
  씻고 다음 과정을 진행해주세요.

재료

1회분

- ☐ 5분도미 진밥 120g(1컵, 쌀밥으로 대체 가능)
- ☐ 소고기 20g(다진 것, 4작은술)
- ☐ 양파 15g(다진 것, 1큰술)
- ☐ 달걀 50g(1개)
- ☐ 쪽파 3g(½작은술, 생략 가능)
- ☐ 참깨 2g(½작은술)
- ☐ 후추 한 꼬집

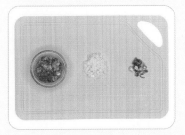

1. 소고기, 양파, 쪽파를 다져주세요.

2. 참깨를 절구에 빻아주세요.

3. 소고기소보로를 만들게요. 팬에 소고기, 후추 한 꼬집, 물 2큰술을 넣고 소고기를 거품기로 살살 풀어주세요. 강불에서 3분간 저으며 익혀주세요. 물이 졸면 불을 끄고 그릇에 옮겨 담아주세요.

4. 팬을 씻지 말고 올리브유를 한두 방울 두르고 양파를 볶아주세요.

5. 양파가 투명해지면 물 3큰술을 붓고 강불에서 끓여주세요.

6. 끓으면 약불로 낮추고 달걀 이불을 덮은 것같이 달걀을 골고루 끼얹어주세요. 젓지 말고 약불에서 2~3분간 익힙니다. 국물은 조금 있어야 해요.

7. 쪽파와 참깨를 뿌리고 1분 더 익힌 후 불을 꺼주세요. 진밥 위에 올려서 내어줍니다.

알아두기

★ 덮밥 요리에서 달걀이나 녹말물을 마지막에 넣으면 재료끼리 잘 어우러지고 윤이 나면서 먹음직스러워집니다.

배를 넣은 불고기 덮밥

배는 신맛이 적고 달고 시원한 맛을 가진 과일이에요.

그래서 고기를 잴 때 배를 이용하면 건강하게 달콤한 맛을 낼 수 있답니다.

불고기에도 많이 들어가는 재료죠! 기침 및 가래에 좋은 성분인 루테올린,

케르세틴 같은 항산화물질이 과육보다는 껍질에 7배 이상 많이 있어요.

그래서 배를 이용할 때는 껍질째 요리하거나 껍질을

아주 얇게 깎는 것이 좋아요.

🍳 미리 준비하기

★ 소고기, 양파, 당근, 마늘 냉동 큐브가 있으면 1시간 전에 미리 냉장고에서 해동해주세요.

★ 배를 깨끗이 씻어서 껍질을 깎고 ⅛쪽 정도 준비해주세요. 시판용 배즙으로 대체 가능해요.

★ 당근은 씻어서 껍질을 벗겨주세요.

★ 감자전분 1작은술, 물 2작은술을 섞어 묽은 녹말 물을 만들어주세요.

재료

1회분

☐ 5분도미 진밥 120g(1컵, 쌀밥으로 대체 가능)   ☐ 소고기 20g(다진 것, 4작은술)

☐ 배 30g(간 것, 2큰술, 시판용 배즙으로 대체 가능)   ☐ 당근 15g(다진 것, 1큰술)   ☐ 양파 15g(다진 것, 1큰술)

☐ 마늘 3g(½개, 생략 가능)   ☐ 감자전분 5g(1작은술, 쌀가루로 대체 가능)   ☐ 물 90ml(½컵)

1. 배를 강판에 갈아주세요. 2큰술이 필요해요.

2. 소고기, 당근, 양파, 마늘을 다져주세요.

3. 냄비에 소고기, 배, 당근, 양파, 마늘, 물 반 컵(90ml)을 넣고 소고기를 거품기로 살살 풀어주세요. 강불로 해서 끓어오르면 약불로 줄여서 5~8분간 익혀주세요.

4. 물이 졸면 녹말 물을 끼얹고 1분 정도 저어서 걸쭉해지면 바로 불을 끕니다. 진밥 위에 올려서 내어주세요.

알아두기

★ 배, 키위, 파인애플은 단백질 분해 효소를 함유하고 있어 고기를 연하게 하고 소화를 촉진시켜요.

★ 배는 큰 것이 맛이 좋아요. 성인 남자의 두 손을 합쳐서 만든 주먹 크기 정도인 650~700g 정도가 적당해요.

소고기두부주먹밥

만들기 간단한 단백질 폭발 주먹밥이에요.

참깨와 검은깨로 색깔을 다르게 한 주먹밥을 주면 아기들은

어떤 색깔의 주먹밥부터 먹을까요? 골라 먹는 재미를 심어주세요!

🧑‍🍳 미리 준비하기

★ 소고기 냉동 큐브가 있으면 1시간 전에 미리 냉장고에서 해동해주세요.

★ 두부는 물을 버린 후 두부를 그릇에 담아 으깨주세요.

재료

2회분

☐ 5분도미 진밥 120g(1컵, 쌀밥으로 대체 가능) ☐ 소고기 30g(다진 것, 2큰술)

☐ 두부 100g(4×4×4cm, 2개) ☐ 참깨 5g(1작은술) ☐ 검은깨 5g(1작은술) ☐ 후추 한 꼬집

1. 소고기를 다져주세요.

2. 참깨와 검은깨를 따로 절구에 곱게 빻아주세요.

3. 팬에 기름을 두르지 말고 으깬 두부를 펼친 후 약불에서 3~5분 익혀주세요. 두부는 잘 상하는 음식이라 한 번 열을 가해서 요리하면 안전해요. 그릇에 옮겨 담아주세요.

4. 소고기소보로를 만들게요. 팬에 소고기, 후추 한 꼬집, 물 2큰술을 넣고 소고기를 거품기로 살살 풀어주세요. 저으며 강불에서 3분간 익혀주세요. 물이 다 졸면 불을 꺼주세요.

5. 4번에 밥 1컵(120g), 볶은 두부, 소고기소보로를 넣고 고루 섞이게 약불에서 2분 더 볶아주세요.

6. 그릇에 참깨와 검은깨를 뿌리고 5번의 볶음밥을 반 나눠서 은행 크기의 주먹밥을 만드세요. 깨가 골고루 묻게 굴려줍니다.

7. 기름을 두르지 않은 팬에서 굴리며 2~3분 살짝 구워주세요. 핑거푸드로 먹을 때 아기 손에 묻지 않아요.

알아두기

★ 두부로 볶음밥이나 주먹밥을 할 때는 데치는 것보다 볶는 것이 물기도 제거되고 살균도 더 잘됩니다.

★ 주먹밥을 에어프라이어에 160℃ 5분 정도 구워도 됩니다. 팬에서 굽는 것보다는 약간 더 딱딱해져요.

영양주먹밥 & 북어감자국

이유식 완료기에 하기 좋은 '냉털' 이유식이에요.
냉동실에 남은 자투리 채소와 소고기를 넣어 주먹밥을
만들고, 예전에 만들어둔 북어보푸라기로 북어감자국을
끓이면 근사한 아기 밥상 한 차림이 됩니다.
국물이 맑은 북어감자국은 넉넉하게 만들었다가
국간장으로 간을 삼삼하게 해보세요. 어른이 먹어도
담백하고 시원한 국이랍니다.

🍳 미리 준비하기

★ 소고기, 애호박, 양파, 감자, 마늘 냉동 큐브가 있으면 1시간 전에 미리 냉장고에서 해
동해주세요. 야채는 뭐든 괜찮아요.

★ 김은 기름 없이 팬에서 살짝만 구워주세요. 아주 작게 자르거나 김가루로 만들어주
세요. 비닐봉지에 구운 김을 넣고 부수면 돼요.

★ 북어 보푸라기를 준비해주세요. 뼈 없는 북어포를 분쇄기에 갈아 체에 넣고 톡톡 치
면 북어 가루가 떨어집니다(192p의 북어달걀무들깨 된죽 참고).

재료

1회분

☐ 5분도미 진밥 120g(1컵, 쌀밥으로 대체 가능)   ☐ 소고기 20g(다진 것, 4작은술)

☐ 애호박 15g(다진 것, 1큰술)   ☐ 양파 10g(다진 것, 2작은술)   ☐ 김 1장(10x10cm)

☐ 참깨 3g(½작은술, 생략 가능)   ☐ 후추 한 꼬집   ☐ 감자 10g(다진 것, 2작은술)

☐ 북어 보푸라기 5g(2작은술)   ☐ 마늘 3g(½작은술, 생략 가능)   ☐ 물 90ml(½컵)

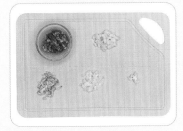

1. 소고기, 감자, 애호박, 양파, 마늘을 다져주세요. 참깨는 절구에 빻아주세요.

2. 달군 팬에 올리브유를 두르고 애호박, 양파를 중불에서 3~5분간 볶아주세요. 그릇에 담아주세요.

3. 팬을 씻지 말고 소고기소보로를 만들게요. 소고기, 후추 한 꼬집, 물 2큰술을 넣고 소고기를 거품기로 살살 풀어주세요. 저으면서 강불에서 3분간 익혀주세요. 물이 다 졸면 불을 꺼주세요.

4. 3번에 진밥 1컵, 미리 볶아둔 애호박, 양파를 넣고 재료가 잘 섞이게 약불에서 2~3분 볶아주세요.

5. 불을 끄고 김가루, 참깨를 뿌리고 호두알 크기의 미니 주먹밥을 만들어주세요.

6. 북어감자국을 만들게요. 냄비에 북어 보푸라기, 감자, 마늘, 물 반 컵(90ml)을 넣고 강불로 해서 끓어오르면 약불로 줄여서 5~8분 정도 익혀주세요.

알아두기

★ 김은 냉동실에 보관하는 것이 가장 안전해요. 보라색으로 변한 김은 산패된 것이므로 버려야 해요.

★ 감자를 냉동 보관할 때는 생것보다는 익혀서 보관하면 아크릴아마이드(발암물질)가 덜 생겨요.

브로콜리주먹밥 & 배추들깨국

아기가 주먹밥을 잘 먹으면 이유식이 쉬워져요.

주먹밥은 가까운 곳에 나들이 갈 때 도시락으로도 괜찮고

메뉴가 생각나지 않을 때도 가볍게 해줄 수 있어요.

주먹밥을 해줄 때는 딱 한 가지만 주의하세요.

재료를 볶을 때 기름을 너무 많이 쓰지 않는 거예요.

기름이 많으면 잘 뭉쳐지지도 않을 뿐더러

비만의 원인이 될 수 있어요.

🧑‍🍳 미리 준비하기

★ 돼지고기, 마늘, 당근 냉동 큐브가 있으면 1시간 전에 미리 냉장고에서 해동해주세요.

★ 알배추는 흐르는 물에 깨끗하게 씻어주세요. 1장 정도 준비해주세요.

★ 브로콜리는 줄기를 나눠 작게 잘라 식초 물에 10분 정도 담궈주세요. 그다음 흐르는
물에 깨끗이 씻어서 작은 꽃봉오리 2~3개를 준비합니다.

재료

1회분

- ☐ 5분도미 진밥 120g(1컵, 쌀밥으로 대체 가능) ☐ 돼지고기 20g(다진 것, 4작은술)
- ☐ 브로콜리 15g(다진 것, 1큰술) ☐ 당근 10g(다진 것, 1작은술) ☐ 후추 한 꼬집
- ☐ 알배추 15g(다진 것, 1큰술) ☐ 들깨 5g(1작은술) ☐ 마늘 3g(½개, 생략 가능) ☐ 물 90ml(½컵)

1. 돼지고기, 브로콜리, 당근, 알배추, 마늘을 다져주세요.

2. 들깨를 절구에 빻아주세요.

3. 달군 팬에 올리브유를 두르고 브로콜리, 당근 순으로 따로 볶아줍니다. 따로 볶아야 색이 고와요.

4. 팬을 씻지 말고 돼지고기소보로를 만들게요. 돼지고기, 후추 한 꼬집, 물 2큰술을 넣고 돼지고기를 거품기로 살살 풀어주세요. 저으면서 강불로 해서 3분간 익혀주세요. 물이 다 졸면 불을 꺼주세요.

5. 돼지고기소보로가 담긴 팬에 진밥 1컵, 미리 볶아둔 브로콜리, 당근을 넣고 재료가 잘 서로 섞이게 약불에서 2~3분 볶아주세요.

6. 불을 끄고 참깨를 뿌린 뒤 은행 크기의 미니 주먹밥을 만들어주세요.

7. 배추들깨국을 만들게요. 냄비에 알배추, 들깨, 마늘, 물 반 컵(90ml)을 넣고 강불로 해서 끓어오르면 약불로 줄여서 5~8분간 끓여주세요.

알아두기

★ 배추를 한꺼번에 다 먹지 못할 경우 세로로 쪼개지 말고 겉잎부터 떼어서 먹은 후 나머지는 랩으로 쌉니다. 냉장고에 뿌리가 아래쪽으로 가도록 세워서 보관해요.

돼지고기양파 볶음밥

소금 간을 해서 기름에 튀기면 뭐든 맛있어요.
하지만 어릴 때부터 기름과 소금의 맛에 익숙해지면 커서도
그런 음식을 좋아해서 성인병이나 비만에 걸릴 확률이
높아진답니다. 아기에게 줄 볶음요리는 양파나 마늘을 익히는
데 사용한 기름만으로도 충분히 맛있게 만들 수 있어요.

🍳 미리 준비하기

★ 돼지고기, 양파, 표고버섯, 마늘, 쪽파 냉동 큐브가 있으면
  1시간 전에 냉장고에서 해동해주세요.
★ 표고버섯은 기둥을 떼고 키친타월로 가볍게 닦아주세요.

재료

1회분

- ☐ 5분도미 진밥 120g(1컵, 쌀밥으로 대체 가능)　☐ 돼지고기 20g(다진 것, 4작은술)
- ☐ 양파 30g(다진 것, 2큰술)　☐ 표고버섯 10g(다진 것, 1큰술)　☐ 마늘 3g(½개, 생략 가능)
- ☐ 후추 한 꼬집　☐ 쪽파 3g(다진 것, ½작은술, 생략 가능)

1. 돼지고기, 양파, 표고버섯, 마늘, 쪽파를 곱게 다져주세요.

2. 달군 팬에 올리브유를 두르고 양파, 마늘을 노릇노릇하게 중불에서 3~5분 볶아주세요. 그릇에 덜어주세요.

3. 팬을 씻지 말고 돼지고기표고버섯 소보로를 만들게요. 돼지고기, 후추 한 꼬집, 표고버섯, 물 2큰술을 넣고 돼지고기를 거품기로 살살 풀어주세요. 저으면서 강불에서 3분간 익혀주세요. 물이 다 졸면 불을 꺼주세요.

4. 3번에 밥 1컵(120g), 볶은 양파와 마늘, 쪽파를 넣고 2~3분 중불에서 볶아주세요.

알아두기

★ 볶음밥용 밥은 뜨겁거나 냉동보다는 실온 상태의 밥으로 볶아야 덩어리지지 않아요.

BCT 현미 볶음밥

BLT(Beef, Lettuce, Tomato) 샌드위치에서 착안했어요.
양상추 대신 양배추를 넣어서 BCT로 이름을 바꾸었답니다.
양배추는 채소이지만 칼슘 함량이 높은 편이고 칼슘의 흡수를
돕는 비타민K와 C도 있어 아기들에게 훌륭한 식품이랍니다.

 미리 준비하기

★ 소고기, 양배추 냉동 큐브가 있으면 1시간 전에 미리 냉장고에서 해동해주세요.
★ 토마토는 방울토마토 3~5개나 빨간 파프리카로 대체 가능합니다. 십자로 칼집
   을 내주세요. 끓는 물에 5초 데친 후 찬물에 헹구면 칼집 낸 부분이 말려 올라옵
   니다. 그 부분을 당겨 얇은 껍질을 벗겨주세요. 씨도 제거해주세요.
★ 양배추는 한 장 정도 깨끗하게 씻어주세요.

재료

1회분
- ☐ 5분도미 진밥 120g(1컵, 쌀밥으로 대체 가능)　☐ 소고기 20g(다진 것, 4작은술)
- ☐ 양배추 15g(다진 것, 1큰술)　☐ 토마토 30g(¼개, 빨간 파프리카로 대체 가능)　☐ 후추 한 꼬집

1. 소고기, 양배추, 토마토를 곱게 다져주세요.

2. 달군 팬에 올리브유를 조금 두르고 양배추, 토마토를 함께 중불에서 3~5분 볶아주세요. 그릇에 옮겨주세요.

3. 팬을 씻지 말고 소고기소보로를 만들게요. 소고기, 후추 한 꼬집, 물 2 큰술을 넣고 소고기를 거품기로 살살 풀어주세요. 저으면서 강불에서 3분간 익혀주세요. 물이 다 졸면 불을 꺼주세요.

4. 3번에 진밥 1컵, 볶은 양배추와 토마토를 넣고 2~3분 중불에서 볶아주세요.

알아두기

★ 샐러드로 먹는 양상추, 양배추를 언제부터 생으로 줄 수 있을까요? 생야채는 유통 과정에서 언제든지 식중독균이 오염될 수 있기 때문에 면역력이 약한 아기들은 될 수 있는 한 생야채는 피하는 것이 좋아요. 식중독균은 끓는 물에 1~2분 정도 데치면 사멸하므로 이유식을 하는 동안에는 살짝이라도 익혀 주는 것이 안전해요.

★ 토마토, 빨간 파프리카 같은 붉은색의 채소는 익히면 라이코펜 같은 생리활성물질이 증가되므로 가열해서 먹는 것이 좋아요.

소고기단호박 리소토

리소토는 쌀로 만든 이탈리아 음식이에요.
리소토란 영어로 rice, 쌀을 의미합니다.
하지만 소고기단호박 리소토에는 쌀이 없어요.
단호박과 퀵오트밀로도 탄수화물이 충분해서
쌀을 과감히 빼버렸습니다. 쌀 없이 맛있는
리소토를 얼마든지 만들 수 있어요.

🍳 미리 준비하기

★ 소고기, 양파, 당근 냉동 큐브가 있으면 1시간 전에 미리 냉장고에서 해동해주세요.

★ 단호박은 깨끗하게 씻은 뒤, 전자레인지에서 10~12분 돌려주세요. 반으로 가르고 숟
가락으로 가운데 씨를 제거해주세요. 8등분해서 참외 껍질 벗기듯이 칼로 껍질을 제
거하고 으깨주세요.

★ 당근은 씻은 후 얇게 껍질을 벗겨주세요.

재료

2~3회분

☐ 단호박 180g(익힌 것, 1컵)　☐ 퀵오트밀 30g(2큰술, 쌀밥으로 대체 가능)　☐ 소고기 30g(다진 것, 2큰술)
☐ 양파 30g(다진 것, 2큰술)　☐ 당근 15g(다진 것, 1큰술)　☐ 후추 한 꼬집　☐ 파슬리가루 한 꼬집
☐ 분유 15g(2큰술)　☐ 물 360ml(2컵, 분유와 물 대신 우유로 대체 가능)

1. 소고기, 양파, 당근을 곱게 다져주세요.

2. 달군 팬에 올리브유를 두르고 양파를 넣고 중불에서 3분 정도 볶아주세요.

3. 양파가 투명해지면 단호박을 넣고 2분 정도 더 볶아주세요. 볶은 뒤 그릇에 담아주세요.

4. 팬을 씻지 말고 소고기소보로를 만들게요. 소고기, 후추 한 꼬집, 물 2큰술을 넣고 소고기를 거품기로 살살 풀어주세요. 저으면서 강불로 해서 3분간 익혀주세요. 물이 다 졸면 불을 꺼주세요.

5. 4번에 볶은 단호박과 양파, 당근, 오트밀, 분유 15g, 물 2컵(360ml)을 넣고 강불에서 끓여주세요. 끓어오르면 약불로 줄이고 10~12분 익혀주세요.

6. 단호박이 푹 익고 걸쭉해지면 파슬리 한 꼬집을 넣고 불을 꺼주세요.

알아두기

★ 완료기에는 허브를 넣어도 괜찮아요. 파슬리, 바질 같은 허브를 한 꼬집 넣으면 음식의 풍미가 달라지죠. 허브도 처음 줄 때는 알레르기 반응이 있을 수 있으니 조심하세요.

소고기검은깨 크림리소토

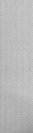

소고기와 5분도미 쌀을 주재료로 이유식을 만들다보면 늘

비슷한 맛 같아 아쉬울 때가 많아요.

이럴 때는 소고기검은깨 크림리소토가 어떠세요?

코티지치즈의 고소한 맛과 검은깨의 영양까지 한 번에 맛볼 수 있답니다.

 미리 준비하기

★ 소고기, 양파, 마늘 냉동 큐브가 있으면 1시간 전에 미리 냉장고에서 해동해주세요.

★ 무염코티지 치즈를 만들어주세요(316p의 코티지치즈 참고). 무염치즈를 구하기 힘
들면 무첨가 그릭요거트로 대체 가능합니다.

재료

2~3회분

- ☐ 5분도미 진밥 180g(1½컵, 쌀밥으로 대체 가능) ☐ 소고기 30g(다진 것, 2큰술)
- ☐ 양파 45g(다진 것, 3큰술) ☐ 마늘 3g(½개, 생략 가능) ☐ 검은깨 5g(1작은술)
- ☐ 무염코티지치즈 15g(1큰술, 그릭요거트로 대체 가능) ☐ 후추 한 꼬집 ☐ 분유 15g(2큰술)
- ☐ 물 360ml(2컵, 분유와 물 대신 우유로 대체 가능)

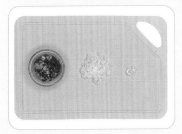

1. 소고기, 양파, 마늘을 곱게 다져주세요.

2. 검은깨를 절구에 빻아주세요.

3. 달군 냄비에 올리브유를 두르고 양파, 마늘을 넣고 중불에서 3~5분 볶아주세요. 그릇에 담아주세요.

4. 팬을 씻지 말고 소고기소보로를 만들게요. 소고기, 후추 한 꼬집, 물 2큰술을 넣고 소고기를 거품기로 살살 풀어주세요. 저으면서 강불로 해서 3분간 익혀주세요. 물이 다 졸면 불을 꺼주세요.

5. 4번에 진밥 1컵 반, 볶은 양파와 마늘, 검은깨, 분유 15g, 물 2컵(360ml)을 넣고 강불로 해서 끓어오르면 약불로 줄이고 10~12분 익혀주세요.

6. 걸쭉해지면 코티지치즈를 넣고 1~2분 정도 고루 섞은 후 불을 꺼주세요.

알아두기

★ 양파는 볶으면 볶을수록 단맛이 증가됩니다. 양파의 황화합물이 단맛이 강한 프로필메르캅탄으로 변하기 때문이에요. 이 프로필메르캅탄의 단맛은 설탕의 50배 이상으로 강하답니다. 양파를 많이 넣으면 달달한 맛이 올라와 리소토에서 깊은 맛이 나요.

★ 양파의 단맛은 설탕과 무관하기 때문에 살이 찌지 않아요.

돼지고기양송이청경채 리소토

중기의 돼지고기양송이청경채 된죽과 완료기의 돼지고기양송이청경채 리소토는 들어가는 재료는
같지만 맛이 전혀 다르죠. 돼지고기, 양송이, 청경채가 똑같이 들어갔지만 전혀 다른 맛이 납니다.
된죽이 영양죽 같은 담백한 맛이라면 리소토는 구수한 수프 맛이죠. 같은 재료로 다른 맛의 요리를
할 수 있을 만큼 이유식이 끝날 무렵에는 요리 실력도 아주 좋아져 있을 거예요.

🧑‍🍳 미리 준비하기

★ 돼지고기, 양파, 마늘 냉동 큐브가 있으면 1시간 전에 미리 냉장고에서 해동해주세요.
★ 양송이버섯은 기둥을 떼고 갓의 껍질을 벗겨주세요(168p의 돼지고기양송이청경채
　된죽 참고).
★ 청경채는 깨끗하게 씻어 3~4장 준비합니다. 잎으로만 준비해요.

재료

2~3회분

□ 5분도미 진밥 180g(1½컵, 쌀밥으로 대체 가능) □ 돼지고기 30g(다진 것, 2큰술, 소고기로 대체 가능)
□ 양송이버섯 30g(다진 것, 2큰술) □ 양파 30g(다진 것, 2큰술) □ 청경채 15g(다진 것, 1큰술)
□ 마늘 3g(½쪽) □ 후추 한 꼬집 □ 통밀가루 세 꼬집 □ 무염버터 5g(1작은술, 올리브유로 대체 가능)
□ 분유 15g(2큰술) □ 물 360ml(2컵, 분유와 물 대신 우유로 대체 가능)

1. 돼지고기, 양파, 청경채, 마늘, 양송이버섯을 곱게 다져주세요.

2. 돼지고기에 밀가루와 후추를 골고루 뿌려주세요.

3. 달군 팬에 무염버터를 녹이고 돼지고기를 넣고 약불에서 3분간 볶아주세요. 뭉치지 않게 거품기로 살살 으깨면서 볶아주세요. 육즙이 남아 있으므로 돼지고기만 건져서 그릇에 옮겨주세요.

4. 육즙이 남아 있는 같은 팬에 양송이버섯, 양파, 마늘을 넣고 약불에서 3~5분 볶아주세요.

5. 파가 투명해지면 진밥 1컵 반, 볶은 돼지고기, 분유 15g, 물 2컵(360ml)을 넣어주세요. 강불로 해서 끓어오르면 약불로 줄이고 10~12분 익혀주세요.

6. 걸쭉해지면 다진 청경채를 넣고 약불에서 2분 더 끓이고 불을 끕니다.

알아두기

★ 이번에는 돼지고기소보로를 물이 아닌 버터에 볶아서 만들었어요. 덩어리지지 않게 으깨면서 잘 저어주세요.

소고기애호박마늘 오일파스타

오일 파스타를 배워두면 토마토 파스타보다 만들기가 쉬워 아마 자주 해줄 거예요. 밀가루로 된 음식을 아기에게 많이 준다고 너무 걱정하시지는 마세요. 듀럼밀로 만든 파스타면을 고른다면 안심할 수 있어요. 듀럼밀(Duram)이란 밀가루의 한 종류로, 단백질과 식이섬유 함량도 높아 혈당지수가 낮고 포만감이 오래가는 착한 밀가루랍니다.

🍳 미리 준비하기

★ 소고기, 애호박, 마늘 냉동 큐브가 있으면 1시간 전에 미리 냉장고에서 해동해주세요.

★ 파스타면을 반으로 부러뜨려주세요.

재료

1회분
- ☐ 별모양 파스타면 20g(⅓컵, 엔젤헤어 파스타로 대체 가능) ☐ 소고기 20g(다진 것, 4작은술)
- ☐ 애호박 30g(다진 것, 2큰술) ☐ 마늘 5g(1개) ☐ 후추 한 꼬집 ☐ 물 540ml(3컵)

1. 끓는 물 3컵(540ml)에 파스타면을 넣고 중불에서 9분간 끓여주세요. 9분이면 약간 퍼진 면으로 삶아져요.

2. 체에 파스타면을 건져주세요. 여기서 포인트는 국수처럼 찬물에 씻으면 안 된다는 거예요. 올리브유를 한 방울 떨어뜨려 면끼리 달라붙지 않게 해주세요.

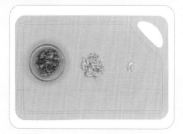

3. 소고기, 애호박, 마늘을 곱게 다져 주세요.

4. 소고기소보로를 만들게요. 팬에 소고기, 후추 한 꼬집, 물 2큰술을 넣고 소고기를 거품기로 살살 풀어주세요. 저으면서 강불로 해서 3분간 익혀주세요. 물이 졸면 불을 끄고 그릇에 옮겨 담아주세요.

5. 팬을 씻지 말고 올리브유를 두르고 애호박, 마늘을 넣고 중불에서 2~3분 정도 볶아주세요.

6. 5번에 소고기, 파스타면을 넣고 2~3분 정도 중불에서 더 볶아주세요.

알아두기

★ 파스타면은 국수 면과 달리 반죽할 때 소금을 넣지 않아요. 그래서 삶을 때 물에 소금을 넣는답니다. 하지만 아기용 면을 삶을 때는 소금을 넣지 마세요. 두 돌까지는 무염 식사를 해야 하는 원칙 때문이랍니다.

★ 파스타는 크게 롱파스타와 숏파스타로 나눕니다. 롱파스타는 굵기에 따라 카펠리니, 스파게티, 링귀네, 페투치네, 숏파스타는 쿠스쿠스, 푸실리, 펜네, 마카로니 등이 있어요. 별모양 파스타도 숏파스타의 일종입니다. 파스타를 싫어하는 어린이는 없으니 앞으로 자주 접해야 할 거예요.

소고기깻잎 크림파스타

소고기와 깻잎을 함께 즐기는 맛이 진한 파스타입니다.
깻잎에는 당근에 버금가는 베타카로틴이 들어있지만 그 향이 진해
싫어하는 아기도 있답니다. 그래서 처음 줄 때는 소량부터 시작해서
향에 적응시켜주세요. 깻잎 같은 채소에도 알레르기가 있을 수 있으므로
처음 먹일 때는 주의하셔야 해요.

🍳 미리 준비하기

★ 소고기, 양파, 마늘 냉동 큐브가 있으면 1시간 전에 미리 냉장고에서 해동해주세요.
★ 파스타면을 반으로 부러뜨려주세요.
★ 우유는 분유 40g(4작은술), 물 1컵(180ml)으로 대체 가능합니다.
★ 깻잎은 1~2장 깨끗이 씻어주세요.

재료

1회분

- ☐ 엔젤헤어 파스타면 20g(60개, 별 모양 파스타면으로 대체 가능) ☐ 소고기 20g(다진 것, 4작은술)
- ☐ 양파 30g(다진 것, 2큰술) ☐ 마늘 3g(½개) ☐ 깻잎 5g(다진 것, 1작은술, 쪽파로 대체 가능)
- ☐ 후추 한 꼬집 ☐ 우유 180ml(1컵, 분유로 대체 가능) ☐ 물 540ml(3컵)

1. 끓는 물 3컵(540ml)에 파스타면을 넣고 중불에서 9분간 끓여주세요. 9분이면 약간 퍼진 면으로 삶아져요.

2. 체에 파스타면을 건져주세요. 국수처럼 찬물에 씻지 마세요. 올리브유를 한 방울 떨어뜨려 면끼리 달라붙지 않게 해주세요.

3. 소고기, 양파, 깻잎, 마늘을 곱게 다져주세요. 파스타면은 1cm 정도로 짧게 썰어주세요.

4. 소고기소보로를 만들게요. 팬에 소고기, 후추 한 꼬집, 물 2큰술을 넣고 소고기를 거품기로 살살 풀어주세요. 저으면서 강불로 해서 3분간 익혀주세요. 물이 다 졸면 불을 끄고 그릇에 옮겨 담아주세요.

5. 팬을 씻지 말고 올리브유를 두르고 양파, 마늘을 넣고 중불에서 2~3분 정도 볶아주세요.

6. 5번에 볶은 소고기, 파스타면, 우유를 넣고 약불에서 5~8분 정도 걸쭉한 농도로 익혀줍니다.

7. 다진 깻잎을 넣고 2~3분간 더 끓인 후 불을 꺼주세요.

알아두기

★ 오일 파스타는 파스타면이 가늘수록 더 맛있어요. 엔젤헤어 파스타면이란 직경이 0.9mm 정도로 잔치국수 정도로 가는 파스타면의 일종입니다. 다른 말로 '카펠리니'라고 해요.

소고기들기름 막국수

'바다에 참치가 있다면 육지에는 들깨가 있다'라는 말이 있을 정도로 들깨에는 불포화지방인 오메가3가 많아요. 오메가3를 즐겨 먹으면 심장병이나 염증성 질환에 걸릴 가능성이 낮고 두뇌 발달에도 도움을 준답니다. 한국식 막국수와 같은 국수를 만들어볼까요?
다만 막국수에 들어가는 메밀은 알레르기를 유발할 수 있어 파스타면 중에서 가장 가는 엔젤헤어 파스타면을 사용했어요.

🍳 미리 준비하기

★ 소고기 냉동 큐브가 있으면 1시간 전에 미리 냉장고에서 해동해주세요.
★ 파스타면을 반쯤 부러뜨려주세요.
★ 달걀 1개를 깨뜨리고 체에 내려서 알끈을 제거합니다. 손을 씻어주세요.
★ 김 1장을 기름을 두르지 않은 팬에 살짝 구운 다음, 봉지에 넣고 부셔주세요.

재료

1회분

☐ 엔젤헤어 파스타면 20g(60개, 별 모양 파스타면으로 대체 가능)   ☐ 소고기 20g(다진 것, 4작은술)

☐ 김가루 5g(1큰술)   ☐ 후추 한 꼬집   ☐ 들기름 5g(1작은술, 들깨가루로 대체 가능)

☐ 달걀지단 약간(생략 가능)   ☐ 물 540ml(3컵)

1. 끓는 물 3컵에 엔젤헤어 파스타면을 넣고 중불에서 4분간 끓여주세요. 일반 면을 사용한다면 9분간 끓입니다.

2. 체에 파스타면을 건져주세요. 국수처럼 찬물에 씻으면 안 됩니다. 올리브유를 한 방울 떨어뜨려 면끼리 달라붙지 않게 해주세요.

3. 달군 팬에 올리브유를 살짝 두르고 달걀 물을 붓고 얇게 지단을 부쳐주세요.

4. 소고기를 곱게 다져주세요. 파스타면은 1cm 정도로 짧게 썰어주세요. 달걀 지단도 한 김 식으면 얇게 채썬 뒤 1cm 정도로 짧게 잘라주세요.

5. 소고기소보로를 만들게요. 팬에 소고기, 후추 한 꼬집, 물 2큰술을 넣고 소고기를 거품기로 살살 풀어주세요. 저으면서 강불에서 3분간 익혀주세요.

6. 소고기가 담긴 팬에 2번의 파스타면과 들기름을 넣고 강불에서 1~2분간 익힌 후 불을 끕니다.

7. 마른 김을 넣은 후 팬에서 뒤적뒤적 잘 버무려주세요.

8. 이유식 그릇에 국수를 담은 뒤 달걀지단을 올려서 마무리합니다.

알아두기

★ 들기름 대신에 들깨가루를 넣어도 구수하고 맛있어요.

★ 들기름의 단점은 공기 중에서 아주 빠르게 산패된다는 거예요. 따라서 들기름은 최대한 빠른 시간에 소비하는 것이 좋답니다. 특히 들기름을 발라둔 김을 오랫동안 두고 먹는 것은 반드시 피해야 해요.

소고기숙주미나리 국수

일반적인 면은 소금을 넣어 만들죠. 삶고 나서 찬물로 헹구면서 면의

소금이 제거되기는 하지만 염분이 걱정이에요. 하지만 파스타면을

사용하면 소금 걱정은 안 해도 된답니다. 파스타면에는 소금을 넣지 않기

때문이에요. 파스타면에 상큼한 미나리와 아삭거리는 숙주나물을

고명으로 얹어 쌀국수처럼 만들어보세요.

🧑‍🍳 미리 준비하기

★ 소고기 냉동 큐브가 있으면 1시간 전에 미리 냉장고에서 해동해주세요.

★ 파스타면을 반쯤 부러뜨려주세요.

★ 숙주나물을 20개 정도 준비해주세요. 머리와 뿌리를 제거하고 씻어주세요. 뿌리를
   제거해야 식감도 좋고 모양도 깔끔해져요.

★ 미나리는 1~2가닥 씻어주세요.

재료

1회분

□ 엔젤헤어 파스타면 20g(60개, 별 모양 파스타면으로 대체 가능)   □ 소고기 20g(다진 것, 4작은술)

□ 숙주나물 5g(20개)   □ 후추 한 꼬집   □ 마늘 3g(½개)

□ 미나리 5g(다진 것, 1작은술, 생략 가능)   □ 물 720ml(4컵)

1. 끓는 물 3컵(540ml)에 엔젤헤어 파스타면을 넣고 중불에서 4분간 끓여주세요.

2. 체에 파스타면을 건져주세요. 국수처럼 찬물에 씻으면 안 됩니다. 올리브유를 한 방울 떨어뜨려 면끼리 달라붙지 않게 해주세요.

3. 소고기, 미나리를 곱게 다져주세요. 숙주나물과 파스타면은 1cm 정도로 짧게 썰어주세요.

4. 소고기 육수를 만들게요. 냄비에 다진 소고기, 마늘, 찬물 1컵(180ml)을 붓고 소고기를 거품기로 살살 풀어주세요. 강불로 해서 끓어오르면 약불로 낮춰서 5분간 익혀주세요.

5. 4번에 숙주나물, 삶아둔 파스타면을 넣고 강불에서 2~3분 더 익힙니다.

6. 후추와 미나리를 넣고 1분 더 익힌 후 불을 꺼주세요.

알아두기

★ 숙주나물은 빨리 상하기 때문에 당일 구입한 것을 사용하세요. 조리한 이유식도 빨리 먹이는 것이 좋아요.

★ 남은 숙주로 나물 반찬을 할 때는 데친 후에 찬물에 잠깐 헹궈야 숙주 특유의 냄새를 잡을 수 있어요.

소고기오이김 잔치국수

국물이 있는 잔치국수에 여러 가지 색깔의 고명을 얹어봤어요.
오이의 푸른색, 당근의 붉은색, 양파의 흰색, 김가루의 검은색이 국수를
먹음직스럽게 만들어줍니다. 같은 값이면 다홍치마라고 아기들도
이왕이면 예쁜 음식을 좋아한답니다.

 미리 준비하기

★ 소고기 냉동 큐브가 있으면 1시간 전에 미리 냉장고에서 해동해주세요.

★ 파스타면을 반쯤 분질러두세요. 무염 국수로 대체 가능합니다.

★ 오이는 굵은 소금으로 문질러서 씻고 껍질은 얇게 벗겨주세요.

★ 김 1장을 기름을 두르지 않은 팬에 살짝 구운 다음 곱게 부셔주세요.

재료

1회분

- [ ] 엔젤헤어 파스타면 20g(60개, 무염 국수로 대체 가능) [ ] 소고기 20g(다진 것, 4작은술)
- [ ] 오이 15g(다진 것, 1큰술, 애호박으로 대체 가능) [ ] 당근 15g(다진 것, 1큰술) [ ] 양파 15g(다진 것, 1큰술)
- [ ] 김가루 한 꼬집 [ ] 후주 한 꼬집 [ ] 물 720ml(4컵)

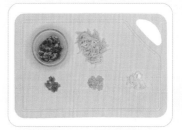

1. 끓는 물 3컵(540ml)에 엔젤헤어 파스타면을 넣고 중불에서 4분간 끓여주세요.

2. 체에 파스타면을 건져주세요. 올리브유를 한 방울 떨어뜨려 면끼리 달라붙지 않게 해주세요.

3. 소고기, 당근, 오이, 양파를 곱게 다져주세요. 파스타면은 1cm 정도로 짧게 썰어주세요.

4. 달군 팬에 올리브유를 두르고 양파, 오이, 당근 순서로 따로 볶아서 그릇에 담아주세요.

5. 팬을 씻지 말고 소고기 육수를 만들게요. 소고기, 후추, 물 1컵(180ml)을 붓고 소고기를 거품기로 살살 풀어주세요. 강불로 해서 끓어오르면 약불로 낮춰서 5분간 익혀주세요.

6. 5번에 삶아둔 스파게티 면을 넣고 약불에서 1~2분 더 익힙니다.

7. 그릇에 국수를 담고 야채 고명을 올린 후 김가루 한 꼬집을 뿌려주세요.

알아두기

★ 오이는 90%가 수분이기 때문에 영양가가 그다지 높지 않다고 생각하기 쉽지만, 칼륨이나 비타민K 같은 여러 가지 미네랄과 비타민이 함유되어 있어요. 오이는 굵기가 일정하고 양 끝이 신선한 것이 싱싱하답니다.

돼지고기토마토 두부면스파게티

저탄수, 글루텐프리의 두부면은 두부를 압축해서 국수면처럼 길게 만든 거예요.

따로 삶지 않고 충전수만 버리고 헹구기만 하면 되니 아주 간편하지요.

두부면으로 파스타를 할 때는 점도가 없어 소스가 겉돌 수 있기 때문에

퀵오트밀을 넣어 밀착력을 높여주세요.

🧑‍🍳 미리 준비하기

★ 돼지고기, 양파, 마늘 냉동 큐브가 있으면 1시간 전에 미리 냉장고에서 해동해주세요.
★ 방울토마토를 깨끗이 씻고 윗면에 십자로 칼집을 내주세요. 뜨거운 물을 부어 5초 정
   도 데친 후 찬물에 헹구면 칼집 낸 부분이 말려 올라옵니다. 껍질을 벗기고 반으로 갈
   라 씨를 빼주세요.
★ 두부면은 체에 밭쳐 물기를 빼고 찬물에 살짝 헹궈주세요.

☐ 무염 두부면 40g(½컵, 파스타면으로 대체 가능) ☐ 돼지고기 20g(다진 것, 4작은술)

☐ 퀵오트밀 15g(1큰술) ☐ 방울토마토 10개(무염 홀토마토통조림으로 대체 가능) ☐ 양파 15g(다진 것, 1큰술)

☐ 후추 한 꼬집 ☐ 파슬리가루 한 꼬집(생략 가능) ☐ 마늘 3g(½쪽) ☐ 물 90ml(½컵)

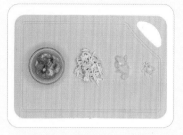

1. 돼지고기, 양파, 마늘을 곱게 다져 주세요. 두부면은 1cm 정도로 짧게 썰어주세요.

2. 용기에 방울토마토, 물 반 컵(90ml) 을 넣고 핸드블랜더로 곱게 갈아주 세요.

3. 돼지고기소보로를 만들게요. 팬에 돼지고기, 후추 한 꼬집, 물 2큰술 을 넣고 돼지고기를 거품기로 살살 풀어주세요. 저으면서 강불로 해서 3분간 익혀주세요. 물이 졸면 불을 끄고 그릇에 옮겨 담아주세요.

4. 팬을 씻지 말고 올리브유를 두르고 양파, 마늘을 넣고 중불에서 2~3분 볶아주세요.

5. 4번에 볶은 돼지고기, 두부면, 2번 의 토마토 간 것, 오트밀을 넣어주 세요. 강불로 해서 끓어오르면 약불 에서 5~8분간 익혀주세요.

6. 걸쭉해지면 파슬리가루를 한 꼬집 뿌리고 불을 꺼주세요.

알아두기

★ 두부면은 소금이 첨가되지 않은 것으로 구입하세요. 베이킹파우더, 베이킹소다같이 짜지 않은 나트륨도 있으니 식재 료를 살 때 영양성분표를 확인하는 습관을 가지세요.

28

떡뻥을 올린 돼지고기완두콩 수프

완두콩에는 단백질과 각종 비타민, 미네랄이 풍부해요.

원래 콩에는 비타민B군은 풍부해도 다른 비타민은 부족한 편인데 완두콩은

비타민A, C, K가 골고루 들어있답니다. 그래서 수프에 굳이 다른 채소를 더 넣지

않고 완두만 넣었어요. 완두가 들어간 이유식은 맛이 고소하고 색도 예쁘기

때문에 집에 있는 떡뻥 몇 개만 뿌려주면 멋진 한 끼 이유식 완성!

🍳 미리 준비하기

★ 돼지고기, 양파, 마늘 냉동 큐브가 있으면 1시간 전에 미리 냉장고에서 해동해주세요.

★ 완두콩 3큰술 정도 씻어주세요. 냄비에 완두콩이 잠길 만큼 물을 붓고 10분 정도 삶
  아주세요. 한 김 식힌 다음 손으로 비벼 껍질을 벗겨주세요.

★ 우유 대신에 분유 30g(2큰술)과 물 360ml(2컵)로 대체 가능합니다.

재료

2회분

☐ 돼지고기 30g(다진 것, 2큰술) ☐ 완두콩 45g(삶아서 으깬 것, 3큰술) ☐ 퀵오트밀 15g(3큰술)

☐ 양파 30g(다진 것, 1큰술) ☐ 마늘 3g(½개) ☐ 우유 360ml(2컵, 분유, 물로 대체 가능)

☐ 시판용 무첨가 떡뻥 5개

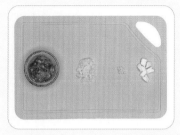

1. 돼지고기, 양파, 마늘을 곱게 다져주세요. 떡뻥을 옥수수알 크기 정도로 잘라주세요.

2. 삶은 완두콩을 절구에 빻아주세요. 식기 전에 해야 잘 으깨집니다.

3. 돼지고기소보로를 만들게요. 팬에 돼지고기, 마늘, 물 2큰술을 넣고 돼지고기를 거품기로 살살 풀어주세요. 저으면서 강불로 해서 3분간 익혀주세요. 물이 졸면 불을 끄고 그릇에 옮겨 담아주세요.

4. 팬을 씻지 말고 완두콩, 양파, 우유 2컵(360ml)을 넣고 잘 저어주세요. 강불로 해서 끓어오르면 약불에서 5~8분간 익혀주세요.

5. 농도가 걸쭉해지면 오트밀, 돼지고기소보로를 넣고 2~3분 정도 더 익힌 뒤 불을 꺼주세요.

6. 떡뻥을 먹기 직전에 위에 뿌려주세요.

알아두기

★ 크루통은 보통 식빵을 구워서 만들죠. 하지만 식빵은 소금을 넣고 만들기 때문에 떡뻥으로 크루통을 대신했어요.

돼지고기부추 굴림만두

아기한테도 만두를 만들어 먹일 수 있어요.

만두피가 없는 만두를 굴림만두라고 하는데, 만두피 빚는 것이 귀찮을 때 간단하게 만들 수 있는 음식이죠.

아직은 삼키는 것이 힘들 수 있으니 될 수 있는 한 작게 만들어주세요.

🍳 미리 준비하기

★ 돼지고기 냉동 큐브가 있으면 1시간 전에 미리 냉장고에서 해동해주세요.

★ 두부는 체에 밭쳐 물기를 제거한 후 그릇에 담아 으깨주세요. 물기 많은 두부는
  면보에 담아 물기를 짜도 됩니다.

★ 달걀을 그릇에 깨뜨려 흰자와 노른자를 섞어주세요. 손을 깨끗이 씻어주세요.

재료

각 5g
13~15개

☐ 돼지고기 20g(다진 것, 4작은술) ☐ 두부 50g(4x4x4cm, 1개) ☐ 부추 15g(다진 것, 1큰술)
☐ 달걀 10g(2작은술) ☐ 후추 한 꼬집 ☐ 감자전분 15g(1큰술, 통밀가루로 대체 가능) ☐ 참기름 약간

1. 돼지고기, 부추를 곱게 다져주세요.

2. 그릇에 돼지고기, 부추, 후추 한 꼬집, 두부, 달걀, 참기름을 넣어서 섞어 치댄 다음 은행 크기로 빚어주세요. 찰기가 생길 때까지 잘 치대주세요.

3. 접시에 감자전분을 골고루 펼쳐주세요. 돼지고기 완자를 넣고 그릇을 옆으로 흔들면서 감자전분을 살짝 묻히면 굴림만두 완성이에요.

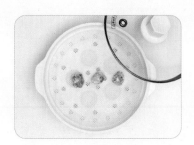

4. 김이 오른 찜기에 굴림만두를 넣고 15~20분간 중불에서 익혀주세요.

알아두기

★ 굴림만두나 고기완자는 처음부터 감자전분을 넣어 반죽을 하면 딱딱해집니다. 반죽 후 겉에만 전분을 살짝 묻혀주세요.

★ 아기가 잘 씹을 수 있으면 만두 크기를 포도알 정도로 크게 만들어도 괜찮아요.

30

미트볼 & 청경채볶음

소고기와 돼지고기를 1:1로
섞어서 미트볼을 만들면 부드러워요.
미트볼 반죽에 들어가는 식빵 대신 삶은 감자를 넣으면 좀 더
구수하답니다. 여러 가지 야채볶음과 함께 먹으면 영양학적으로도
완벽하죠!

👨‍🍳 미리 준비하기

★ 소고기, 돼지고기, 양파, 마늘 냉동 큐브가 있으면 1시간 전에 미리 냉장고에서 해동해주세요.

★ 감자는 껍질을 깎고 듬성듬성 썰어 전자레인지에 5~8분 돌려서 푹 익혀주세요.

★ 청경채를 2~3장 씻어주세요.

★ 달걀은 그릇에 깨뜨려서 흰자와 노른자를 섞어주세요. 꼭 손을 씻고 요리를 진행해주세요.

재료

각 5g
18~20개

☐ 소고기 30g(다진 것, 2큰술) ☐ 돼지고기 30g(다진 것, 2큰술) ☐ 감자 50g(중간 것, ½개)

☐ 달걀 25g(½개) ☐ 청경채 30g(다진 것, 2큰술) ☐ 양파 15g(다진 것, 1큰술) ☐ 마늘 3g(½개)

☐ 통밀가루 15g(1큰술) ☐ 후추 한 꼬집

1. 소고기, 돼지고기, 마늘을 곱게 다져주세요. 청경채, 양파는 굵게 다져주세요.

2. 삶은 감자를 으깨주세요. 감자를 으깬 그릇에 소고기, 돼지고기, 후추를 넣고, 섞어 치댄 다음 은행 크기로 작게 빚어주세요.

3. 2번의 고기완자에 통밀가루를 입혀주세요. 오목한 접시에 통밀가루를 뿌리고 완자를 넣고 좌우로 흔들어주세요.

4. 체에 담아 여분의 밀가루를 털어 주세요.

5. 체에 담긴 완자 위에 달걀물을 끼얹어 달걀옷을 얇게 입혀주세요.

6. 달군 팬에 올리브유를 넉넉히 두르고 완자 모양이 살도록 팬을 흔들어가며 5~8분간 약불에서 지집니다. 익은 완자를 그릇에 담고 식힙니다.

7. 팬을 씻지 말고 달궈주세요. 올리브유를 슬쩍 두르고 마늘, 양파를 3~5분 노릇하게 볶은 다음 청경채를 넣고 1분만 더 익혀주세요.

8. 이유식 그릇에 볶은 6번의 야채를 깔고 그 위에 완자를 올려서 예쁘게 냅니다.

알아두기

★ 미트볼을 에어프라이어에 익히면 수분이 증발해서 딱딱하고 퍽퍽해져요.

★ 잣 10개, 우유 2큰술, 레몬 1작은술, 말린 파슬리가루 한 꼬집, 배즙 1큰술을 갈아서 잣소스를 만들어 미트볼을 찍어 먹어도 맛있어요.

닭고기두부채소 볶음밥

오늘따라 아기가 쑥쑥 자랄 것 같은 날이 있죠.

그런 날에는 단백질로 엄마의 사랑을 표현해주세요.

닭고기와 두부, 그리고 여러 가지 채소를 넣은 볶음밥 한 그릇으로

특별한 분위기를 즐겨보아요.

🍳 미리 준비하기

★ 닭고기, 당근, 양파, 표고버섯 냉동 큐브가 있으면 1시간 전에 미리 냉장고에서 해동해주세요.

★ 표고버섯은 기둥을 떼고 키친타월로 가볍게 닦아주세요.

★ 파프리카는 씻어서 작은 칼로 껍질을 얇게 깎아주세요. 껍질을 제거하면 단맛이 풍부해져요.

★ 두부는 통에 들어있는 물을 버린 후 그릇에 담아 으깨주세요.

재료

2회분

- [ ] 5분도미 진밥 120g(1컵, 쌀밥으로 대체 가능)   [ ] 닭고기 30g(다진 것, 2큰술)
- [ ] 표고버섯 10g(다진 것, 1작은술)   [ ] 당근 10g(다진 것, 2작은술)   [ ] 양파 10g(다진 것, 2작은술)
- [ ] 파프리카 10g(나신 것, 2작은술, 생략 가능)   [ ] 깻잎 5g(다진 것, 1작은술, 푸른잎 새소로 대세 가능)
- [ ] 후추 한 꼬집   [ ] 두부 100g(4x4x4cm, 2개)   [ ] 참기름 약간

1. 닭고기, 표고버섯, 당근, 양파, 깻잎, 파프리카를 다져주세요.

2. 팬에 기름을 두르지 말고 으깬 두부를 노릇하게 3~5분 볶아주세요. 수분이 없어져 포슬포슬해지면 그릇에 담아두세요.

3. 닭고기소보로를 만들게요. 팬을 씻지 말고 닭고기, 후추 한 꼬집, 물 2큰술을 잘 풀어주세요. 저으면서 강불에서 3분간 익혀주세요. 물이 다 졸면 불을 끄고 두부 옆에 담아요.

4. 팬에 올리브유를 두르고 당근, 양파, 표고버섯, 파프리카를 넣고 중불에서 3분간 볶아주세요.

5. 진밥 1컵, 두부 볶은 것, 닭고기소보로, 깻잎을 넣고 고슬고슬하게 2~3분간 더 볶아주세요.

6. 마지막에 참기름 한 방울을 뿌린 뒤 강불에서 1분 더 끓여주세요.

알아두기

★ 두부볶음밥은 두부의 양만큼 밥의 양을 줄였어요.

★ 볶음밥은 식은밥으로 만드세요. 갓 지은 뜨거운 밥은 수분이 많아 볶음밥이 고슬고슬하게 되지 않고 질어지기 때문입니다. 뜨거운 밥으로 볶음밥을 하려면 넓은 접시에 밥을 펴서 미리 식혀주세요.

32

자색고구마볼을 얹은 닭고기 수프

흰 닭고기 수프에 아기가 좋아하는 보라색 고구마볼을 올려보세요.

보통 수프라면 연한 색깔의 수프를 떠올리지만 이 닭고기 수프는

색이 진해 아기의 눈길을 사로잡을 수 있답니다.

보라색 작은 볼을 그냥도 먹어보고 닭고기 수프를 끼얹어서

먹어보기도 하면서 두 맛을 비교하는 시간을 가지게 해주세요.

 미리 준비하기

★ 닭고기, 양파, 마늘 냉동 큐브가 있으면 1시간 전에 미리 냉장고에서 해동해주세요.

★ 자색고구마는 일반 고구마로 대체 가능합니다. 깨끗하게 씻어서 위아래의 심을 1cm 정도
잘라주세요. 듬성듬성 썰어서 껍질째 전자레인지 찜기에 넣어 5~8분간 익혀주세요.

재료

2회분

- ☐ 닭고기 30g(다진 것, 2큰술) ☐ 자색고구마 100g(중간 것, ½개)
- ☐ 퀵오트밀 15g(3큰술) ☐ 양파 30g(다진 것, 2큰술) ☐ 마늘 3g(½쪽) ☐ 후추 한 꼬집
- ☐ 볶은 콩가루 15g(1큰술, 분유로 대체 가능) ☐ 우유 360ml(2컵, 분유물로 대체 가능)

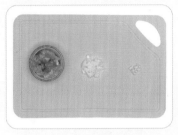

1. 닭고기, 양파, 마늘을 곱게 다져주세요.

2. 껍질을 벗긴 자색고구마를 볶은 콩가루와 같이 으깨주세요.

3. 은행 크기로 동그랗게 만들어주세요.

4. 팬에 기름을 두르지 않은 상태에서 볼을 넣고 약불에서 흔들면서 겉을 익혀주세요.

5. 닭고기소보로를 만들게요. 팬에 닭고기, 후추 한 꼬집, 물 2큰술을 잘 풀어주세요. 저으면서 강불에서 3분간 익혀주세요. 물이 다 졸면 불을 끄고 그릇에 담아주세요.

6. 팬을 씻지 말고 올리브유를 두른 뒤 마늘, 양파를 중불에서 2분간 볶아주세요.

7. 6번에 오트밀, 우유 2컵(360ml)을 넣고 잘 저어주세요. 강불로 해서 끓어오르면 약불에서 5~8분간 익혀주세요.

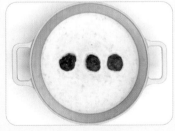

8. 농도가 걸쭉해지면 닭고기소보로, 자색고구마볼을 넣고 2~3분 더 익힌 다음 불을 꺼주세요.

알아두기

★ 3번 과정 후 팬에 올리고 약불에서 흔들면서 겉만 익히거나, 에어프라이기 180℃에서 3~5분간 겉만 꾸덕꾸덕하게 익히면 핑거푸드용 자색고구마콩볼이 돼요.

33

동지팥죽

「팥죽 할머니와 호랑이」를 좋아하는 아기에게 진짜 동지팥죽을 해줬어요. 전래동화에 나오는 것처럼 팥은 우리에게 아주 친숙한 식재료예요. 팥죽, 팥양갱, 팥빙수, 단팥빵, 생각만 해도 입안에 착 감기는 디저트에는 다 팥이 들어있죠. 한방에서는 팥은 열독을 다스리고 비위를 튼튼하게 해주는 해독작용이 있다고 해요. 팥에는 탄수화물의 소화에 필요한 비타민B1이 풍부해서 쌀에 팥을 넣어 먹으면 소화도 잘된답니다.

 미리 준비하기

★ 찹쌀을 깨끗하게 씻은 후 물 1컵을 붓고 1시간 불려주세요.
★ 팥 반 컵을 문질러서 3~4번 씻어주세요. 3컵 정도의 물을 붓고 냉장고에서 12시간 정도 불려주세요. 팥 반 컵을 불리면 불린 팥 1컵 정도 됩니다.

재료

80g씩
3회

☐ 불린 팥(1컵)   ☐ 찹쌀 30g(2큰술)   ☐ 물 960ml(5½컵)

1. 용기에 불린 찹쌀과 물을 넣고 핸드 블렌더로 가볍게 갈아주세요.

2. 냄비에 불린 팥에 물 2컵(360ml)을 붓고 한 번 끓여주세요.

3. 끓인 팥을 체에 건져서 물을 버려주세요. 팥 삶은 첫 물은 버려야 쓴맛이 없어져요.

4. 다시 냄비에 3번의 팥과 물 2컵 반 (450ml)을 붓고 중불에서 20~25분 정도 삶아주세요. 냄비 뚜껑을 닫으면 더 빨리 삶깁니다. 끓어 넘치는 것을 주의하세요.

5. 팥이 통통하게 익으면 핸드블렌더를 냄비에 넣고 가볍게 갈아주세요.

6. 간 찹쌀과 물 1컵(180ml)을 더 넣고 쌀알이 푹 퍼질 때까지 약불에서 15~20분 끓여주세요. 눌어붙지 않게 바닥까지 긁으면서 저어주세요.

알아두기

★ 팥을 삶을 때 압력솥을 이용하면 시간을 단축시켜요.

★ 팥에는 식이섬유가 많아서 변비가 있는 아기에게는 좋아요. 하지만 한꺼번에 많이 먹으면 가스가 차서 복통이 있을 수 있으니 주의해주세요.

★ 찹쌀 대신에 밥을 넣으면 조리 시간을 줄일 수 있어요.

버섯크림소스 & 쿠스쿠스

쿠스쿠스는 세상에서 가장 작은 파스타랍니다. 좁쌀처럼 생긴 노란색 쿠스쿠스는 끓는 물을 부어서

10분 기다렸다가 먹는 아주 간편한 요리죠. 맛은 으깬 감자같이 구수합니다. 만들기가 너무 간단해서

몸에 나쁜 음식이라고 오해할 수도 있지만 혈당지수가 50으로 70인 감자보다 낮으므로 안심해도 됩니다.

하지만 단백질은 부족해서 양송이버섯과 닭고기로 만든 크림소스를 꼭 곁들여주세요.

👨‍🍳 미리 준비하기

★ 닭고기, 당근, 마늘, 양파 냉동 큐브가 있으면 1시간 전에 미리 냉장고에서 해동해주세요.

★ 우유는 분유 2큰술과 물 반 컵(90ml)으로 대체 가능합니다.

★ 양송이버섯은 기둥을 떼고 갓의 껍질을 벗겨주세요. 3개 정도 준비합니다.

재료

1회분

☐ 쿠스쿠스 30g(2큰술, 밥으로 대체 가능)　☐ 물 90ml(½컵)　☐ 닭고기 20g(다진 것, 4작은술)

☐ 양송이버섯 15g(2큰술)　☐ 양파 15g(1큰술)　☐ 무염버터 5g(1작은술, 올리브유로 대체 가능)

☐ 마늘 3g(½개, 생략 가능)　☐ 후추 한 꼬집　☐ 우유 90ml(½컵, 분유와 물로 대체 가능)

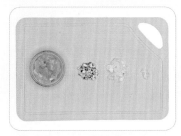

1. 닭고기, 양파, 양송이버섯, 마늘을 다져주세요.

2. 쿠스쿠스를 만들게요. 뚜껑이 있는 내열 그릇에 쿠스쿠스를 담고 쿠스쿠스 3배 분량의 끓는 물(90ml)을 넣고 뚜껑을 덮어 10분 이상 뜸을 들여주세요.

3. 닭고기소보로를 만들게요. 팬에 닭고기, 후추 한 꼬집, 물 2큰술을 넣고 닭고기를 거품기로 잘 풀어주세요. 저으면서 강불에서 3분간 익혀주세요. 물이 졸면 불을 끄고 그릇에 담아주세요.

4. 팬을 씻지 말고 달군 다음 버터를 넣고 마늘, 양파를 2분간 볶아주세요.

5. 양송이버섯, 우유 반 컵(90ml)을 넣고 강불로 해서 끓어오르면 약불에서 3~5분 익힙니다.

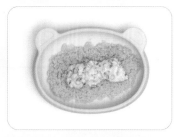

6. 그릇에 닭고기소보로를 담고 버섯크림소스를 얹어주세요. 쿠스쿠스를 함께 곁들입니다.

알아두기

★ 쿠스쿠스는 보통 2배의 물을 부어서 만들지만, 아기용은 3배의 물을 부어서 더 부드럽게 만들어주세요.

35

치킨스파게티

토마토 스파게티를 맛있게 만들려면 먼저 토마토 가공식품에 대한 정보가 필요해요. 네 가지 정도는 알고 선택해주세요.

① 홀토마토는 껍질만 제거하여 주스와 함께 저장한 것,

② 퓨레는 걸쭉하게 졸인 것,

③ 페이스트는 퓨레를 농축한 것,

④ 케첩은 퓨레에 간을 하고 농축한 것이랍니다.

이유식에는 무염의 홀토마토나 퓨레가 적당해요.

🧑‍🍳 미리 준비하기

★ 닭고기, 양파, 마늘 냉동 큐브가 있으면 1시간 전에 미리 냉장고에서 해동해주세요.

★ 토마토는 씻어서 윗면에 칼집을 내주세요. 끓는 물에 5초 정도 데쳐서 껍질을 벗겨주세요.

재료

1회분

- [ ] 엔젤헤어 파스타면 20g(60개, 별 모양 파스타면으로 대체 가능) [ ] 닭고기 20g(다진 것, 4작은술)
- [ ] 양파 10g(다진 것, 2작은술) [ ] 코티지치즈 20g(4작은술) [ ] 토마토 15g(다진 것, 1큰술, 생략 가능)
- [ ] 무염 홀토마토 90g(½컵) [ ] 마늘 5g(1개) [ ] 후추 한 꼬집 [ ] 파슬리가루 한 꼬집
- [ ] 물 540ml(3컵)

1. 끓는 물 3컵(540ml)에 파스타면을 반으로 부러트려 넣고 중불에서 9분간 끓여주세요.

2. 체에 파스타면을 건져주세요. 올리브유를 한 방울 떨어뜨려 면끼리 달라붙지 않게 해주세요.

3. 닭고기, 양파, 마늘, 토마토를 곱게 다져주세요. 파스타면은 1cm 정도로 짧게 썰어주세요.

4. 닭고기소보로를 만들게요. 팬에 닭고기, 후추 한 꼬집, 물 2큰술을 넣고 닭고기를 거품기로 살살 풀어주세요. 저으면서 강불로 해서 3분간 익혀주세요. 물이 졸면 불을 끄고 그릇에 옮겨 담아주세요.

5. 토마토스파게티 소스를 만들게요. 팬을 씻지 말고 올리브유를 두르고 양파, 마늘을 넣고 중불에서 3분 정도 볶아주세요.

6. 5번에 홀토마토, 생토마토 다진 것, 파슬리가루를 한 꼬집 넣어주세요. 강불로 해서 끓어오르면 약불로 낮추어 10~12분간 끓여주세요. 오래 끓일수록 맛이 깊어집니다.

7. 파스타면과 닭고기소보로를 넣고 잘 어우러지도록 섞어주세요.

8. 걸쭉해지면 코티지치즈를 뿌려주세요.

알아두기

★ 피자나 파스타에 토핑용으로 사용하는 모차렐라치즈에도 100g당 340~400mg의 나트륨이 들어있어요. 소금을 넣지 않은 무염 치즈를 구입하거나 직접 만들어주세요.

달걀말이

저는 제일 먼저 배운 요리가 달걀말이였어요.

누구나 하는 요리이지만, 달걀말이만큼 어려운 요리는 없는 것 같아요.

달걀말이를 한번 먹어보면 그 사람의 요리 실력을 짐작할 수 있다고 해요.

아기한테 맛있는 달걀말이를 주며, 이유식을 거쳐서 업그레이드된

내 요리 실력을 칭찬해볼까요?

🧑‍🍳 미리 준비하기

★ 달걀을 그릇에 깨뜨려 흰자와 노른자를 섞어주세요. 고운 체에 걸러 알끈 등을 제거해주세요.
달걀 만진 손은 깨끗하게 비누로 씻어주세요.

★ 배를 껍질째 깨끗하게 씻고 갈아주세요. 배를 넣으면 달달한 일식 달걀말이가 됩니다. 물이나
시판용 배즙으로 대체 가능합니다.

재료

2~3회분 : ☐ 달걀 100g(2개) ☐ 물 15ml(1큰술) ☐ 배 60g(간 것, 3큰술)

1. 달걀 1개에 물 1큰술, 갈아둔 배를 넣고 젓가락으로 거품이 생기지 않도록 저어주세요.

2. 팬을 약불로 올리고 실리콘 붓(혹은 키친타월)으로 올리브유를 살짝 발라주세요. 달걀 요리는 항상 약불에서 한다는 것을 잊지 마세요.

3. 팬 전체에 달걀물을 조금 두껍게 깔고 달걀물이 80%쯤 익으면 끝에서부터 말기 시작해요.

4. 말아서 한쪽 끝으로 밀어놓고 다시 달걀물을 부은 후, 말아놓은 달걀을 뒤집개로 살짝 들어 그 밑으로 달걀물이 흘러 들어가 연결되게 해주세요. 달걀물이 80%로 익으면 이번에는 반대 방향으로 말아주세요.

5. 같은 요령으로 달걀물을 조금씩 부어 왔다갔다 말다가 거의 다 부어갈 즈음에는 한쪽 방향으로 말아 마무리합니다. 약간 갈색빛이 나도록 구우세요.

6. 식은 후에 먹기 쉬운 크기로 잘라주세요. 식은 후에 잘라야 모양이 안 부서집니다.

알아두기

★ 팬에 기름이 많으면 달걀이 부풀어 맛이 없어지고 기름이 지나치게 적으면 팬에 눌어붙을 수 있어요.

★ 달걀 마는 중간에 김이나 감태가루를 뿌려도 맛있어요.

★ 배가 들어가지 않은 일반 달걀말이는 달걀 대 물의 부피 비율이 3:1이에요. 달걀찜은 그 반대로 1:3으로 물이 더 많이 들어갑니다. 3배의 황금비율을 꼭 기억하세요.

달걀비트쿠스쿠스

쿠스쿠스를 불릴 때 비타민과 미네랄이 풍부한 비트 물을 넣어보세요.

붉은색으로 물든 쿠스쿠스가 아기의 식욕을 자극할 수 있답니다.

쿠스쿠스는 단백질이 풍부한 달걀이나 고기와 함께 먹는 것이 좋죠.

이 레시피처럼 삶은 달걀을 으깨서 넣어도 되고 달걀프라이를 해서

아기가 삼킬 수 있을 만큼 잘라서 먹여도 괜찮아요. 집에 있는 재료로

금방 할 수 있는 요리지만 영양 만점인 빨간색 쿠스쿠스랍니다.

🧑‍🍳 미리 준비하기

★ 비트는 깨끗하게 씻어서 껍질을 벗겨주세요. 큼직하게 썰어 10~12분간 푹 삶아주세요. 1cm
  깍둑썰기한 것 3개 정도 준비하세요.
★ 달걀은 완숙으로 삶아주세요. 냄비에 물을 붓고 달걀을 넣고 물이 끓기 시작하면 그때부터
  10~12분간 더 삶아주세요. 찬물에 바로 담가주세요.

재료

1회분 　□ 쿠스쿠스 30g(2큰술)　□ 달걀 50g(1개)　□ 비트 15g(1×1×1cm, 3개)　□ 후추 한 꼬집　□ 물 90ml(½컵)

1. 용기에 비트, 물 반 컵(90ml)을 붓고 핸드블렌더로 곱게 갈아주세요.

2. 냄비에 1번의 비트물을 붓고 팔팔 끓여주세요.

3. 뚜껑이 있는 내열 그릇에 쿠스쿠스 2큰술을 넣고 뜨거운 비트물 반 컵을 붓고 뚜껑을 덮어주세요. 10분 이상 뜸을 들여주세요.

4. 삶은 달걀을 분쇄기에 곱게 갈아주세요.

5. 붉은색 쿠스쿠스와 갈아둔 달걀을 합쳐서 서로 어우러지게 섞어주세요. 마지막으로 후추 한 꼬집을 넣어 달걀의 비린 맛을 제거합니다.

알아두기

★ 달걀을 오래 삶으면 노른자가 녹색으로 변해요. 흰자의 단백질이 노른자 속의 철과 결합해 탁한 암녹색으로 변하기 때문이에요. 15분 이상 삶지 말고, 삶은 후에 곧바로 찬물에 담그면 녹색으로 변하는 것을 막을 수 있답니다.

38

두부 오믈렛

달걀과 두부가 만나자마자 든든한 한 그릇이 됐어요.

바쁠 때 금방 할 수 있는 고마운 레시피예요.

그냥 먹어도 좋고 밥 반찬으로 먹어도 맛있답니다.

🧑‍🍳 미리 준비하기

★ 달걀을 작은 그릇에 깨뜨려서 흰자와 노른자를 섞어주세요. 손은 비누로 씻어주세요.

★ 양파 냉동 큐브가 있으면 1시간 전에 냉장고에서 해동해주세요.

★ 두부는 물을 버리고 체에 담아 물기를 제거해주세요.

재료

2~3회분 ☐ 두부 120g(5×5×5cm, 1개) ☐ 달걀 50g(1개) ☐ 양파 10g(다진 것, 2작은술)

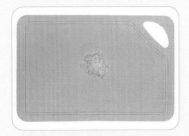

1. 양파는 곱게 다져주세요.

2. 달걀, 양파를 넣고 거품기로 섞어주세요.

3. 두부를 달걀물이 담긴 그릇에 넣고 감자 매셔나 숟가락 등으로 으깨주세요.

4. 달군 팬에 올리브유를 살짝 두른 후 3번의 두부달걀물을 붓고 약불에서 노릇노릇 익혀주세요.

5. 달걀물에서 보글보글 기포가 올라오면 뒤집어서 완전히 익힌 후 불을 끕니다.

알아두기

★ 천천히 만드는 레시피와 빨리 만드는 레시피를 다 알고 있으면 '아기밥상 차리기'가 불안하지 않아요. 육아를 하면 요리 시간이 따로 주어지는 것이 아니라 틈날 때 해야 하는 경우가 많기 때문이랍니다.

달걀북어주먹밥 & 무나물들깨무침

포슬포슬한 달걀북어주먹밥과 촉촉한 무나물들깨무침이 만났어요.
주먹밥만 먹으면 목이 멜 수 있는데 무나물을 같이 해주면
잘 삼킬 수 있겠죠. 들깨를 갈아 넣어 맛이 고소한 무나물은
어떤 음식과도 잘 어울린답니다.

미리 준비하기

★ 무, 마늘 냉동 큐브가 있으면 1시간 전에 미리 냉장고에서 해동해주세요.
★ 북어포의 뼈를 제거하고 분쇄기에 갈아주세요. 체에 넣고 톡톡 치면 북어가루가 아
  래로 떨어집니다(192p의 북어달걀무들깨 된죽 참고).
★ 달걀을 그릇에 깨뜨려 흰자와 노른자, 물 2큰술을 섞어주세요. 특히 주먹밥은 뭉쳐
  야 하므로 달걀을 만진 후 반드시 손을 씻어주세요.

재료

1회분

☐ 5분도미 진밥 120g(1컵, 쌀밥으로 대체 가능) ☐ 북어 보푸라기 10g(1작은술) ☐ 달걀 25g(½개)
☐ 참기름 약간 ☐ 무 60g(채썬 것, 4큰술) ☐ 들깨 5g(1작은술) ☐ 마늘 3g(½개, 생략 가능)
☐ 물 60ml(4큰술)

1. 무는 얇게 채썰어주세요. 채칼을 사용해도 됩니다. 다시 1cm 정도 짧게 잘라주세요.

2. 들깨를 절구에 빻아주세요.

3. 달군 팬에 올리브유를 두르고 달걀 반 개 분량을 붓고 약불에서 젓가락으로 저어서 스크램블에그처럼 포슬포슬 익힙니다.

4. 3번에 진밥 1컵을 넣고 달걀과 함께 약불에서 1~2분간 볶아주세요.

5. 불을 끄고 팬에 북어 보푸라기, 참기름을 넣고 섞어줍니다.

6. 약간 따뜻할 때 호두알 크기로 뭉쳐주세요. 달걀북어주먹밥 완성입니다.

7. 팬을 씻지 말고 무, 마늘, 물 4큰술(60ml)을 넣고 강불로 했다가 끓으면 약불로 3~5분 익힙니다.

8. 들깨를 뿌리고 1~2분 더 익혀서 물이 졸면 불을 꺼주세요.

알아두기

★ 주먹밥은 따뜻할 때 뭉쳐야 잘 뭉쳐져요. 일일이 손으로 뭉치는 것보다 주먹밥 만드는 도구가 있으면 편리합니다.

떠먹는 캘리포니아롤

원래 캘리포니아롤은 회와 김에 익숙하지 않은 서양인들을 위해서
아보카도를 넣어서 만든 누드 김밥을 말해요.
그 캘리포니아롤을 아기들도 손쉽게 먹을 수 있게 밥케이크처럼
만들었어요. 케이크를 잘라 먹는 것처럼 층층이 쌓은 아보카도와
속재료를 숟가락으로 떠먹는 재미를 느낄 수 있답니다.

👨‍🍳 미리 준비하기

★ 소고기, 당근, 냉동 큐브가 있으면 1시간 전에 냉장고에서 해동해주세요.

★ 달걀을 그릇에 깨서 흰자와 노른자를 섞어주세요. 꼭 손을 비누로 씻어주세요.

★ 아보카도는 세로로 칼날을 넣어 한 바퀴 돌린 뒤 비틀면서 반으로 나누세요. 씨와 껍
   질을 제거해주세요.

★ 생김을 기름 없는 팬에 구운 다음 부셔주세요.

재료

1~2회분

- □ 5분도미 진밥 120g(1컵, 쌀밥으로 대체 가능) □ 소고기 30g(다진 것, 2큰술)
- □ 아보카도 15g(다진 것, 1큰술) □ 당근 15g(다진 것, 1큰술) □ 김가루 15g(2큰술) □ 달걀 50g(1개)
- □ 참깨 5g(1작은술) □ 후추 한 꼬집

1. 소고기, 당근, 아보카도를 곱게 다져주세요.

2. 참깨를 절구에 빻아주세요.

3. 달군 팬에 올리브유를 살짝 두르고 달걀을 붓고 얇게 지단을 부칩니다. 그릇에 따로 담아주세요.

4. 팬에 올리브유를 두르고 당근도 타지 않게 볶아주세요.

5. 마지막으로 소고기소보로를 만들게요. 팬을 씻지 말고 소고기, 후추한 꼬집, 물 2큰술을 넣고 소고기를 거품기로 살살 풀어주세요. 강불에서 3분간 익혀주세요. 물이 다 졸면 불을 꺼주세요.

6. 그 사이에 달걀지단이 식으면 얇게 채썰어주세요. 다시 1cm 정도 짧게 잘라주세요.

7. 높이가 있는 그릇에 랩을 씌우고 밥-달걀-소고기-당근-아보카도-밥 순으로 층층이 쌓아주세요. 내용물을 꼭꼭 다진 다음 그릇을 빼면 샌드위치처럼 된 캘리포니아롤이 됩니다. 마지막에 참깨를 뿌려주세요.

41

쪄서 만든 어묵

기름진 음식을 먹어본 아기는 커서도 기름진 음식을 좋아하기 때문에
튀기지 않고 찐 어묵을 만들었어요.
어묵으로 만들 흰살생선으로는 동태, 대구, 민어, 조기 다 괜찮아요.
오징어나 새우를 섞어도 맛있어요.

🍳 미리 준비하기

★ 생선 냉동 큐브가 있으면 1시간 전에 미리 냉장고에서 해동해주세요.

★ 흰살생선은 포뜬 것으로 3~5장 준비해주세요.

★ 브로콜리는 줄기를 작게 나눠 식초 물에 10분 담근 뒤 세척해주세요. 작은 꽃
봉오리 2~3개 준비해주세요.

★ 달걀은 1개 깨뜨려서 흰자와 노른자를 풀어주세요. 꼭 손을 씻어주세요.

재료

각 20g
3개

- ☐ 흰살생선 45g(다진 것, 3큰술) ☐ 달걀 5g(1작은술) ☐ 감자전분 15g(1큰술) ☐ 통밀가루 5g(½큰술)
- ☐ 브로콜리 15g(다진 것, 1큰술) ☐ 참기름 한 방울 ☐ 후추 한 꼬집

1. 흰살생선, 브로콜리를 아주 곱게 다져주세요. 고기 가는 분쇄기를 사용해도 됩니다.

2. 그릇에 흰살생선, 브로콜리, 달걀, 감자전분, 통밀가루, 참기름, 후추를 넣고 찰기가 생기도록 치대주세요.

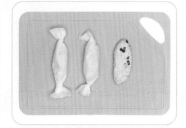

3. 요리용 기름종이에 2×5cm 정도 떡볶이 떡 크기로 반죽을 떠놓고 돌돌 말아줍니다.

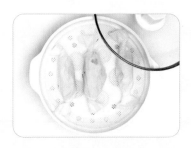

4. 김이 오른 찜통에서 중불로 15~20분간 익혀주세요. 한입 크기로 작게 잘라서 아기에게 줍니다.

알아두기

★ 에어프라이어나 오븐에 어묵을 구우면 수분이 증발해서 조금 딱딱해집니다.

★ 흰살생선에는 닭고기만큼이나 단백질이 많아서 성장기에 있는 아기들에게 아주 좋아요.

★ 냉동 생선을 손질할 때는 해동 후 손으로 만져서 잔뼈를 제거해주세요. 얼었을 때 만지면 손이 얼얼해서 뼈가 만져지지 않아요.

누룽지당근 수프

아기가 밥을 잘 안 먹으면 엄마는 애가 탑니다. 그럴 때는 후각과 시각을
자극해보세요. '음식의 맛'은 식재료 자체의 맛, 향과 더불어
음식의 온도와 질감, 분위기, 먹는 사람의 취향, 식문화가
모두 어우러져 결정되거든요. 이 요리는 구수한 누룽지와
주황색의 당근을 갈아서 만들었어요.
구수한 누룽지 냄새와 예쁜 당근 색깔에 이끌려
밥을 다시 잘 먹을 수 있을 거예요.

🧑‍🍳 미리 준비하기

★ 닭고기, 양파, 당근, 마늘 냉동 큐브가 있으면 1시간 전에 미리 냉장고에서 해동해주세요.
★ 당근은 씻어서 껍질을 아주 얇게 벗겨주세요. 강판에 갈아서 3큰술 준비해주세요.
★ 셀러리는 보통은 줄기를 사용하지만 잎도 아주 맛있어요. 줄기는 아기에게 질길 수 있으
　므로 잎으로 5장 준비합니다. 쪽파나 미나리로 대체 가능합니다.

재료

2회분

- ☐ 누룽지 100g(⅔컵) ☐ 닭고기 30g(다진 것, 2큰술, 소고기로 대체 가능) ☐ 당근 45g(간 것, 3큰술)
- ☐ 양파 15g(다진 것, 1큰술) ☐ 마늘 3g(½작은술, 생략 가능) ☐ 셀러리잎 5g(다진 것, 1큰술)
- ☐ 후추 한 꼬집 ☐ 파슬리가루 한 꼬집 ☐ 우유 360ml(2컵, 분유와 물로 대체 가능)

1. 닭고기, 양파, 셀러리잎, 마늘을 곱게 다져주세요.

2. 누룽지는 절구에 옥수수알 크기로 빻아주세요.

3. 닭고기소보로를 만들게요. 팬에 닭고기, 후추 한 꼬집, 물 2큰술을 붓고 닭고기를 거품기로 살살 풀어주세요. 강불로 해서 3분간 익혀주세요. 물이 졸면 불을 끄고 그릇에 담아주세요.

4. 팬을 씻지 말고 올리브유를 두르고, 마늘, 양파를 중불에서 3분 정도 볶아주세요.

5. 4번에 당근 간 것, 셀러리잎, 우유 2컵(360ml)을 넣고 잘 저어주세요. 강불로 해서 끓어오르면 약불로 3~5분간 익혀주세요.

6. 누룽지를 넣고 약불에서 10~12분간 더 익혀줍니다.

7. 누룽지가 부드러워지고 걸쭉해지면 닭고기소보로, 파슬리가루를 넣고 1~2분 끓이다가 불을 꺼주세요.

알아두기

★ 셀러리는 잎이 선명하고 줄기가 두툼한 것이 좋아요. 잎이 누렇거나 줄기 단면에 구멍이 나 있지 않은 것을 고릅니다.

게살두부덮밥

중국 음식 스타일의 게살덮밥이에요. 이유식용 게살소스는 걸쭉하게
농도를 잘 맞추는 것이 중요해요. 녹말 물을 한꺼번에 많이 넣으면
뭉치거나 갑자기 온도가 올라가 내용물이 뭉개지기 쉬우므로 한 숟가락씩
넣어가면서 농도를 조절합니다. 남은 냉동 게살이 있으면 달걀탕이나
볶음밥에 넣으면 좋아요.

 미리 준비하기

★ 냉동 게살을 1시간 전에 미리 냉장고에서 해동해주세요.
★ 달걀을 작은 그릇에 깨뜨려서 흰자와 노른자를 섞어주세요. 손을
  비누로 다시 씻어주세요.
★ 감자전분 1작은술, 물 2작은술을 섞어 녹말 물을 만들어주세요.

재료

1회분

- ☐ 5분도미 진밥 60g(½컵, 쌀밥으로 대체 가능) ☐ 두부 50g(4×4×4cm, 1개)
- ☐ 냉동 게살 30g(다진 것, 2큰술, 새우로 대체 가능) ☐ 달걀 50g(1개) ☐ 쪽파 10g(다진 것, 2작은술)
- ☐ 참기름 약간 ☐ 감자전분 5g(1작은술, 쌀가루로 대체 가능) ☐ 물 60ml(4큰술)

1. 냉동 게살, 쪽파를 다져주세요. 두부는 옥수수알 크기로 큐브 모양으로 썰어주세요.

2. 달군 팬에 올리브유를 살짝 두르고 쪽파를 넣어 약불에서 3~5분간 볶아주세요.

3. 같은 팬에 게살, 두부, 물 4큰술(60ml)을 넣어주세요. 강불로 해서 끓으면 약불에서 2~3분간 익혀주세요.

4. 녹말물을 넣고 국물이 투명해지도록 약불에서 1분 정도 저어주세요.

5. 풀어놓은 달걀을 넣고 약불에서 3~5분간 익힙니다. 계속 약불에서 해야 달걀이 부드러워져요.

6. 참기름 한 방울을 떨어뜨려주세요. 강불로 올려 1~2분간 더 익힌 후 불을 꺼주세요. 진밥 위에 게살두부를 끼얹어주세요.

알아두기

★ 게살은 부드럽고 풍미가 좋아서 고급요리에 쓰이는 식재료예요. 게살도 알레르기가 있을 수 있으므로 처음 먹일 때는 조심하세요.

★ 게살의 비린내를 잡기 위해서 쪽파와 참기름을 사용하면 좋아요.

토마토비타민감자 피자

감자는 탄수화물만 많아서 살이 찌는 식품이라 생각하지만 의외로 단백질이 들어있답니다. 양은 그렇게 높지는 않지만 인체에 필요한 필수 아미노산이 모두 포함되어 있기 때문에 감자의 단백질은 질이 매우 좋죠. 비타민C도 사과의 3배나 들어있어요. 이런 감자는 우유나 치즈와 함께 먹으면 영양학적으로 아주 훌륭하답니다.

👨‍🍳 미리 준비하기

★ 무염 홀토마토 통조림 대신에 생토마토로 대체 가능합니다. 생토마토는 씨와 껍질을 제거합니다.

★ 코티지치즈를 만들어주세요(316p의 코티지치즈 참고). 그릭요거트로 대체 가능합니다.

★ 감자는 씻고 눈과 씨를 제거하고 껍질을 벗겨주세요. 갈변 방지를 위해 물에 담그세요.

★ 연한 비타민 잎을 3~4장 깨끗하게 씻어주세요.

재료

각 5cm
6~8개

☐ 감자 100g(중간 것, 1개)　☐ 무염 홀토마토 통조림 15g(1큰술)

☐ 비타민 잎 3~4장　☐ 코티지치즈 30g(2큰술, 그릭요거트로 대체 가능)

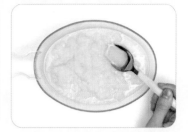

1. 비타민 잎을 큼직하게 썰어주세요.

2. 감자를 강판에 갈아주세요.

3. 2~3분 그대로 두면 흰색 앙금은 가라앉고 그 위로 물이 생길 거예요. 숟가락으로 살살 눌러가면서 물만 걷어냅니다. 2~3번 반복하면 감자 전분만 남아 쫄깃해집니다.

4. 달군 팬에 올리브유를 두르고 감자 반죽을 탁구공 크기만 하게 펼쳐주세요. 약불에서 노릇노릇하게 구워주세요. 윗면이 투명해지고 아랫부분이 노릇해지면 뒤집어주세요.

5. 홀토마토를 살짝 윗면에 바르고 그 위에 코티지치즈를 1작은술 올립니다. 그 위에 비타민 잎을 올려주세요. 뚜껑을 덮고 1~2분간 익힌 뒤 치즈가 녹을 때 불을 꺼주세요.

알아두기

★ 감자 대신 고구마를 삶아서 으깨 고구마피자로 응용 가능합니다.

★ 집에서 만든 코티지치즈는 천연치즈예요. 얇은 비닐로 포장된 가공치즈는 천연치즈에 유청단백질, 소금, 유화제를 넣은 혼합물이랍니다. 가공치즈를 살 때는 영양 성분표와 식품첨가물을 꼭 확인하세요.

소고기깻잎 찹쌀부침개

단백질이란 많이 있다고 저축이 되는 영양소가 아니에요.
많이 먹어도 오늘 쓸 만큼 사용하고 나머지는 신장으로
배출되어버리죠. 괜히 한꺼번에 먹으면 신장만 힘들게 한답니다.
보통 성인들은 하루에 자기 몸무게의 g수 정도의
단백질이 필요한데(50kg 이면 50g), 완료기 아기들은
몸무게가 30kg도 아닌데 30g이나 필요해요.
이것은 아기의 몸이 폭발적으로 성장하고 있어
단백질 필요량이 매우 많다는 것을 의미합니다.

🧑‍🍳 미리 준비하기

★ 깻잎은 꼭지를 떼고 깨끗하게 씻어주세요. 1~2장 필요합니다.
★ 달걀은 그릇에 깨뜨려 섞어주세요. 손을 꼭 다시 비누로 씻어주세요.

재료

각 5cm
10~15개

- ☐ 통밀가루 20g(2큰술) ☐ 찹쌀가루 15g(1큰술, 쌀가루로 대체 가능)
- ☐ 분유 10g(4작은술, 통밀가루로 대체 가능) ☐ 달걀 25g(½개) ☐ 물 45~60ml(3~4큰술)
- ☐ 소고기 30g(다진 것, 2큰술) ☐ 깻잎 10g(다진 것, 2작은술) ☐ 후추 한 꼬집

1. 소고기, 깻잎을 다져주세요.

2. 소고기소보로를 만들게요. 팬에 소고기, 후추 한 꼬집, 물 2큰술을 붓고 소고기를 거품기로 살살 풀어주세요. 강불로 해서 3분간 익혀주세요. 물이 졸면 불을 끄고 그릇에 담아주세요.

3. 밀가루 반죽을 만들게요. 그릇에 통밀가루, 찹쌀가루, 분유 10g, 달걀 반 개를 넣어주세요. 물 4큰술을 넣어 반죽을 질척하게 만듭니다. 숟가락으로 떴을 때 2초에 한 번씩 뚝뚝 떨어질 농도면 적당합니다.

4. 반죽에 소고기소보로, 깻잎을 넣어주세요.

5. 중불로 달군 팬에 올리브유를 팬을 코팅하는 느낌으로 아주 조금 바른 후 어른 밥숟가락으로 반죽을 한 숟가락 떠서 올립니다. 탁구공 크기로 노릇노릇하게 부쳐주세요.

6. 부침개가 식으면 소독된 아기 부엌 가위와 집게로 적당한 크기로 잘라주세요.

알아두기

★ 소고기에 찹쌀을 발라서 구우면 누린내도 제거되면서 쫄깃해져요.

★ 반죽에 찹쌀가루만 넣으면 부침개가 질척해져서 전을 부치기가 힘들어요. 밀가루와 찹쌀가루를 1 대 1로 하면 반죽의 묽기가 적당해집니다.

애호박양배추 부침개

나만의 '필살기 메뉴'가 있나요? 언제 어느 상황에서나 마음 졸일
필요 없이 자신감을 갖고 내어줄 수 있는 이유식, 그것이
'필살기 메뉴'예요. 복잡한 레시피가 아닌 단순한
레시피로, 그러나 정성껏 만든 소박한 메뉴.
그런 메뉴를 엄마라면 한 가지쯤은 가지고
있는 게 좋지 않을까요?
제 필살기 메뉴를 소개합니다.

 미리 준비하기

★ 달걀은 작은 그릇에 깨뜨려서 담고 숟가락으로 노른자를 분리해주세요
(흰자만 필요). 손을 꼭 비누로 다시 씻어주세요.

재료

각 5cm
10~15개

☐ 통밀가루 30g (3큰술)   ☐ 분유 10g (4작은술)   ☐ 달걀 25g (½개 또는 흰자만)
☐ 애호박 30g (다진 것, 2큰술)   ☐ 양배추 15g (다진 것, 1큰술)

1. 애호박, 양배추를 다져주세요. 용기에 넣고 핸드블렌더로 갈아도 됩니다.

2. 반죽물을 만들어주세요. 통밀가루, 분유 10g, 달걀 반 개, 물 1큰술을 볼에 넣고 가루를 풀어주세요. 반죽이 되면 부침개가 딱딱해지고 묽으면 부침개가 다 부서집니다. 반죽 농도에 자신이 없으면 팬에 1개만 작게 미리 구워보세요.

3. 반죽에 애호박, 양배추를 넣어주세요.

4. 중불로 달군 팬에 올리브유를 팬을 코팅하는 느낌으로 아주 조금 바른 후 어른 밥숟가락으로 반죽을 한 숟가락 떠서 올립니다. 탁구공만 한 크기로 노릇노릇하게 부쳐주세요.

5. 부침개가 식으면 소독된 아기 부엌 가위와 집게로 적당한 크기로 잘라주세요.

알아두기

★ 이유식에서 달걀은 필수 식재료예요. 단백질, 지방, 비타민, 미네랄 등 필수 영양소가 다 들어있는 완전식품이기 때문이죠. 흰자에는 단백질이 5g 정도 들어있고 노른자에는 지용성비타민, 두뇌 발달에 좋은 레시틴, 리놀레산이라는 불포화지방이 5g 정도 들어있답니다.

★ 완료기 이유식에서는 달걀을 주2~3회 권하고 있기 때문에 주 3회를 벌써 먹었다면 부침개를 할 때 흰자만 사용하는 것이 좋아요.

치킨너겟

마트에서 냉동 치킨너겟을 살까 말까 하다가 내려놨어요.
나트륨 함량이 100g당 500mg이나 됐거든요. 아무래도 편하니까
냉동식품은 있으면 자주 먹게 되지요. 하지만 직접 만든 치킨너겟은
튀기지 않고 소금이 없어서 안심하고 먹일 수 있어요.
빵가루 대신 현미가루를 사용해서 나트륨 함량도 낮췄어요.

 미리 준비하기

★ 닭고기, 양파 냉동 큐브가 있으면 1시간 전에 미리 냉장고에서 해동해주세요.

★ 두부는 체에 밭치거나 면포에 짜서 물기를 제거합니다.

★ 달걀을 깨트려서 흰자와 노른자를 섞어주세요. 꼭 손을 씻고 다음 과정을 진행해요.

재료

각 5g
18~20개

☐ 닭고기 30g(다진 것, 2큰술)   ☐ 두부 80g(3x3x3cm, 3개)   ☐ 양파 15g(다진 것, 1큰술)

☐ 현미가루 15g(1큰술)   ☐ 통밀가루 넉넉히(물히는 용도)   ☐ 달걀 50g(1개)

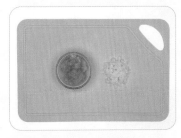

1. 닭고기, 양파를 곱게 다져주세요.

2. 볼에 으깬 두부, 닭고기, 양파, 현미가루를 넣고 섞어주세요. 끈기가 생길 정도로 치대어준 뒤에 은행 크기로 작게 치킨너겟을 만들어주세요.

3. 그릇에 통밀가루를 펼쳐서 치킨너겟을 굴려주세요.

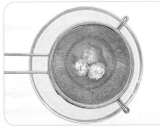

4. 볼에 체를 올려두고 3번의 치킨너겟을 놓고 달걀물을 부어주세요.

5. 달군 팬에 올리브유를 약간 두른 후 치킨너겟을 흔들면서 중불에서 8~10분간 노릇노릇 구워주세요.

알아두기

★ 팬 말고 에어프라이어에서 구울 때는 160도에서 10~12분 정도 넣고 구워주세요.

★ 야채를 다져 넣으면 보기는 좋은데 익힐 때 물이 나올 수도 있고, 만들 때 잘 안 뭉쳐질 수도 있어요. 야채는 따로 요리해서 치킨너겟 위에 올리면 촉촉하게 먹을 수 있어요.

★ 꼭 동그란 모양이 아니어도 괜찮아요. 용가리 치킨처럼 납작하게 구워줘도 또 다른 식감에 아기가 먹는 재미를 느낄 수 있어요.

48

아보카도연두부바나나 포타지

아보카도를 잘 먹지 못하는 아기들을 위한 레시피입니다.
단맛이 없고 느끼해서 아보카도를 잘 먹지 못하면 바나나와
함께 요리해보세요. 부드럽고 고소한 단맛으로 느끼함 없이
쉽게 먹을 수 있답니다. 아보카도는 버터와는 달리
나쁜 LDL 콜레스테롤을 제거하는 좋은 지방이 들어있어요.
뇌 건강에 필수적인 오메가3 지방산과 천연 비타민E도
풍부하답니다.

 미리 준비하기

★ 아보카도를 베이킹소다로 깨끗이 씻어주세요. 옆면을 칼로 한 바퀴 돌려서 반 잘라주
세요. 그다음 두 손으로 밀착해서 잡고 가운데를 중심으로 칼집 넣은 곳을 돌리면 씨
를 중심으로 반이 잘라집니다. 씨를 제거하고 숟가락으로 과육을 파내면 됩니다.

★ 퀵오트밀 20g에 뜨거운 물 2큰술(30ml)을 부어 10분 정도 불립니다.

재료

100g씩
2회

- ☐ 퀵오트밀 20g(4큰술, 쌀밥으로 대체 가능) ☐ 아보카도 50g(½개) ☐ 연두부 60g(⅓컵)
- ☐ 바나나 100g(중간 것, 1개) ☐ 우유 60ml(⅓컵, 분유와 물로 대체 가능)

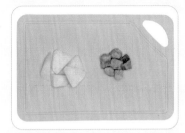  

1. 아보카도, 바나나를 큼직하게 썰어 주세요.

2. 용기에 아보카도, 바나나, 연두부, 우유 ⅓컵(60ml)을 담고 핸드블렌더로 갈아주세요.

3. 냄비에 불린 오트밀, 2번의 간 것을 넣어주세요. 강불로 해서 끓어오르면 약불로 줄이고 8~10분간 익힙니다. 눌어붙지 않게 바닥까지 긁으면서 저어주세요. 농도가 걸쭉해지면 불을 끕니다.

알아두기

★ 연두부는 만드는 회사마다 나트륨 함량이 다르므로 성분표를 보고 나트륨이 가장 낮은 것으로 구입하세요.

★ 순두부와 연두부는 두부의 수분을 제거하기 전에 만드는 것기 때문에 두부보다 더 말랑말랑하고 부드러워요. 고구마연두부, 단호박연두부, 바나나연두부 등 탄수화물 메뉴에 단백질을 넣고 싶을 때 응용 가능합니다.

49

낫또달걀부추 현미밥

어른에게도 호불호가 있는 낫또, 청국장을 아기에게 줘도 될까요? 콩에 알레르기가 없고 아기만 잘 먹어준다면 피할 필요는 없어요. 낫또는 콩을 발효시켜서 두부처럼 소화가 잘 되는 음식이에요. 다만 어른은 낫또나 청국장에 있는 바실러스균 효과 때문에 익히지 않고 생으로 먹는 것이 좋지만 아기는 익혀서 먹는 것이 안전하답니다.

미리 준비하기

★ 달걀을 그릇에 깨뜨려서 흰자와 노른자를 섞어주세요. 달걀 만진 손은 비누로 씻고 다음 요리를 진행해주세요.

재료

1~2회분

☐ 5분도미 진밥 120g(1컵, 쌀밥으로 대체 가능)   ☐ 무염 낫또 30g(2큰술, 무염 청국장으로 대체 가능)

☐ 달걀 50g(1개)   ☐ 부추 5g(1작은술, 쪽파로 대체 가능)   ☐ 김가루 3g(½작은술)

☐ 참깨 2g(½작은술)   ☐ 물 90ml(½컵)

1. 부추를 잘게 송송 썰어주세요.

2. 참깨를 절구에 빻아주세요.

3. 낫또를 으깨주세요. 낫또 소스는 넣지 마세요.

4. 냄비에 진밥 1컵, 물 반 컵(90ml)을 넣고 강불로 해서 끓으오르면 약불에서 3~5분간 익힙니다. 물기가 없어지면 불을 꺼주세요.

5. 낫또, 부추, 달걀물을 넣고 골고루 섞으면서 약불에서 2~3분간 익혀주세요.

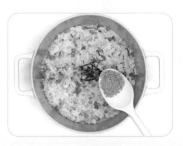

6. 김가루, 참깨를 뿌리고 불을 꺼주세요.

알아두기

★ 낫또는 원래 생으로 먹는 것이 몸에 이롭지만, 아기들은 끓여서 균을 죽인 다음 먹게 합니다. 낫또에는 콩의 영양분이 고스란히 들어있고 발효 과정에서 생성된 여러 가지 물질과 바실러스균이 장 기능을 좋게 만들어요. 끓여서 바실러스균이 사멸하여도 발효되면서 좋은 점들이 그대로 남아있으므로 익힌다고 해서 너무 걱정 안 하셔도 됩니다.

★ 낫또에 포함된 간장소스는 아기에게는 주지 마세요.

★ 음식은 문화예요. 이유식도 음식이기 때문에 그 나라의 음식 문화의 영향을 많이 받습니다. 우리나라에서는 이유식에서 낫또를 생소하게 여기지만, 일본에서는 생후 7개월부터 먹이고 있답니다.

소고기꼬마김밥 & 연근구이

김 위에 소고기밥을 올리고 돌돌 말아서 작게 잘라도 되고,
밥을 김에 돌돌 만 다음 그 위에 소고기소보로를 얹어 꼬마김밥을
만들어도 되는 레시피예요. 『동의보감』에서는 '연근은 성질이
따뜻하여 맛이 달며 독이 없다'라고 해요. 한방에서는 감기 예방으로
연근차를 권하기도 한답니다. 으슬으슬 감기 기운이 느껴지면
아기와 함께 연근전을 부쳐보세요.

미리 준비하기

★ 소고기 냉동 큐브가 있으면 1시간 전에 냉장고에서 해동시켜주세요.

★ 김밥 김을 4등분해서 기름 없는 팬에 살짝 구워주세요.

★ 연근은 깨끗하게 씻고 껍질을 조금 두툼하게 깎은 후 식초물에 담가주세요.

재료

1회분

- ☐ 5분도미 진밥 120g(1컵, 쌀밥으로 대체 가능) ☐ 김밥 김 ½장(10×10cm, 2장)
- ☐ 소고기 20g(다진 것, 4작은술) ☐ 참기름 약간 ☐ 연근 15g(얇게 썬 것, 5장) ☐ 후추 한 꼬집

1. 소고기는 곱게 다져 주세요. 김밥 김은 ¼ 크기로, 연근은 0.1~0.2mm로 얇게 썰어주세요.

2. 전자레인지용 찜기에 물 1큰술과 연근을 넣고 뚜껑을 덮고 전자레인지에서 3~5분간 익혀주세요.

3. 팬에 익힌 연근을 넣고 중불에서 3~5분간 다시 꾸덕꾸덕하게 익혀주세요. 연근전 완성이에요.

4. 이제 소고기소보로를 만들어주세요. 팬을 씻지 말고 소고기, 후추 한 꼬집, 물 2큰술을 넣고 소고기를 거품기로 살살 풀어주세요. 강불에서 3분간 익혀주세요.

5. 4번에 진밥 1컵을 넣고 잘 섞어주세요.

6. 도마에 김을 올리고 소고기밥을 펴서 돌돌 말아주세요.

7. 꼬마김밥을 적당한 크기로 잘라주세요.

알아두기

★ 연근을 자르면 탄닌이 산화되어 절단면이 검어지죠. 철과 접촉하면 산화속도가 더 빨라져서 연근을 조리할 때는 철제 냄비 같은 조리 도구는 피해주세요. 식초 물에 연근을 담가두면 변색을 막고 떫은맛도 사라져 더 아삭아삭해진답니다.

단호박달걀건포도 샐러드

노란 단호박에 짙은 색의 건포도가 쏙쏙 박혀있는 부드러운 샐러드예요.

뷔페에 가면 나오는 단호박 샐러드를 건강하게 만들어봤어요.

소금이 든 마요네즈 대신에 달걀과 오트밀로

단호박에 찰기를 더했답니다.

호두나 땅콩을 뿌리면 샐러드가 더 풍성해지겠죠!

미리 준비하기

★ 단호박을 씻고 전자레인지에서 익혀주세요. 속을 파내고 껍질을 벗겨주세요.

★ 달걀은 완숙으로 삶아주세요. 물이 끓기 시작하면 그때부터 10~12분간 더 삶아
주세요. 찬물에 바로 담가 식힌 후, 껍질을 벗겨주세요.

★ 오트밀에 물을 넣고 30분 정도 불려주세요. 시간이 없을 때는 뜨거운 물을 붓고
5분 정도 불리면 됩니다.

재료

2회분

☐ 건포도 10알 ☐ 단호박 180g(익힌 것, 1컵) ☐ 달걀 50g(1개) ☐ 퀵오트밀 15g(3큰술)
☐ 물 120ml(⅔컵)

1. 찜기에서 건포도를 10분 정도 통통하게 쪄주세요.

2. 건포도를 작게 다져주세요.

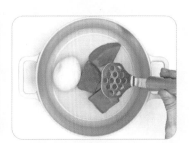

3. 냄비에 삶은 달걀, 단호박을 넣고 매셔로 으깨주세요.

4. 3번에 불린 오트밀과 불린 물, 다진 건포도를 넣고 중불에서 2~3분간 익혀주세요.

알아두기

★ 견과류가 있으면 잘게 다지거나 빻아서 토핑해주세요.

★ 어른들은 퀵오트밀에 뜨거운 물을 붓거나 오버나이트 오트밀(overnight oatmeal)이라고 해서 밤사이에 불려서 그대로 먹어도 되지만 아기나 어린이들은 불린 오트밀을 한 번 끓여서 먹는 것이 위생적으로 안전합니다.

52

블루베리찐빵

블루베리는 '슈퍼 푸드' 중에서도 슈퍼예요. 유명한 웰빙 식품인 마늘, 시금치, 딸기, 브로콜리 등의 항산화 능력을 비교하면 1등이 항상 블루베리예요. 그만큼 블루베리 속에 든 보라색 안토시아닌의 효능이 좋다는 거겠죠. 씨와 껍질에 많이 들어있다고 하니 블루베리는 반드시 껍질째 먹어야 해요.

🍮 미리 준비하기

★ 블루베리를 체에 담고 흐르는 물에서 씻어주세요.
　냉동 블루베리라도 한 번만 살짝 씻어주세요.

재료

1~2회분

☐ 블루베리 100g   ☐ 쌀가루 100g(통밀가루로 대체 가능)   ☐ 우유 100ml

1. 뚜껑이 있는 전자레인지용 실리콘 찜기에 블루베리를 담고 매셔로 으깨주세요.

2. 1번에 쌀가루, 우유 100ml를 붓고 가루가 안 보이게 잘 섞어주세요.

3. 뚜껑을 닫고 전자레인지에서 5~8분간 익혀주세요.

4. 젓가락으로 푹 찔렀을 때 묻어 나오는 게 없으면 다 익은 거랍니다.

알아두기

★ 블루베리는 국내산도 좋지만, 미국, 캐나다, 칠레 등에서 수입한 냉동 블루베리도 이유식으로 사용해도 괜찮아요.

★ 재료 무게의 비율이 동일해서 외우기 쉬워요. 블루베리, 쌀가루, 우유가 1:1:1입니다.

★ 전자레인지로 만들 수 있는 초간단 요리지만 맛도 있고 건강에도 도움을 주는 간식이에요.

단호박두부분유볼

단호박은 초기 이유식부터 먹인 친숙한 식재료죠.

단호박은 다 좋은데 단백질이 살짝 부족해요. 그래서 두부, 분유로

단백질을 채워 아기가 집어 먹기 편하게 홈런볼 과자처럼 작게

만들었어요. 노란색 작은 볼이 요술을 부린 것처럼 맛있답니다.

🧑‍🍳 미리 준비하기

★ 단호박을 껍질째 베이킹소다로 깨끗하게 씻어주세요. 전자레인지용
찜기에 넣고 전자레인지에서 7~10분간 푹 익혀주세요. 익힌 단호박
은 반 잘라서 숟가락으로 씨를 파주세요. 그다음 8등분으로 잘라 껍
질을 참외 껍질 벗기듯이 벗겨주세요.

★ 두부는 물을 버리고 체에 받치거나 면포에 짜서 물기를 제거합니다.

재료

각 8g
10~12개

☐ 단호박 90g(으깬 것, ½컵)   ☐ 두부 50g(4×4×4cm, 1개)   ☐ 분유 15g(2큰술)

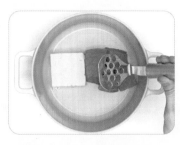

1. 냄비에 익힌 단호박, 두부를 넣고 으깨주세요.

2. 1번에 분유 15g과 물 1큰술을 넣고 강불로 해서 끓으면 약불에서 5~8분 정도 끓이며 수분을 날려주세요.

3. 불을 끄고 반죽이 식으면 한입 크기로 빚어주세요.

4. 팬에 기름을 두르지 말고 약불로 해서 단호박볼을 올리고 굴리면서 3~5분간 겉면만 꾸덕꾸덕하게 익혀주세요.

알아두기

★ 4번 과정을 에어프라이로 해도 됩니다. 160~170℃에서 5분간 익혀주세요. 겉면만 살짝 더 익혀서 아기가 스스로 집어 먹을 때 손에 묻지 않게 해주세요.

54

배보리빵

경주 보리빵을 따라해봤어요. 설탕과 베이킹파우더 대신에 배를 갈아
넣으면 보리빵이 폭신폭신 달달해집니다. 감기에 걸려 입맛이 없는
아기들한테 딱 좋아요. 한방에서 배는 기침과 가래를 가라앉게 하는 효
능이 있어, 기침 감기에는 배를 푹 익힌 '배숙'이라는 요리를 권장하기도
합니다. 또 보리빵에 들어가는 보리는 곡류이지만 단백질 함량이 100g당
13.8g으로 통밀 12g, 현미 7.6g보다 많답니다.
배보리빵으로 힘이 돋아나는 간식을 한번 만들어주세요.

🧑‍🍳 미리 준비하기

★ 배를 껍질째 베이킹소다로 깨끗하게 씻어줍니다. 껍질을 깎아주세요. 무첨
가 배 주스로 대체 가능합니다.
★ 달걀은 작은 그릇에 깨뜨려서 담습니다. 손을 꼭 다시 비누로 씻어주세요.

재료

각 5cm
15~18개

□ 배 60ml(간 것, ⅓컵)　□ 보리가루 30g(3큰술)　□ 분유 5g(2작은술)　□ 달걀 25g(½개)

1. 용기에 배를 넣고 핸드블렌더로 갈아주세요. 강판에 갈아도 됩니다. ⅓컵 정도 필요합니다.

2. 1번에 보리가루, 분유 5g, 달걀을 넣고 골고루 섞어주세요.

3. 팬을 약불로 올리고 실리콘 붓(혹은 키친타월)으로 기름을 코팅한다는 느낌으로 살짝만 발라주세요. 기름이 많이 있으면 부침개처럼 구워지므로 팬만 코팅한다는 느낌으로 아주 소량 발라주세요.

4. 반죽을 어른 밥숟가락으로 한 숟가락 떠서 탁구공만 한 크기로 팬에 올립니다. 약불에서 구워주세요.

5. 윗면이 꾸덕꾸덕하게 익으면 살짝 반만 뒤집어 아랫면이 옅은 갈색이 나면 뒤집어주세요. 반대면을 1~2분 더 익혀주세요.

6. 한 김 식으면 소독된 부엌 가위로 먹기 좋게 반 잘라주세요.

알아두기

★ 달걀흰자에는 알부민이라는 단백질이 있어 거품을 내면 그물망을 만들어 부풀게 합니다. 베이킹파우더를 넣지 않아도 달걀흰자가 대신해서 보리빵을 부풀게 해요.

★ 아기들은 달걀을 주 2~3회 먹는 것을 권장합니다. 달걀이 권장량을 초과하게 되면 흰자만 넣어서 팬케이크를 만들어주세요.

블루베리 치즈케이크

간식에도 3대 영양소를 넣어주세요.

탄수화물, 단백질, 지방이 적당한 비율로 들어가게 만들어주면

간식만 먹어도 걱정을 덜 수 있죠. 블루베리 치즈케이크는

탄수화물로는 감자, 단백질과 지방으로는 코티지치즈,

비타민으로는 블루베리가 들어간 영양 폭탄 음식이에요.

 미리 준비하기

★ 블루베리를 깨끗이 씻어주세요. 냉동 블루베리인 경우에도 깨끗이 씻어주세요.

★ 무염 코티지치즈를 준비해주세요(316p의 코티지치즈 참고).

★ 감자전분 1작은술과 물 1작은술을 섞어 녹말물을 만들어주세요.

★ 감자를 씻어서 눈과 싹을 제거하고 껍질을 벗겨주세요. 전자레인지용 찜기에 물 1큰술과 같이 넣고 전자레인지에서 5~8분간 익혀주세요.

재료

1회분

☐ 블루베리 30g(15~16개) ☐ 감자전분 5g(1작은술) ☐ 물 5ml(1작은술)

☐ 코티지치즈 30g(2큰술, 그릭요거트로 대체 가능) ☐ 감자 50g(½개)

1. 블루베리를 으깨주세요.

2. 냄비에 으깬 블루베리, 녹말물을 넣고 약불에서 2~3분 걸쭉하게 익힙니다. 그릇에 따로 담아주세요.

3. 익힌 감자를 식기 전에 으깨주세요.

4. 감자와 코티지치즈를 부드럽게 고루 섞어주세요.

5. 블루베리가 깔린 그릇에 4번의 치즈감자를 넣어주세요. 냉장고에서 1시간 정도 굳혀주세요.

알아두기

★ 코티지치즈는 냉장고에서 3일 정도밖에 보관할 수 없답니다. 코티지치즈를 만든 날 응용하면 좋아요.

★ 투명한 유리컵이나 병에 블루베리소스를 깔고 치즈케이크를 넣어서 냉장고에서 굳히면 더 예뻐요.

56

떠먹는 딸기오트밀 치즈케이크

새빨간 딸기가 올라간 딸기케이크는 절대 한 조각에서 멈출 수 없죠?
아기에게도 생크림이 들어가지 않은 맛있는 딸기 케이크를
맛보여줄 수 있어요.

미리 준비하기

★ 딸기는 흐르는 물에 깨끗이 씻어서 꼭지를 따주세요. 과일용 도마를 준비해주세요.
★ 무염 코티지치즈를 준비해주세요. 그릭요거트로 대체 가능합니다(316p의 코티지
치즈 참고).

재료

1회분

☐ 퀵오트밀 15g(3큰술)　☐ 분유 10g(4작은술)　☐ 딸기 30g(5~6개)　☐ 플레인요거트 30g

☐ 코티지치즈 30g(2큰술, 그릭요거트로 대체 가능)　☐ 물 90ml(½컵)

1. 딸기를 다져주세요.

2. 냄비에 딸기를 넣고 강불에서 2~3분 정도 저으며 익히면서 물기를 말려주세요.

3. 졸인 딸기를 그릇에 옮겨 담고 그 냄비에 오트밀, 분유 10g, 코티지치즈, 물 반 컵(90ml)을 넣고 가루를 잘 풀어주세요. 강불로 올린 뒤 끓어오르면 약불로 줄여서 5~8분간 익혀주세요. 눌어붙지 않게 바닥까지 잘 저어주세요.

4. 깊이가 있는 그릇에 3번의 치즈와 오트밀 익힌 것 → 플레인요거트 → 졸인 딸기를 올려주세요. 섞어가면서 먹이세요.

알아두기

★ 졸인 딸기 대신 깨끗한 과일용 도마에서 송송 썬 생딸기를 사용해도 됩니다.

★ 아기가 생과일을 먹기 시작하면 작은 과일용 도마를 준비해주세요. 다른 도마도 그렇지만 특히 과일용 도마는 열탕소독이나 자외선소독기로 자주 살균해주세요.

★ 딸기에도 알레르기가 있을 수 있으니 처음 먹일 때는 주의하세요.

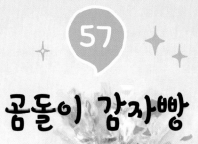

곰돌이 감자빵

곰인형을 싫어하는 아기들은 거의 없죠.
곰돌이빵을 만들어 아기가 가지고 놀면서
먹을 수 있게 해보세요. 검은깨로 눈과 코를 만들고
감자와 바나나로 속을 채웠어요.
나들이 도시락용으로도 좋답니다.

 미리 준비하기

★ 달걀은 작은 그릇에 깨뜨려서 담아주세요. 손도 꼭 다시 비누로 씻어주세요.

★ 감자는 씻어서 싹을 도려내고 껍질도 깎아주세요. 전자레인지용 용기에 물 1큰
술과 함께 담고 전자레인지에서 8~10분 익혀주세요.

★ 곰돌이 모양 빵틀이나 머핀틀, 에어프라이어나 오븐을 준비해주세요.

☐ 감자 50g(중간 것, ½개)   ☐ 바나나 50g(중간 것, ½개)   ☐ 달걀 25g(½개)   ☐ 통밀가루 20g(2큰술)
☐ 우유 15ml(1큰술)   ☐ 무염버터 10g(2작은술)   ☐ 검은깨 약간

1. 전자레인지용 그릇에 우유와 버터를 넣고 10~15초 돌려 버터를 녹여주세요.

2. 1번에 감자, 바나나를 넣고 매셔로 으깨줍니다.

3. 2번에 달걀 반 개를 넣고 골고루 섞어주세요.

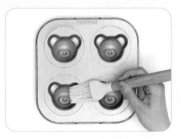

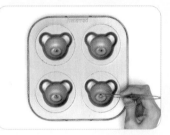

4. 3번에 통밀가루를 넣고 가루가 안 보이도록 섞어주세요.

5. 곰돌이 틀에 실리콘 붓으로 올리브유를 살짝 발라주세요.

6. 검은깨를 곰돌이 틀의 눈과 코 부위에 놓으세요. 나중에 붙이려고 하면 잘 안됩니다.

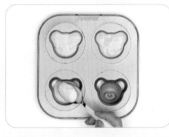

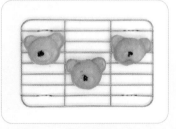

7. 숟가락으로 반죽을 80~90% 정도 채웁니다.

8. 예열된 에어프라이어 170~180℃에서 12~15분간 구워주세요. 틀에서 꺼내 식힘 망에 올려서 식힙니다.

알아두기

★ 오븐이나 에어프라이어 같은 고온에 구운 음식은 잘 상하지 않아요. 실온에서도 하루 정도는 안전해서 멀리 여행 갈 때 구워서 가면 좋아요.

★ 생감자를 고온에서 오래 가열하면 아크릴아마이드라는 발암물질이 생기므로 오븐 온도는 200℃가 넘지 않는 온도에서 30분 이내로 요리하는 것이 좋아요. 감자를 한 번 삶은 후에 조리하면 아크릴아마이드가 생기는 것을 많이 막을 수 있어요.

얌얌 귀리크래커

어금니가 나기 시작한 완료기 아기에게 씹는 재미가 쏠쏠한
귀리크래커를 만들어주세요. 어금니가 나기 시작할 때는
평소 순한 아기들도 보채거나 자주 칭얼거리게 돼요.
단단한 치아가 잇몸을 뚫고 올라오면서 붓거나 통증이 생기기
때문이에요. 이럴 때 고소한 귀리과자를 먹으면서
이갈이 통증을 극복할 수 있답니다.

 미리 준비하기

★ 귀리가루가 없으면 퀵오트밀을 분쇄기에 돌려서 가루로 만들어주세요.
★ 달걀은 작은 그릇에 깨뜨려서 흰자와 노른자를 섞어주세요. 달걀 껍데기를
　만지고 손을 꼭 다시 비누로 씻어주세요.
★ 요리용 유산지를 준비해주세요.

재료

각 5g
10개

- ☐ 귀리가루 20g(2큰술, 통밀가루로 대체 가능) ☐ 참깨 5g(1작은술, 생략 가능) ☐ 땅콩버터 30g(2큰술)
- ☐ 달걀 5g(1작은술)

1. 참깨를 절구에 빻아주세요.

2. 그릇에 땅콩버터, 달걀을 넣고 골고루 섞어주세요. 귀리가루, 빻아둔 참깨를 넣고 가루가 안 보이게 섞어주세요.

3. 반죽을 뭉쳐서 가래떡같이 길게 만든 다음 랩으로 싸주세요. 냉동실에서 1~2시간 숙성시킵니다.

4. 반죽을 꺼내서 0.3~0.5cm 두께로 썰어주세요.

5. 예열한 에어프라이기나 오븐에서 160도에 12~15분간 구워주세요.

알아두기

★ 다 구운 과자는 망 위에 꺼내 그대로 식힌 후, 그릇에 옮겨 담아주세요. 덜 식었을 때 겹쳐놓으면 바삭하지 않아요.

★ 평소 변이 무른 아기는 귀리가루에 밀가루를 반 섞어도 됩니다.

★ 한꺼번에 3번까지 반죽을 만들어 냉동시켜두고 필요할 때마다 구워 먹어도 좋아요.

59

참깨버터 쿠키

어릴 때 제가 먹던 쿠키예요. 친정 어머니는 반죽을 미리 만들어 냉동실에 보관했다가 생각날 때마다 그때그때 구워주셨어요. 참깨의 고소한 맛이 쿠키 속에 녹아있어요. 아기에게도 맛보여주고 싶어 소금과 베이킹파우더를 넣지 않고 만들었어요.

 미리 준비하기

★ 배를 껍질째 베이킹소다로 깨끗하게 씻어줍니다. 껍질을 깎아주세요. 단맛을 내는 고구마나 바나나로 대체 가능합니다.

★ 달걀은 작은 그릇에 깨뜨려서 흰자와 노른자를 섞어주세요. 손을 꼭 다시 비누로 씻어주세요.

재료

각 5g
15~18개

☐ 배 과육 15g(1큰술, 고구마로 대체 가능) ☐ 통밀가루 60g(6큰술) ☐ 무염버터 30g(2큰술)
☐ 달걀 10g(2작은술) ☐ 참깨 15g(1큰술)

1. 용기에 배를 넣고 핸드블렌더로 갈아주세요. 강판에 갈아도 됩니다.

2. 1번의 배를 체에 걸러서 건더기인 과육만 준비해주세요.

3. 참깨를 절구에 곱게 빻아주세요.

4. 그릇에 무염버터와 달걀을 넣고 거품기로 골고루 섞어주세요.

5. 4번에 배, 통밀가루를 넣고 밀가루가 보이지 않게 섞어주세요.

6. 반죽에 빻아둔 참깨를 섞어주세요.

7. 반죽을 뭉쳐서 가래떡같이 길게 만든 다음 랩으로 싸주세요. 냉동실에서 1~2시간 숙성시킵니다.

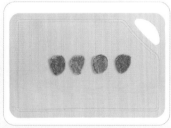

8. 반죽을 꺼내서 0.3~0.5cm 정도의 두께로 썰어주세요.

9. 예열된 오븐이나 에어프라이어 160℃에서 12~15분간 구워주세요.

알아두기

★ 반죽을 미리 만들어 냉동실에 보관해뒀다가 필요할 때마다 구우면 알차게 활용할 수 있어요.

★ 참깨 대신 검은깨를 이용해도 좋아요.

귤껍질 사브레

레몬 제스트란 쓴맛이 나는 레몬껍질의 하얀 속살 바로 위에 있는 노란색 겉껍질을 갈아서

만든 것으로, 제과제빵에서 자주 사용해요. 레몬 특유의 향과 오일이 있어 새콤하면서도 향긋하죠.

저는 레몬 대신에 귤껍질을 사용했어요. 귤껍질은 한약재이기도 하거든요.

한방에서는 말린 귤껍질을 '진피'라고 해요. 폐와 비위의 기를 잘 통하게 해준답니다.

 미리 준비하기

★ 귤을 껍질째 베이킹소다로 깨끗하게 씻어줍니다. 주황색 겉껍질을 사용할 거예요.

★ 달걀은 작은 그릇에 깨뜨려서 흰자와 노른자를 섞어주세요. 손을 씻어주세요.

★ 단호박은 깨끗이 씻어 전자레인지에서 8~10분 정도 푹 익혀주세요. 반 갈라서 씨를 파내고 껍질을 벗겨서 노란 부분만 으깨주세요.

재료

각 5g
20~23개

☐ 단호박 45g(익힌 것, 3큰술) ☐ 통밀가루 50g(5큰술) ☐ 무염버터 30g(2큰술)

☐ 달걀 10g(2작은술) ☐ 귤껍질 5g(간 것, 1작은술)

1. 귤의 물기를 닦고 껍질만 강판에 곱게 갈아주세요.

2. 그릇에 무염버터와 달걀을 넣고 거품기로 아주 골고루 섞어주세요.

3. 2번에 단호박, 귤껍질, 통밀가루를 넣고 밀가루가 보이지 않게 섞어주세요.

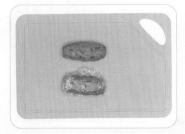

4. 반죽이 고루 섞이면 뭉쳐서 가래떡 같이 길게 만들어서 랩으로 싸주세요. 냉동실에서 1~2시간 숙성시킵니다.

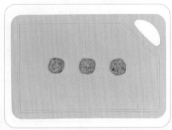

5. 반죽을 꺼내서 0.3~0.5cm 두께로 썰어주세요.

6. 예열된 오븐이나 에어프라이어 160℃에서 12~15분간 구워주세요.

알아두기

★ 단호박 대신에 고구마나 바나나로, 귤껍질 대신에 레몬으로 대체 가능합니다.

61

고구마 와플

날씨가 더워지면 외출할 때 가지고 다니는 이유식이 상할까 걱정입니다.

그럴 때는 올록볼록한 와플 몇 장을 들고 나가보세요.

고온에서 구워서 하루 정도는 실온에 둬도 괜찮답니다.

고구마 와플은 버터나 설탕을 넣지 않았지만, 충분히 아기 입맛을

사로잡을 만큼 맛있어요. 고구마를 알차게 먹을 수 있는

색다른 방법을 공개해요.

 미리 준비하기

★ 고구마를 깨끗이 씻어 전자레인지에서 8~10분간 돌려 익혀주세요.
★ 달걀흰자와 노른자를 섞어줍니다. 꼭 손을 씻어주세요.

재료

각 10cm
5~8개

☐ 고구마 150g(중간 것, ⅔개)   ☐ 달걀 50g(1개)   ☐ 통밀가루 40g(4큰술)

1. 한김 식은 고구마 껍질을 벗겨주세요.

2. 볼에 고구마를 담고 매셔로 으깨주세요.

3. 달걀, 통밀가루를 넣고 가루가 보이지 않게 골고루 섞어주세요. 팬케이크 반죽과는 다르게 아주 뻑뻑한 정도가 좋아요.

4. 와플팬에 오일을 바르고 5분 정도 예열해주세요.

5. 와플팬에 반죽을 올리고 뚜껑을 닫아 8~10분간 노릇노릇하게 구워주세요.

알아두기

★ 가정용 와플팬으로 만드는 와플은 파는 것보다는 약간 눅눅하게 굽힌답니다. 아기가 먹기에는 너무 바싹한 것보다 오히려 약간 촉촉한 것이 좋아요.

★ 와플팬은 팬의 코팅 상태가 좋으면서 특히 타이머가 있는 것을 사면 아주 편리합니다.

★ 바나나 와플은 바나나 150g(중간 것, 1½개), 달걀 1개, 통밀가루 50g으로 만들 수 있어요.

치료에 도움을 주는 이유식

한의학에는 '식약동원(食藥同源)'이라는 말이 있어요. 좋은 음식은 약과 같은 효능을 나타낸다는 뜻입니다. 특히 설사나 변비에는 음식으로 치료에 도움을 주는 경우가 참 많답니다. 아기가 아프면 엄마도 지치기 때문에 손쉽게 구할 수 있는 재료로 손쉽게 만들 수 있는 이유식을 소개합니다.

· 변비에 도움을 주는 이유식

변비는 '만병의 근원'이라고 하죠. 그만큼 변비에서 이어질 수 있는 병이 많다는 뜻이에요. 변이 딱딱해서 항문에서 피가 날 때면 엄마도 같이 울고 싶을 때가 많아요. 변비약이나 관장도 계속하면 습관성이 되니, 변비는 치료보다 예방이 더 중요하답니다.

아기들이 변비일 때는 채소, 과일, 통곡물, 물을 많이 마시면 좋아요. 어른하고 비슷하답니다. 변비에 효과적인 음식은 서양 건자두(푸룬), 건포도, 배, 살구, 콩, 완두콩, 시금치, 양배추, 통밀가루빵, 현미 시리얼, 오트밀 등이 있어요.

1. **배오트밀 퓨레** (변비에 좋아요) (6+)
2. **땅콩버터바나나오트밀 퓨레** (변비에 좋아요) (7+)
3. **고구마푸룬 퓨레** (심한 변비에 좋아요) (7+)
4. **소고기현미오트밀 된죽** (변비에 좋아요) (9+)

· 설사에 도움을 주는 이유식

아기가 설사를 하면 흰 미음을 먹이는 것은 아주 특별한 경우랍니다. 최근에는 설사를 하더라도 골고루 먹이는 것이 중요해서 평소에 먹던 음식을 거의 다 먹이는 것이 설사 회복에 더 도움이 된다고 해요. 소화가 잘되도록 음식을 부드럽게 만들어주고 너무 찬 음식, 당도 높은 과일이나 기름기 많은 음식은 피하는 것이 좋아요.

5. **밤죽** (설사에 좋아요) (7+)
6. **쌀가루로 만든 팬케이크** (설사에 좋아요) (7+)
7. **설사분유로 만든 팬케이크** (심한 설사에 좋아요) (7+)
8. **찹쌀죽** (심한 설사에 좋아요) (9+)
9. **밤 퓨레** (설사 회복기에 좋아요) (7+)
10. **닭죽** (설사 회복기에 좋아요) (9+)

배오트밀 퓨레

변비에 좋아요 (6+)

배, 오트밀은 둘 다 변비에 효과적이죠.
이유식 초기부터 먹을 수 있는 식재료이기 때문에 변비 증상이
있는 아기에게 일찍부터 줄 수 있어요. 오트밀에 포함된 '수용성
식이섬유'는 변이 장에 머무는 시간을 단축시키고 장내 유익한
미생물이 자라날 수 있는 좋은 환경을 만들어준답니다.
아기의 쾌변을 위해 간단하게 만들어봐요!

🍳 미리 준비하기

★ 배는 베이킹소다로 깨끗하게 씻어주세요. 배는 껍질 쪽에 영양이 많으니
얇게 깎아주세요. 배 반 개를 듬성듬성 썰어주세요.

재료

50g씩
2회

☐ 배 100g(중간 것, ½개) ☐ 퀵오트밀 15g(3큰술) ☐ 물 90ml(½컵)

1. 오트밀에 물 반 컵(90ml)을 넣어서 15~20분 정도 불려주세요.

2. 용기에 배를 담고 핸드블렌더로 갈아주세요.

3. 냄비에 불려둔 오트밀과 갈아둔 배를 넣고 강불로 해서 끓으면 약불에서 3~5분간 익혀주세요. 주걱으로 바닥까지 긁으면서 저어주세요.

알아두기

★ 배, 사과, 자두에 있는 솔비톨은 변을 묽게 만들어 변비에 효과적이랍니다. 하지만 익힌 사과는 오히려 변비를 유발하니까 조심하세요.

땅콩버터바나나오트밀 퓨레

변비에 좋아요 7+

바나나는 변비를 생기게 할 수도 있고 변비를 해결할 수도 있어요.

검은 점이 한두 개 생긴 바나나는 탄닌 성분이 감소해 변을 잘 나오게 한답니다.

검은 점은 상한 것이 아니라 슈거 스팟(sugar spot)으로 바나나가 완전히 익어

아주 달다는 신호랍니다.

🧑‍🍳 미리 준비하기

★ 바나나를 껍질째 깨끗이 씻어주세요.

60g씩
2회

☐ 바나나 100g(중간 것, ½개)　☐ 퀵오트밀 15g(3큰술)

☐ 무첨가 땅콩버터 15g(1큰술, 볶은 땅콩으로 대체 가능)　☐ 물 90ml(½컵)

1. 오트밀에 물 반 컵(90ml)을 넣어서 불려주세요.

2. 냄비에 바나나를 담고 으깨주세요.

3. 2번에 불린 오트밀, 땅콩버터를 넣고 강불로 해서 끓으면 약불로 3~5분간 익혀주세요.

4. 농도가 걸쭉해지면 불을 꺼주세요.

알아두기

★ 변비가 있는 아기는 이유식 요리 방법보다는 식재료에 특별히 신경 써야 해요. 통곡물, 푸른 채소를 끼니마다 넣어서 식단 짜는 것을 잊지 마세요.

★ 땅콩 알레르기 테스트를 한 후에 주는 식단입니다.

고구마푸룬 퓨레

심한 변비에 좋아요 (7+)

푸룬이라고 불리는 서양 건자두는 변비에 탁월한 효과가 있어요.

섬유질이 다른 과일에 비해서 3~6배나 많고

솔비톨이라는 장에 흡수되지 않는 당분도 있어서 변을 무르게 만들어요.

고구마도 섬유질이 많아서 변비에 효과적이므로

고구마푸룬 퓨레를 먹는 날은 변비에서 해방이겠죠!

🍳 미리 준비하기

★ 고구마를 깨끗이 씻어서 위아래 꼭지를 잘라내세요. 전자레인지에서
5~8분간 푹 익힌 다음 껍질을 제거합니다.

재료

60g씩
2회

☐ 건자두(푸룬) 15g(다진 것, 2큰술) ☐ 고구마 100g(중간 것, ½개) ☐ 퀵오트밀 15g(3큰술)
☐ 물 90ml(½컵)

1. 오트밀을 물 반 컵(90ml)에 넣어서 불려주세요.

2. 건자두를 건포도 ⅓ 정도 크기로 다 져주세요.

3. 김이 오른 찜통에서 다진 건자두를 10~15분 쪄주세요.

4. 냄비에 익힌 고구마를 넣고 으깨주 세요.

5. 4번에 불린 오트밀과 불린 물, 다진 건자두를 넣어주세요. 강불로 해서 끓으면 약불에서 3~5분간 익혀주 세요. 농도가 걸쭉해지면 불을 꺼주 세요.

알아두기

★ 건자두, 건포도는 껍질째 말린 과일이라서 그냥 먹는 것보다 찌면 부드럽고 맛있어요.

★ 푸룬을 먹을 때는 물도 함께 많이 마셔야 변비 치료에 도움이 돼요.

★ 너무 많이 먹으면 설사할 수도 있으니 아기 변 상태에 따라 양을 조절하세요.

소고기현미오트밀 된죽

변비에 좋아요 (9+)

변비 예방에는 채소나 과일만큼이나 통곡물이 효과적이에요.

평소에 현미나 오트밀 같은 통곡물을 50~70% 정도 섞어서 먹이라는 것도

그 이유 때문이랍니다. 우리가 즐겨 먹는 백미는 통곡물인 현미를 여러 번

도정해서 씨눈과 속껍질(쌀겨)이 완전히 떨어져 나간 쌀이에요.

현미에는 쾌변을 돕는 식이섬유가 백미의 3배 이상 들어있고,

현미의 씨눈에는 비타민E, B군 등 비타민과 각종 미네랄도 풍부하답니다.

👨‍🍳 미리 준비하기

★ 소고기, 애호박, 양파 냉동 큐브가 있다면 1시간 전에 냉장고에서 미리 해동해주세요.

★ 소고기는 핏물만 키친타월로 꾹꾹 눌러서 닦아주세요.

재료

90g씩
3회

☐ 5분도 현미밥 60g(반 컵)　☐ 퀵오트밀 5g(1큰술, 현미밥으로 대체 가능)　☐ 소고기 15g(다진 것, 1큰술)
☐ 애호박 10g(다진 것, 2작은술)　☐ 양파 10g(다진 것, 2작은술)　☐ 들깨 3g(½작은술, 생략 가능)
☐ 물 270ml(1½컵)

1. 소고기, 애호박을 곱게 다져주세요.

2. 들깨는 절구에 곱게 빻아주세요.

3. 냄비에 5분도 현미밥, 오트밀, 소고기, 애호박, 양파, 물 2컵(360ml)을 넣고 거품기로 살살 풀어줍니다. 이 과정을 생략하면 소고기가 익으면서 덩어리져요.

4. 강불로 해서 끓기 시작하면 약불로 줄이고 15~20분간 익힙니다. 눌어붙지 않게 가끔 바닥까지 긁으면서 저어주세요.

5. 밥이 푹 퍼지고 채소가 물러져 되직하게 되면 빻아둔 들깨를 뿌리고 불을 꺼주세요.

알아두기

★ 현미 쌀로 이유식을 만들려면 현미의 단단한 껍질 때문에 시간이 오래 걸리므로 미리 해둔 냉동 현미밥으로 해보세요. 쉽게 통곡물 이유식을 만들 수 있어요.

★ 변비에 피해야 할 음식은 우유, 요구르트, 치즈, 삶은 달걀, 삶은 당근, 감, 밤, 노란 호박, 덜 익은 바나나, 익힌 사과같이 섬유소가 적고 탄닌이 들어있는 식품이에요.

밤죽

설사에 좋아요 (7+)

아기를 키울 때 밤죽을 할 줄 알면 요긴하게 쓰여요.
아기가 장염에 걸려 음식을 먹을 때마다 설사를 하면 발을 동동 구르기
마련입니다. 이럴 때 고소한 밤죽을 해보세요. 밤에 들어있는 탄닌이
설사를 멎게 해주고 토실토실 살도 오르게 해줄 거예요.

 미리 준비하기

★ 찹쌀을 깨끗하게 씻은 다음 물 1컵(180ml)을 붓고 30분 이상 불려주세요. 일반 밥
90g으로 대체 가능합니다. 즉석밥도 괜찮아요.

재료
100g씩
3회

☐ 찹쌀 45g(3큰술, 밥으로 대체 가능) ☐ 시판용 익힌 밤 60g(간 것, ½ 컵) ☐ 물 360ml(2컵)

1. 용기에 찹쌀과 불린 물을 붓고 쌀알이 좁쌀 정도의 크기가 되도록 핸드블렌더로 갈아주세요.

2. 시판용 익힌 밤을 분쇄기에 넣고 곱게 갈아주세요.

3. 냄비에 1번의 찹쌀 간 물과 물 1컵(180ml)을 더 부어주세요. 강불로 해서 끓기 시작하면 약불로 줄이고 12~15분간 익힙니다. 찹쌀이 들어가면 꼭 거품기로 눌어붙지 않게 저어주세요.

4. 찹쌀이 투명하게 익어 가면 2번의 밤을 넣고 저으면서 3~5분간 약불에서 익혀주세요.

5. 크림 수프처럼 약간 흐르는 정도의 농도가 되면 적당합니다. 식으면 뻑뻑해지므로 약간 묽다고 생각될 때 불을 꺼주세요.

알아두기

★ 생밤으로 밤죽에 넣을 익힌 밤을 만들면 더 맛있지요. 만든 밤가루를 요리하기 4번에 넣어서 밤죽을 끓여주세요.

1. 먼저 생밤을 깨끗이 씻습니다. 압력밥솥에 생밤 10개와 물 100ml를 넣고 백미 코스로 삶아주세요(냄비에서 삶을 경우 밤이 잠길 만큼 물을 붓고 20~30분 삶아주세요).

2. 다 익은 밤을 체에 붓고 싱크대에서 찬물을 틀어 헹궈줍니다. 이렇게 하면 밤의 속껍질이 잘 까진답니다.

3. 삶은 밤을 과도로 반 갈라서 티스푼으로 파주세요.

4. 파낸 밤이 따뜻할 때 체를 뒤집어서 그릇 위에 놓은 다음 체 위에 밤을 두고 숟가락으로 꾹꾹 누르며 내립니다. 체에 남아있는 가루는 툭툭 털어줍니다. 이렇게 하면 밤가루가 완성입니다.

쌀가루로 만든 팬케이크

설사에 좋아요 (7+)

요즘은 설사를 하더라도 흰죽보다는 평소에 먹던 음식을 먹는 것이 설사 회복에
오히려 도움이 된다고 해요. 그렇지만 아기의 장이 예민해져 있으므로 소화가
잘 되는 식재료로 살짝 변화를 주는 것이 좋답니다.

평소 팬케이크를 좋아하는 아기가 설사를 할 때는 통곡물 통밀가루 대신
소화 흡수가 뛰어난 쌀가루를, 섬유질이 많은 고구마 대신 탄닌이 있는 밤으로
바꿔보세요. 영양과 맛은 그대로이면서 설사에 도움을 준답니다.

달걀도 노른자는 소화시키기 힘들까봐 흰자만 넣었어요.

🧑‍🍳 미리 준비하기

★ 달걀은 작은 그릇에 깨뜨려서 담아주세요. 숟가락으로 노른자를 분리해주세요. 흰자만
사용합니다. 달걀 만진 손은 꼭 다시 비누로 씻어주세요.

재료

각 3cm
15개

☐ 시판용 익힌 밤 60g(½ 컵) ☐ 달걀 흰자 30g(흰자 1개) ☐ 쌀가루 60g ☐ 물 60ml(4큰술)

1. 시판용 밤을 분쇄기에 곱게 갈아주세요.

2. 용기에 갈아둔 밤, 쌀가루, 달걀 흰자, 물 4큰술(60ml)을 넣고 핸드블렌더로 꼼꼼하게 섞어주세요. 섞는 과정에서 공기가 많이 들어가야 팬케이크가 잘 부풀어져요.

3. 팬을 약불로 올리고 실리콘 붓(혹은 키친타월)으로 올리브유를 살짝 발라주세요. 기름이 많이 있으면 부침개처럼 구워지므로 팬만 코팅한다는 느낌으로 아주 소량 발라주세요.

4. 반죽을 어른 밥숟가락으로 한 숟가락 떠서 5cm 정도 되게 팬에 올립니다. 약불에서 구워주세요.

5. 윗면이 꾸덕꾸덕하게 익으면 아랫면을 반만 뒤집어 색깔을 봅니다. 아래가 옅은 갈색이 나면 뒤집어서 1~2분 더 익혀주세요.

6. 식으면 소독된 아기 부엌 가위로 먹기 좋은 크기로 잘라주세요.

알아두기

★ 예로부터 밤은 충청남도 공주가 유명하죠. 꼭 공주 밤이 아니더라도 아기에게 밤을 사줄 때는 중국산보다는 국산이 좋아요.

★ 설사를 하는 중에도 골고루 빠지는 식품군이 없도록 먹는 것이 중요해요. 너무 찬 음식이나 단 음식은 피하고 부드럽게 소화가 잘되게 조리해주세요. 팬케이크도 약간 반죽을 묽게 해서 부드럽고 얇게 구워주세요. 식재료도 바꾸는 만큼 조리법에도 신경 써 주세요!

설사 분유로 만든 팬케이크

심한 설사에 좋아요 (7+)

딸아이가 세균성 장염에 심하게 걸린 적이 있어요.

분유를 먹으면 먹은 양보다 설사 양이 더 많은 상태가 되어 어쩔 수 없이

설사 분유를 처방받았어요. 하지만 설사 분유가 평소 먹던 분유와 맛이 달라

잘 안 먹는 경우가 있답니다. 이럴 때 저처럼 설사 분유로 만든 팬케이크를

활용해보세요. 설사 분유에는 건조 바나나가 들어있어 단맛을 따로 넣지 않아도

약간 달달해요. 약해진 장 점막을 자극하는 밀가루보다는 쌀가루를 넣어

반죽하는 것도 잊지 마세요.

🍳 미리 준비하기

★ 찹쌀을 깨끗하게 씻은 다음 물 1컵(180ml)을 붓고 30분 이상 불려주세요.

재료

각 3cm
10개

☐ 설사 분유 30g(4큰술)　☐ 쌀가루 30g(2큰술)　☐ 물 240ml(1컵과 4큰술)

1. 용기에 설사 분유, 쌀가루, 물 4큰 술(60ml)을 넣고 핸드블렌더로 꼼 꼼하게 섞어주세요. 섞는 과정에서 공기가 많이 들어가야 팬케이크가 잘 부풀어져요.

2. 팬을 약불에 올리고 실리콘 붓(혹 은 키친타월)으로 올리브유를 살짝 발라주세요. 기름이 많으면 부침개 처럼 구워지므로 팬만 코팅한다는 느낌으로 아주 소량 발라주세요.

3. 반죽을 반 숟가락 떠서 4~5cm 정도 되게 팬에 올립니다. 조금 얇게 부 쳐주세요. 불은 약불로 해주세요.

4. 아래가 옅은 갈색이 나면 뒤집어서 1분 정도 더 익혀주세요.

5. 식으면 소독된 부엌 가위로 먹기 좋 은 크기로 잘라주세요. 핑거푸드로 줘도 돼요.

알아두기

★ 달걀이나 우유, 베이킹파우더가 들어가지 않아서 팬케이크가 약간 딱딱할 수 있어요. 그러니 얇게 구워주세요.

8

찹쌀죽

심한 설사에 좋아요 9+

아이가 아파서 소화력이 떨어지면 쫀득쫀득한 찹쌀로 죽을 만들어보세요.

한방에서 찹쌀은 성질이 따뜻한 단 곡식으로 여긴답니다.

『동의보감』에는 '기를 도우며 곽란을 멎게 하고, 열을 생기게 하여 대변을 굳어지게

한다'라고 기록되어 있어요. 찹쌀(糯米, 나미)의 '나(糯)' 자에는 연하다는 의미가

있답니다. 글자 그대로 찹쌀은 연하고 찰기가 있어서 위벽을 자극하지 않고

편안하게 해주는 식재료랍니다.

👨‍🍳 미리 준비하기

★ 찹쌀을 깨끗하게 씻은 다음 물 1컵(180ml)을
  붓고 30분 이상 불려주세요.

재료

100g씩
3회

☐ 찹쌀 60g(4큰술) ☐ 참기름 2방울 ☐ 물 360ml(2컵)

1. 용기에 찹쌀과 불린 물을 붓고 쌀알
이 좁쌀 정도의 크기가 되도록 핸드
블렌더로 갈아주세요.

2. 냄비에 1번의 간 찹쌀, 참기름 2방울, 물 1컵(180ml)을 더 부어주세요. 강불로
해서 끓기 시작하면 약불로 줄이고 15~18분간 익힙니다. 찹쌀이 뭉치지 않게
거품기로 중간중간 잘 저어주세요.

3. 찹쌀이 투명하게 익으면서 크림 수
프처럼 약간 흐르는 정도의 농도가
되면 적당합니다.

4. 식으면 뻑뻑해지므로 약간 묽다고
생각될 때 불을 꺼주세요.

5. 뚜껑을 덮고 10분간 뜸을 들입니
다.

알아두기

★ 모든 죽이 그렇듯 주걱으로 밑에서 긁듯이 저어야 덩어리지지 않아요. 찹쌀인 경우는 주걱보다는 거품기가 더 잘 풀
립니다.

★ 설사를 하더라도 흰죽보다는 평소에 먹던 음식으로 먹는 것이 좋다는 것이 요즘 의학적인 지침이에요. 찹쌀죽은 설
사 급성기에 잠깐 먹이는 것이 좋아요.

★ 초기나 중기에는 참기름은 빼고 물을 반 컵 더 부어 찹쌀죽을 만들어주세요.

밤 퓨레

설사 회복기에 좋아요 (7+)

옛말에 '밤 세 톨만 먹으면 보약이 따로 필요 없다'라는 말이 있을 만큼
밤은 탄수화물, 지방, 단백질, 비타민, 무기질 등 5대 영양소를 고루
갖춘 '완전식품'이에요. 밤죽보다 농도가 짙은 밤 퓨레는 죽 질감을
싫어하는 아기들한테 좋은 음식이에요. 흰쌀로 만든 떡뻥에 퓨레를
찍어 먹으면 설사에서 빨리 회복될 거예요.

재료

**50g씩
3회**

☐ 시판용 익힌 밤 120g(간 것, 1컵)　☐ 물 180ml(1컵)

1. 시판용 익힌 밤을 분쇄기에 넣고 곱게 갈아주세요.

2. 냄비에 1번의 간 밤, 물 1컵(180ml)을 넣어주세요. 강불로 해서 끓어오르면 약불에서 5~8분 뭉근하게 익혀주세요. 농도가 걸쭉해지면 불을 끕니다. 식을수록 농도가 짙어지므로 약간 묽을 때 꺼주세요.

알아두기

★ 익힌 밤은 핸드블렌더보다는 분쇄기에 가는 것이 좋아요.

★ 흰쌀 떡뻥에 퓨레를 찍어서 먹게 해보세요. 색다른 식감 덕분에 좋아합니다.

★ 설사를 한다고 아기를 굶기면 성장 장애를 초래합니다. 차고 달고 기름진 음식은 피하고, 변 상태를 보면서 평소 식단으로 돌아오세요.

★ 밤, 아보카도, 바나나, 사과, 감자, 고구마, 연근 등의 식재료는 갈변을 잘해요. 식초, 레몬 등으로 전처리를 잘해도 만들어두면 갈변할 수 있어요. 갈변해도 맛이나 영양분에는 크게 상관없어요.

닭죽

설사 회복기에 좋아요 (9+)

무슨 병이든 회복할 때가 중요해요. 설사가 멈추었다고 해서
장이 예전처럼 완벽하게 건강해진 것은 아니니 조심해야 합니다.
하지만 회복기의 아기들은 식욕이 왕성해져서 뭐든 먹으려고 하죠.
잘 먹는다고 해서 일반식으로 금방 돌아오면 다시 설사를 시작할 수
있으니, 회복기에는 영양은 많으면서 소화 잘되는 닭죽부터
시작해보세요.

🍳 미리 준비하기

★ 닭고기, 마늘 냉동 큐브가 있다면 1시간 전에 냉장고에서 미리 해동해주세요.
　 고기는 실온에서 해동하면 상할 수 있답니다.

80g씩
3회

☐ 백미밥 120g(1컵)　☐ 닭고기 20g(다진 것, 4작은술)　☐ 마늘 3g(½개)

☐ 들기름 3g(½작은술, 참기름으로 대체 가능)　☐ 물 360ml(2컵)

1. 닭고기, 마늘 반 개를 잘게 다져주세요.

2. 냄비에 밥 1컵(120g), 닭고기, 마늘, 들기름, 물 2컵(360ml)을 붓고 거품기로 닭고기를 살살 풀어줍니다.

3. 강불로 해서 끓기 시작하면 약불로 줄이고 10~12분간 익힙니다. 눌어붙지 않게 가끔 바닥까지 긁으면서 저어주세요.

알아두기

★ 닭죽을 먹어보고 설사를 하지 않으면 슬슬 일반 식단으로 돌아와도 됩니다.

★ 회복기에는 재료를 많이 넣지 않는 것이 중요해요. 다시 초기 이유식으로 돌아갔다고 생각하고 재료 한두 가지만 넣어주세요.

★ 설사할 때는 통곡물보다는 소화 흡수가 잘되는 쌀밥이 좋아요. 아기가 병치레를 하면 회복기 즈음에는 엄마도 지친답니다. 쌀밥은 즉석밥으로 대체 가능해요.

INDEX

초기 🔵초 완료기 🔵완

중기 🔵중 치도식 🔵치

후기 🔵후

참고 문헌

· Stephanie Middleberg MS RD CDN. 『The Big Book of Organic Baby Food』. Calist. (2016).
· 국가비. 『팬 하나로 충분한 두 사람 식탁』. 달. (2023).
· 김여환. 『행복을 요리하는 의사』. 시선디자인. (2010).
· 김종애. 『맛있는 밥·죽&도시락』. 동아일보사. (2001).
· 노자키 히로미츠. 『식재료 탐구 생활』. 클. (2021).
· 박소연. 『슬기로운 어린이 치과 생활』. 클라우드나인. (2021).
· 박은서. 『알쓸신기 동의보감』. 애니클래스. (2019).
· 박태균. 『먹으면 좋은 음식 먹어야 사는 음식』. 웅진리빙하우스. (2013).
· 박태균. 『아이의 완벽한 식생활』. 중앙북스. (2010).
· 스튜어트 페리몬드. 『사이언스 쿠킹』. 시그마북스. (2018).
· 연세대학교 음식 디미방. 『everyday 두부』. 디자인하우스. (2002).
· 윤혜신. 『착한 요리 상식 사전』. 동녘라이프. (2010).
· 이상용. 『똑똑한 이유식』. 웅진리빙하우스. (2012).
· 이성실. 『올 어바웃 브레드』. 랜덤하우스코리아. (2011).
· 이용재. 『조리 도구의 세계』. 반비. (2020).
· 임성용. 『나를 채우는 한 끼』. 책장속북스. (2023).
· 최혁용, 이상용. 『자연을 닮은 신 동의보감 육아법』 조선일보생활미디어. (2006).
· 하정훈. 『삐뽀삐뽀 119 이유식』. 유니책방. (2017).
· 한복석. 『우리 몸엔 죽이 좋다』. 리스컴. (2012).
· 현수랑. 『재미있는 음식과 영양 이야기』. 가나출판사. (2014).
· 히로타 다카코. 『식재료 사전』. 성안당. (2020).
· 김혜란, 김민지, 양윤형, 이근종, 김미리. 『쇠고기죽 제조 시 쌀 입자 크기가 죽의 품질에 미치는 영향』. 한국식생활문화학회. (2010).
· 김혜보, 프레브산, 이은주, 이정민, 이수영, 정경욱. 「소아 들깨알레르기에서 참깨 동시 감작과 교차반응성 연구」. AARD. (2022).
· 민택기, 편복양, 김현희, 박용민, 장광천, 김혜영, 염혜영, 김지현, 안강모, 이수영, 김경원, 김윤희, 이정민, 김우경, 송태원, 김정희, 이용주, 전유훈, 이소연, 대한 소아알레르기 호흡기학회 식품알레르기 아토피피부염 연구회. 「국내 소아 식품 알레르기의 역학」. AARD. (2018).
· 이은주, 정경욱, 신유섭, 남동호, 박해심, 최현나, 윤지원, 예영민, 이수영. 「전 연령 중증도별 식품 알레르기의 주요 원인: 단일 기관 최근 10년 후향적 조사연구」. AARD. (2020).
· 전홍남, 박혜원, 김동현. 「밤의 품종에 따른 Gallic acid 함량 비교분석」.한국산학기술학회. (2020).
· 정문경, 김성환. 「두부가 인체에 미치는 영양학적 고찰」. 한국융합학회. (2016).
· 주유정, 윤지현, 황린시, 남영민. 「영유아 어머니의 이유식 지식수준 및 간편 이유식에 대한 소비자 인식」. Korean Journal of Community Nutrition. (2024).